专利审查与社会服务丛书

创新汇智
——热点技术专利分析 二

国家知识产权局专利局专利审查协作天津中心 ◎ 组织编写

岳宗全 ◎ 主编

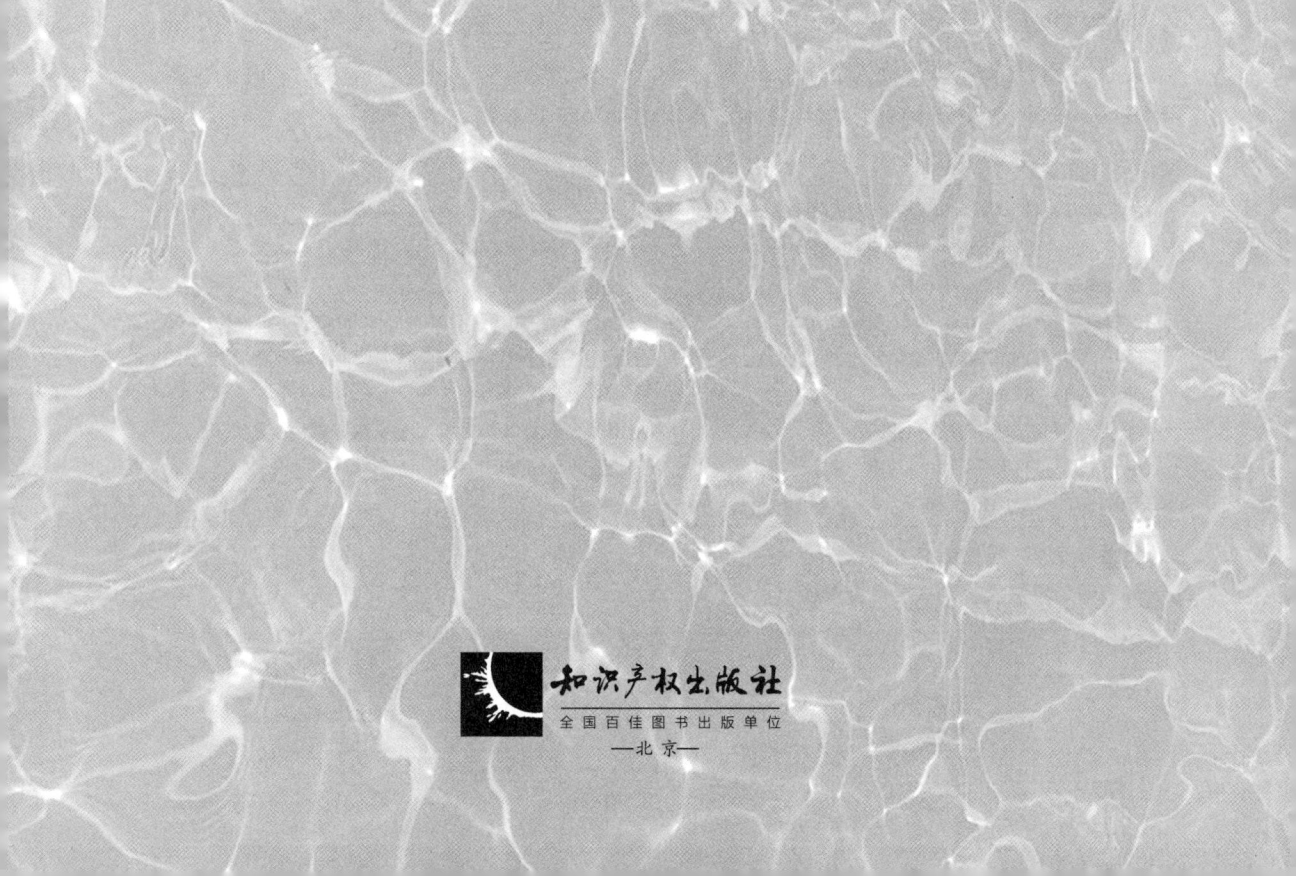

知识产权出版社
全国百佳图书出版单位
—北京—

图书在版编目（CIP）数据

创新汇智：热点技术专利分析. 二/岳宗全主编. —北京：知识产权出版社，2022.9
ISBN 978－7－5130－7803－0

Ⅰ. ①创… Ⅱ. ①国… Ⅲ. ①专利—研究 Ⅳ. ①G306

中国版本图书馆 CIP 数据核字（2021）第 214636 号

责任编辑：江宜玲　　　　　　　　　　　　责任校对：谷　洋
封面设计：回归线（北京）文化传媒有限公司　责任印制：孙婷婷

创新汇智
——热点技术专利分析（二）

国家知识产权局专利局专利审查协作天津中心　组织编写

岳宗全　主编

出版发行	知识产权出版社有限责任公司	网　　址	http://www.ipph.cn
社　　址	北京市海淀区气象路 50 号院	邮　　编	100081
责编电话	010－82000860 转 8339	责编邮箱	jiangyiling@cnipr.com
发行电话	010－82000860 转 8101/8102	发行传真	010－82000893/82005070/82000270
印　　刷	三河市国英印务有限公司	经　　销	新华书店、各大网上书店及相关专业书店
开　　本	787mm×1092mm　1/16	印　　张	16.5
版　　次	2022 年 9 月第 1 版	印　　次	2022 年 9 月第 1 次印刷
字　　数	378 千字	定　　价	88.00 元
ISBN 978－7－5130－7803－0			

出版权专有　侵权必究
如有印装质量问题，本社负责调换。

编委会

主　编：岳宗全

副主编：周胜生　栾爱玲

编　委：王智勇　张　希　李　皓

　　　　　张　玉　饶　刚　司军锋

　　　　　刘　琳　王力维　温国永

　　　　　韩　旭　王俊峰　李少卿

编 写 组

组　　长：周胜生

副组长：王智勇　张　玉

审　　校：张　玉　张美菊　王力维　李　皓

统稿人：肖　东　温国永　张芸芸　李　莹

撰稿人：司军锋　张芸芸　夏　鹏　魏　强
　　　　　杨　祺　安　杰　付少帅　吴文芳
　　　　　王佳楠　刘　平　沈　芳

本书主要编写人员

司军锋：第一章、第二章第一节、第三章、第四章第一节

张芸芸：第六章第三节、第七章第一～第二节、第九章第二～第三节、第十章第一节

夏　鹏：第十章第二节、第十三章、第十五章第二～第三节

魏　强：第十五章第二节、第十六章第一～第三节

杨　祺：第七章第三节、第八章第二节、第十二章

安　杰：前言、辅页、第十五章第一节

付少帅：第四章第二节、第五章第一节、第六章第二节

吴文芳：第二章第二节、第十四章

王佳楠：第十一章第一～第二节

刘　平：第八章第一节、第九章第一节、第六章第五节

沈　芳：第五章第二节、第六章第一节、第六章第四节、第十一章第三节

前　言

随着数字经济、人工智能、虚拟现实、合成生物等新领域新业态技术的蓬勃发展，全球范围内的经济结构和现代化产业分工呈现新态势、新布局。面对国际竞争格局带来的巨大发展机遇和挑战，中国立足社会发展需求，坚持新发展理念，高度重视科技进步与创新，持续促进经济高质量发展。近几年，中国在全球创新指数的排名迅速攀升，牢牢确立了世界创新领先者的地位。

习近平总书记在主持中共中央政治局第二十五次集体学习时强调："创新是引领发展的第一动力，保护知识产权就是保护创新。"加强知识产权保护，是完善产权保护制度最重要的内容，也是提高我国经济竞争力的最大激励。专利代表企业的创新实力和核心竞争力，是技术信息、法律信息和市场信息的情报载体。2020年12月世界知识产权组织发布的《世界知识产权指标2020》（*World Intellectual Property Indicators 2020*）指出，2019年全年全球专利申请量超过320万件，中国连续多年专利申请量世界排名第一。面对如此庞大的数据，我国企业如何才能高效地利用专利信息？充分挖掘专利情报成为目前专利工作者亟须解决的问题。专利分析是专利情报提取的核心手段之一，是实现专利情报挖掘和专利信息增值的关键步骤。专利分析工作以专利大数据为基础，将技术与企业、产业、市场等信息相结合，多维度、多层次进行信息挖掘，全面分析技术发展过程和市场竞争格局等，从而为技术创新、产业升级提供专利信息资源的支撑。

面对世界范围内产业格局变化带来的机遇和挑战，国家知识产权局专利局专利审查协作天津中心紧紧围绕国家创新驱动发展战略和知识产权强国战略的主线，面向战略性前沿技术提供专利分析，持续扩大项目研究成果的辐射面和影响力，为相关产业和技术发展提供情报支撑。本书依托国家知识产权局专利局专利审查协作天津中心专利分析项目成果，结合中国产业基础，从重点技术突破着手，精心遴选了协作机器人、智能传感器、车联网和化学药四个热点技术领域，借助专利大数据分析手段，对全球专利申请态势进行分析，全面剖析热点技术的整体发展现状、研究热点、发展趋势以及国际竞争格局，将专利、技术、产品和产业发展有机融合，重点围绕产业关注的关键技术和市场发展需求提出我国开展相关领域研究的对策和建议。

本书编写人员均为相关领域资深的专家和审查员，有效保证了数据检索和处理的准确性和科学性。由于时间仓促，加之新领域新业态技术发展速度较快，相关研究成果仅供广大读者参考借鉴，不作为法律文件，亦不构成任何承诺。本书中难免存在疏忽、偏差等问题，敬请批评指正。

目 录

第一部分 协作机器人 / 1

第一章 协作机器人概况 / 3
第一节 协作机器人的前世今生 / 4
一、实现"人"与"机"的共存 / 5
二、工业4.0时代的协作机器人 / 5
第二节 协作机器人走进人类新生活 / 5
一、包装码垛 / 6
二、设备看护 / 6
三、远程监控 / 6
四、加工作业 / 7
五、精加工作业 / 7
六、质量检测 / 8
七、智慧医疗 / 8

第二章 协作机器人专利分析 / 10
第一节 全球协作机器人专利分析 / 11
一、申请趋势分析 / 11
二、区域分析 / 11
三、以专利申请人为视角 / 12
四、以专利发明人为视角 / 13
第二节 中国协作机器人专利分析 / 14
一、申请趋势分析 / 14
二、专利申请人分析 / 14
三、专利发明人分析 / 15

第三章 从专利申请看热点技术 / 16
第一节 从技术发展脉络看热点技术 / 16
第二节 从重点专利申请看热点技术 / 19
第三节 从技术分布看热点技术 / 22

第四章 协作机器人创新主体 / 26
第一节 国外企业 / 26
一、FANUC 公司 / 26
二、ABB 公司 / 29
三、KUKA 公司 / 31
四、安川电机（YASKAWA）/ 34
五、UR 公司（Universal Robots）/ 35
第二节 中国企业 / 38
一、沈阳新松 / 38
二、大族 / 39
三、上海技美科技 / 40

第二部分 智能传感器 / 43

第五章 智能传感器概况 / 45
第一节 智能传感器发展历程 / 45
一、起源 / 45
二、市场规模 / 46
三、智能传感器技术分解 / 47
四、核心技术发展历程 / 50
第二节 智能传感器应用 / 50
一、航空航天 / 50
二、海洋探测 / 50
三、国防军事 / 50
四、智慧农业 / 51
五、生物医学 / 51
六、智能交通 / 51

第六章 智能传感器专利分析 / 52
第一节 以申请趋势为视角 / 52
一、全球智能传感器技术发展迅速 / 52
二、中国起步较晚但增长迅猛 / 52
第二节 以地域为视角 / 53
一、日本在图像传感器方面占据主导地位 / 53
二、中美在 MEMS 传感器申请量上占优势 / 56
三、中国在物联网传感器申请量上领先 / 56
四、全球专利布局揭示热点技术方向 / 57
第三节 以龙头企业为视角 / 63
第四节 以协作创新为视角揭示难点方向 / 70
第五节 以新进申请人为视角揭示热点方向 / 71

第七章　从专利申请看热点技术 / 76
　　第一节　热点技术专利申请趋势 / 76
　　第二节　技术演进热点方向 / 80
　　第三节　核心专利揭示热点技术 / 84

第八章　智能传感器重要创新主体 / 89
　　第一节　博世 / 89
　　第二节　索尼 / 92

第三部分　车联网 / 105

第九章　车联网概况 / 107
　　第一节　车联网概念的由来 / 107
　　第二节　车联网产业链 / 107
　　　　一、产业链上游 / 108
　　　　二、产业链中游 / 109
　　　　三、产业链下游 / 111
　　第三节　车联网产业的前世今生 / 112
　　　　一、全球产业现状 / 112
　　　　二、我国产业现状 / 117

第十章　车联网技术专利分析 / 126
　　第一节　车联网专利整体布局趋势 / 126
　　　　一、创新趋势分析 / 126
　　　　二、创新地域分析 / 127
　　　　三、申请人分析 / 127
　　第二节　车联网重点技术专利趋势 / 129
　　　　一、全球申请趋势分析 / 129
　　　　二、中国申请趋势分析 / 130

第十一章　从专利申请看车联网热点技术 / 132
　　第一节　设备和终端热点技术——激光雷达 / 132
　　　　一、激光雷达技术简介 / 132
　　　　二、激光雷达技术分解 / 133
　　　　三、激光雷达技术发展态势 / 133
　　　　四、激光雷达技术发展路线 / 134
　　　　五、激光雷达技术功效 / 134
　　第二节　网络和传输热点技术——车际网 / 135
　　　　一、车际网技术简介 / 135
　　　　二、车际网技术分解 / 135
　　　　三、车际网技术发展态势 / 136
　　　　四、车际网技术发展路线 / 136

　　　　五、车际网技术功效 / 138
　　第三节　功能和应用热点技术——路径规划 / 139
　　　　一、路径规划技术简介 / 139
　　　　二、路径规划技术分解 / 139
　　　　三、路径规划技术发展态势 / 140
　　　　四、路径规划技术发展路线 / 142
第十二章　车联网重要创新主体 / 144
　　第一节　传统车企 / 144
　　　　一、通用汽车公司 / 144
　　　　二、丰田汽车公司 / 147
　　　　三、奇瑞汽车公司 / 149
　　第二节　物联网的引领者 / 151
　　　　一、Velodyne / 151
　　　　二、大唐电信 / 153
　　　　三、金溢科技 / 156
　　　　四、百度 / 159
　　　　五、四维图新 / 161

第四部分　化学药 / 165

第十三章　化学药概况 / 167
　　第一节　化学药行业格局 / 167
　　　　一、原料药 / 167
　　　　二、仿制药 / 167
　　　　三、创新药 / 167
　　第二节　化学药如何分类 / 168
　　第三节　化学药发展过程 / 168
第十四章　化学药专利分析 / 170
　　第一节　以全球为视角 / 170
　　　　一、全球专利申请趋势分析 / 170
　　　　二、全球专利申请的区域分布分析 / 170
　　　　三、全球专利申请的申请人分析 / 171
　　　　四、全球专利申请的技术主题分析 / 172
　　第二节　以中国为视角 / 172
　　　　一、中国专利申请趋势分析 / 172
　　　　二、中国专利申请的区域分布分析 / 173
　　　　三、中国专利申请的申请人排名分析 / 174
　　　　四、中国专利申请的技术主题分析 / 174

第十五章 从专利申请看化学药热点技术 / 176

第一节 抗肿瘤药物关键技术分析 / 176
一、全球专利状况分析 / 176
二、中国专利状况分析 / 178
三、国外替尼类抗肿瘤化合物的研发趋势 / 180
四、国内替尼类抗肿瘤化合物的研发趋势 / 185

第二节 抗艾滋病关键技术分析 / 189
一、全球专利状况分析 / 189
二、中国专利状况分析 / 191
三、核心专利分析 / 194
四、热点药物专利技术分析 / 195

第三节 糖尿病关键技术专利分析 / 209
一、申请态势分析 / 209
二、申请来源地/目标地分析 / 210
三、申请人/发明人分析 / 211
四、重点产品发展路径 / 214
五、重点专利分析 / 216

第十六章 化学药重要创新主体 / 224

第一节 贝达药业股份有限公司 / 224
一、专利培育 / 225
二、专利布局 / 225
三、专利转让、许可、合作和实施 / 232

第二节 吉利德 / 233
一、替诺福韦核心基础专利分析 / 233
二、替诺福韦外围专利布局分析 / 234
三、替诺福韦联合用药专利布局分析 / 235
四、替诺福韦复合制剂专利布局分析 / 237
五、替诺福韦专利申请时机分析 / 244

第三节 勃林格殷格翰国际有限公司 / 245
一、申请趋势分析 / 245
二、申请地域分析 / 246
三、技术主题分析 / 246

第一部分

协作机器人

第一章 协作机器人概况

随着我国人口红利的消失以及《中国制造2025》规划的出台，中国已连续3年成为全球最大工业机器人市场。机器人产业迎来了前所未有的机遇，但是传统工业机器人还存在不少问题：①机器人基本靠离线、在线编程完成预先设定的动作，智能化程度不高；②由于环境自适应性差、结构笨重、运行噪声大，为保证安全，机器人基本在隔离网内工作，缺少人机交互；③机器人安装调试周期长，难以满足企业对客户的快速响应需求，也难以适应市场变化；④机器人成本较高，企业一次性投入负担比较重。为此，美国、欧洲、日本等发达国家和地区把开发能与人类协同工作的下一代协作机器人作为主攻方向，利用物联网、大数据、人工智能等技术实现机器人的自主感知、规划、学习和决策能力，使机器人能够根据环境与任务的变化，执行正确的动作，实现人与机器人协调工作。

协作机器人是一种能与人类在共同工作空间中进行近距离互动的机器人，其出现的主要原因如下。首先，传统工业生产工艺遭遇瓶颈。一方面，全球范围内劳动密集型产业的劳动力红利逐渐消失，企业急需机器人代替人工劳动力；另一方面，产品规模化、定制化生产，需要机器人供应商提供更灵活、周期更短、产量更高的生产和设计方案。其次，协作机器人智能软件系统使人在人机协作的环境下，人身安全得到有效保证，同时给予了机器人感知、运动、交互的能力，使其能够适应更复杂的环境，便于人操作。最后，协作机器人产品可直接对接生产线，无须系统集成，部署成本低，这对生产小批量、定制化、周期短且无法投入过多资金对生产线进行大规模改造的中小型企业，具有较大吸引力。因协作机器人具有部署成本低、安全性高、灵活性强等特点，可以满足新兴行业的需求，人机协作在制造领域的重要性不断提升。图1-1为典型的人机协作机器人。

图1-1 人机协作机器人[1]

---

[1] 经济日报. 人机协作引领机器人产业新趋势［EB/OL］.（2017-11-21）［2012-07-27］. http://www.xinhuanet.com/fortune/2017-11/21/c_1121985887.htm.

目前，以日、美、德、法、韩等为代表的许多国家，其机器人产业日趋成熟和完善，所生产的工业机器人已成为一种标准设备并在全球得到广泛应用。如在毛坯制造、机械加工、焊接、热处理、表面涂覆、上下料、装配、检测及仓库堆垛等作业中，机器人都已逐步取代了人工作业。从近几年世界市场上出现的机器人产品来看，未来10年，工业机器人将继续向人机协作和人工智能的方向发展，人机协作将成为工业机器人发展的新形态。人机协作机器人的概念在20世纪90年代首次提出，仍属于新兴产业。1995年，GM Motor Foundation赞助工业机器人项目，试图找出让机器人变得足够安全的方法，以便使机器人可以和员工协同工作。1996年，J. E. Colgate和M. A. Peshkin两位教授首次提出了协作机器人的概念。直到2005年SME（Small and Medium Enterprises）Project的提出，才真正促进了协作机器人的快速发展。

第一节　协作机器人的前世今生

一直以来，在国际机器人市场上出现的都是一些由工程师为相应制造业设计的重型机器人，昂贵且笨拙，但在实践应用中，并非所有的工业流程环节都需要大型机器人来提取较重的负载，轻便、敏捷的机械臂越来越多地承担了组装和提取工作。更加灵活的、小型的、低噪声的、低功耗的机器人是应对工业企业自动化和合理化需求最简单、最合理的解决方案。顺应市场需求，"协作机器人"悄然诞生，这种新型机器人能够直接和人类一起并肩工作而无需使用安全围栏进行隔离，并有望填补全手动装配生产线与全自动生产线之间的差距。迄今为止，部分企业尤其是中小企业依然认为机器人自动化过于昂贵和复杂，因而从不去考虑应用的可能性。然而，轻便灵活的"协作型"机器人成了中小企业的福音。

自2005年成立以来，优傲机器人（Universal Robots）公司一直致力于开发具有广泛可用性的机器人技术，公司推出的UR3、UR5和UR10机器人可以在所有工业生产领域实现自动化和合理化的人机协作应用，并具备成本效益高、高度灵活、使用方便安全等特点，因而广获业界青睐。这种6轴工业机器人是一种小型、轻便、易用的机器人，在财力、人力和技术等方面具有显著优势，如编程简单、安装迅速、灵活部署、人机协作、安全可靠以及业内投资回报期最短等。其中，值得一提的是UR机器人强大的灵活性：机器人可由员工现场编程，并可被快速重新设置，执行多元任务。由于重量轻巧，机器人可在厂房内轻松移动，打破了工作空间的限制。

德国DLR、美国NASA等机构从20世纪80年代开始研究空间机器人，并将此轻量、灵巧的机器人应用推广到民用领域。优傲机器人公司推出的三款UR系列机器人使协作机器人大规模商业化，并且发展迅速。这种机器人重量轻，易于安装，具有非常直观的编程功能。ABB的人机协作双臂工业机器人YuMi，采用双臂设计，具有视觉和触觉传感器，每个手臂有7个轴并以软性材料包裹，可以扩大工作范围，精度达到0.02mm；同时配备力传感装置，只要碰到人类，就可在几毫秒内停止，可在开放环境中与人类一起工作。KUKA的LBR iiwa有7个轴，能够在多个位置进行操作和柔顺控制，其所有的轴中都具有高性能碰撞检测功能和集成的关节力矩传感器。

一、实现"人"与"机"的共存

协作机器人拥有两个特点：一个是机器与人的互动，互相合作；另一个是机器的编程和维护非常方便。优傲机器人具有敏感的力反馈特性，当达到已设定的力时会立即停止，这样在风险评估后可以不安装护栏，使人和机器人能协同工作；优傲机器人公司推出的协作型UR3机器人，由于体型比较小和功耗很低，在生产过程中机器人工作时几乎是无声的，不像其他机器人工作时会产生令人头疼的噪声。因而这种人机协作机器人能够为客户营造一个非常安全和舒适的工作环境，让员工快速和机器人相处并协同工作。在编程方面，它对于一些普通操作员工和非技术背景的人员来说非常容易。这就使得机器人可以成为一个轻松上手的工具。同时优傲机器人具有快捷安装和部署的特点，可以很容易地移动到新的项目上使用。而且它还能够独立工作，无须额外的员工，就可以很容易地对其进行监管。这些特点大大节约了人员方面的开支，可为生产厂商节省成本，提高经济效益。协作机器人作为人们忠实的工作伙伴，具有广大的应用市场，目前在电子行业、汽配行业、食品行业都可找到这种机器人的身影。

二、工业4.0时代的协作机器人

随着工业4.0时代的来临，全世界的制造企业将面对各种新的挑战。有些挑战已经通过日益成熟的自动化及自动化解决方案中机器人的使用得到了应对。在过去的生产线和组装线等工作流程中，人和机器人是隔离的，这一格局将有所改变。协作机器人将会变得越来越重要。虽然有些领域和生产线还是需要人力操作，但有些完全可以使用机器人实现局部自动化，以优化生产线。引进协作机器人会为生产线和组装线应对挑战开拓新的机遇，找到更好的解决方案，把人和机器人各自的优势发挥到极致。

"智能工厂""无人工厂"在工业4.0时代成为大热之词，并被认为是自动化的最高境界。那么，这是否意味着未来人将被机器取代呢？其实不然，未来的工厂世界是人与机器和谐共处所缔造的。协作机器人作为一种新型的机器人，它将小件装配等自动化应用带入了一个全新时代，工人与机器人可以和谐共处，共同完成一个任务。

当然，工业4.0还只是一个想法、一个愿景，因为要真正实现完全的自动化，不论是大工厂也好，还是小工厂也罢，都还需要一段漫长的时间。在这段过渡期里，会有越来越多的自动化应用，更多的机器人涉及、参与到这个生产过程当中。在未来，我们希望可以利用人的创意以及机器的稳定性，合理利用这"两类员工"的特长，共同打造一个美好和谐的工业环境。

第二节 协作机器人走进人类新生活

人工智能、高端传感技术与仿生技术增强了协作机器人的工作灵活性与环境适应性，机器视觉可实现协作机器人对工作空间内物品更智能化的定位，高精度的传感器增强了协作机器人对工作空间的主动感知能力，仿生技术则强化了机械臂抓取端的灵敏性。多种技术的融合应用有效提高了协作机器人进行拾取、放置、包装码垛、质量检测等操作的准确度,可为汽车零部件生产、3C电子制造、金属机械加工等传统工业制造提供高效解决方案,并可应用于科研实验辅助操作、医院药物分拣与配送、物流货物挑拣等工作环节,辅助人类的工作与生活。

一、包装码垛

包装码垛是协作机器人的应用之一,在传统工业中,拆垛码垛属于重复性较高的劳动,使用协作机器人可以代替人工交替进行包装盒的拆垛和码垛工作,有利于提高物品堆放的有序性和生产效率。拾取和放置任务是指将工件拾取并放置在另一地点,实际生产中可以利用这项操作从托盘或传送带上拾取物品,用于包装或分拣。拾放类的协作机器人需要一个末端执行器来抓取物体,如夹具或真空吸盘装置。图1-2展示了新松GCR14-1400协作机器人配合真空吸盘交替进行包装盒的拆垛和码垛工作。机器人首先将包装盒从托盘上拆垛放至输送线上,盒子到达输送线末端后,机器人吸取盒子,码垛至另一托盘上。对于外形不一致的产品,应用时还需要结合视觉系统。

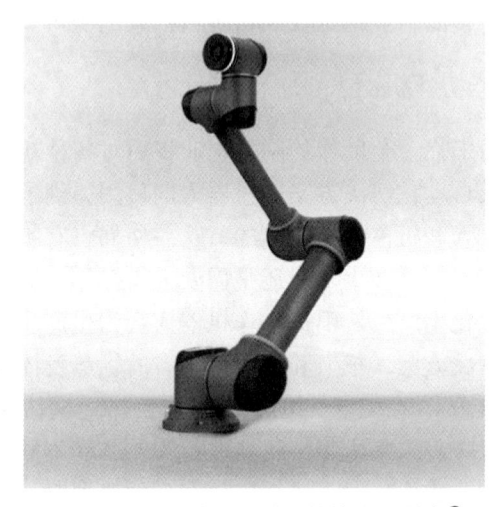

图1-2 一种拾取和放置的协作机器人[1]

二、设备看护

设备看护需要工人在数控机床、注塑机或其他类似设备前长时间站立,以时刻注意机器的运行需求,如更换刀具或补充原料。这一过程对于操作员来说,耗时漫长、无比乏味。这种情况下,使用一台协作机器人可以维护多台机器,看护类的协作机器人要求具有针对特定设备的I/O对接硬件,这些硬件提示机器人何时进入下一周期的生产或何时需要补充原料,可解放劳动力,提高生产效率。

三、远程监控

协作机器人在远程安全和监控领域也有相关应用,该应用结合了各种不同的技术,

---

[1] 新松官网 [EB/OL]. [2021-07-25]. https://www.siasun-in.com/index/goods/prodetail/cid/22.html.

包括移动机器人、传感和视频监控。这些协作机器人可以被应用在大面积的开阔区域，如农场、太阳能电站、仓库、机场停车场或者军事基地等。协作机器人对其进行远程安全监控，当有人侵入时，立即采取报警和应对措施，像个"专业保安"。

四、加工作业

加工作业是指任何需要利用工具操作工件的作业过程。协作机器人常用于胶合处理、分配和焊接过程。其中的每种加工任务都要求使用工具重复完成固定路径。这些任务如果使用新员工，则需要新员工投入大量的时间进行训练，才能使他们生产的产品达到成品要求。而如果使用协作机器人，就可以在一台机器人上完成任务编程后将其复制给其他机器人。协作机器人还解决了工人的生产精度和重复操作的问题。传统的焊接机器人系统，通常需要操作人员具有非常专业的机器人编程和焊接知识。而协作机器人智能软件系统简化了机器人编程，仅仅通过地点和方位记录的方法或传统的 CAD/CAM 编程就可以实现，让仅有焊接经验的工人也能完成协作机器人的编程。采用 Polyscope 的接口可以帮助维持稳定的 TCP 速度，保证了机器人可以以恒定的速度投入原料。根据固定焊枪、密封胶、胶水或焊膏种类的不同，机器人应用的末端执行器也各不相同。图 1-3 展示了优傲机器人公司用于焊接的协作机器人。

图 1-3　用于焊接的协作机器人❶

五、精加工作业

协作机器人可进行精加工作业。人工进行的精加工作业必须使用手动工具，而且作业过程通常很费劲，工具所产生的震动也可能导致操作人员受伤。协作机器人可以提供精加工所需的力度、重复性和精确度。机器人可以完成的精加工类型包括抛光、研磨、去毛刺等，通过手动示教或计算机编程的方法教授机器人完成相应动作。协作机器人所具有的力控制系统使机器人更加耐用，通过末端执行器或内置的力传感装置，可以实现对不同尺寸零件的精加工。图 1-4 展示了可以进行打磨抛光的协作机器人，协作机器

---

❶ 工博士官网［EB/OL］.［2021-09-22］. http：//www.gongboshi.com/api/view.php？img=http：//www.gongboshi.com/file/upload/201912/03/09/09-52-01-10-26574.png.middle.png.

人末端安装带有力控技术并且可伸缩的智能浮动打磨头,通过气动装置使其保持恒力进行曲面打磨。该应用可以用于打磨制造业中的各类毛坯件,根据工艺的要求,对工件表面粗糙度进行粗打磨或者精打磨,还可以恒定打磨速度,根据打磨表面接触力的大小,实时改变打磨轨迹,使打磨轨迹适应工件表面的曲率,很好地控制了材料的去除量。

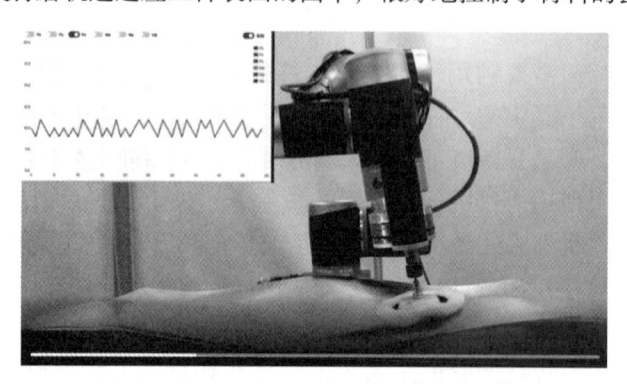

图 1-4 用于打磨抛光的协作机器人❶

六、质量检测

协作机器人可以对零件进行质量检测,这一过程通常包含对成品零件的全面检测、对精密加工件拍摄的高分辨率图片检测、零件与 CAD 模型的对比确认。固定多个高分辨率摄像头在协作机器人上,就可以将质量检测过程自动化,快速获得检测结果。使用协作机器人进行检测可获得高质量的检测,更加准确的生产批次。完成检测需要安装具有高分辨率摄像头的末端执行器、视觉系统和软件。图 1-5 展示了用于质量检测的协作机器人。

图 1-5 用于质量检测的协作机器人❷

七、智慧医疗

协作机器人不仅可以应用于工业生产领域,随着其准确性、灵活性及安全性能够满

---

❶ 节卡公司官网 [EB/OL]. [2021-07-25]. https://www.jaka.com/application-d-54.html.
❷ 搜狐. 优傲协作机器人变身"火眼金睛"质检员 精准快速识别产品质量 [EB/OL]. (2020-03-11) [2021-07-28]. https://www.sohu.com/a/379176405_791214.

足一些细致工作的需求，其应用领域也不断向医疗等其他领域扩展。医院日常存在很多简单而耗时的任务，这些工作浪费了医疗人员的大量时间。如果将协作机器人应用到医疗领域，医疗人员就可以将时间和精力放在重点的工作上，如实验的核心关键部分，以确保药物能够快速、准确地配制出来。协作机器人的使用将提升医疗业务的效率，如将药品运送到医院中需要的地方，将医疗用品带给医护工作人员，为患者运送床单等用品，对检测样本进行监测。由此，医院可以节省大量的人力，同时也减少了医院工作人员的工作量。图1-6展示了ABB公司用于智慧医疗的协作机器人。随着人力成本的上升，以及人口老龄化的趋势，医疗行业的变革将进一步加快。医疗机构结合互联网、人工智能、可穿戴设备和机器人等先进技术，可以实现过去不能完成的任务，如帮助偏远山区的病人治病，利用无人机为交通不便的地方运输药品等。

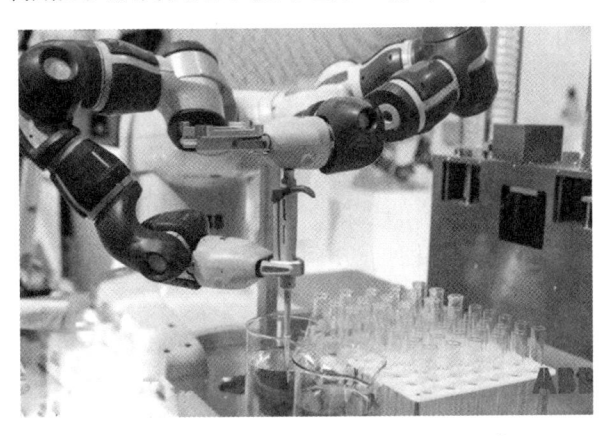

图1-6 用于智慧医疗的协作机器人 ❶

---

❶ 工博士［EB/OL］.（2021-05-13）［2021-09-22］. http：//abb-robots1.gongboshi.com/news/index.php？itemid=125988.

第二章　协作机器人专利分析

面对全球汽车制造业、电子产品制造业、服务业等行业对协作机器人的需求，国内外的企业、科研团队都为之做出了不懈的努力，推动了协作机器人的技术发展。本节将以全球协作机器人技术相关专利为基础，展开协作机器人技术的专利分析。课题组以产业分析为研究基础，通过专利大数据分析，对协作机器人关键技术进行专利分析，提出优先发展技术方向，针对这些方向研究其技术发展路线，对重点专利进行解读分析，提供研发入口建议和风险提示，分别从技术创新、人才引进、企业整合培育和专利协同布局方面给出创新发展建议。

通过初期的专利分析，结合企业调研、资料收集和专家讲座，以协作机器人关键技术中的控制系统和机械本体为分解的依据，将控制系统进一步分为示教和安全性控制，将机械本体进一步分为机器人和辅助设备，并对各分支进行进一步细分，如表 2-1 所示。

表 2-1　技术分解

一级分支	二级分支	三级分支	四级分支
协作机器人	控制系统	示教	拖动示教
			图形交互界面
		安全性控制	力控制
			视觉控制
			位移控制
			速度控制
			触觉控制
			多传感器融合控制
	机械本体	机器人	整体机构
			机械臂
		辅助设备	安全辅助设备
			加工辅助设备

第一节 全球协作机器人专利分析

一、申请趋势分析

如图 2-1 所示，协作机器人的概念是在 20 世纪 90 年代首次提出，其间出现了相关协作机器人的专利申请；1990—2000 年人机协作机器人发展较为缓慢，其中龙头企业日本的安川电机首先开始进行技术研发，在 1991 年、1993 年、1994 年分别进行了专利申请，主要研究方向是示教的图形交互界面，还有控制系统的安全性控制。

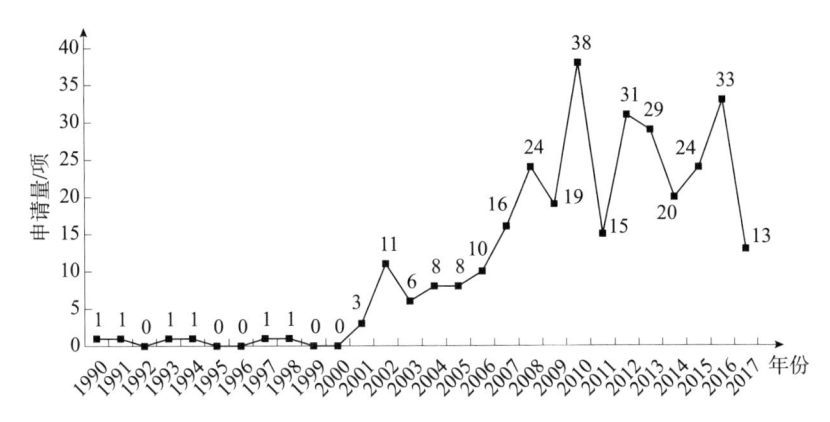

图 2-1 全球专利申请态势

2000—2005 年，协作机器人专利申请数量开始逐渐上升，2005 年以后出现迅猛增长，这主要是因为欧盟第六框架计划资助的中小型企业项目于 2005 年 3 月开始实施，该项目通过机器人技术增强中小型企业劳动力水平，降低成本，提高中小型企业的竞争力。该契机激发了各机器人企业和研发单位的强烈兴趣，纷纷加大对协作机器人的研发力度。

协作机器人专利申请数量到 2010 年达到了最高峰，作为工业机器人龙头企业，安川电机在协作机器人领域投入较多，其在此阶段专利申请量大大增加，这与日本老龄化加剧、人工成本升高相关；并且从技术流向看，其主要布局在日本，并未进入其他国家，而此阶段中国等以劳动力为主的国家对机器人的需求量并不大，发达国家的劳动密集型企业也开始外移。

从 2011 年至今，从专利申请趋势看，其主要呈现波动式发展，此阶段申请量较多的企业是日本的发那科；而中国的代表企业是上海技美科技（主要集中在 2016 年申请），其研究领域为机械臂、拖动示教、示教中的图形交互界面。

二、区域分析

（一）全球专利申请主要来源地分析

通过优先权，能够有效地判断协作机器人技术来源。从图 2-2 可以看出，以日本（JP）专利申请为优先权的申请量占据了全部申请量的 35%，以发那科、安川电机为代表的企业起到了重要的作用,其在全球范围内处于垄断地位,因此在协作机器人领域研究日本的专利技术能够有效掌握技术发展方向以及部分关键技术。而在其他国家中,中国(CN)、德国(DE)、美国(US)、瑞士(CH)、韩国(KR)分列第 2—6 位,其申请量占比分别为 19%、16%、14%、4%、4%,其中代表性的企业是德国的库卡和瑞士的 ABB。中国作为全球第二大经济体,近年来对人机协作机器人的需求量也有所提高。尤其是 2010 年以来,中国在协作机器人方面投入加大,其中代表性的研究单位包括沈阳新松、上海技美科技、武汉海默等公司。

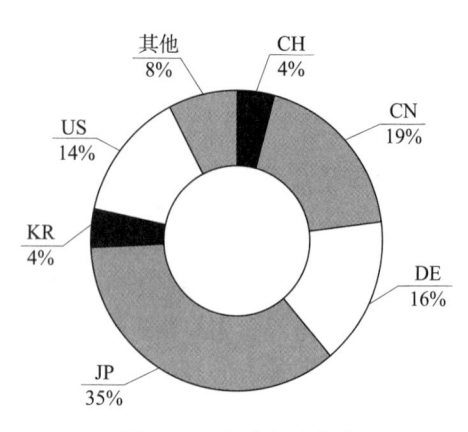

图 2-2 全球专利申请主要来源地

（二）全球专利申请主要流向地分析

在协作机器人领域,全球专利申请的主要目的地是中国、欧盟区、德国、日本、美国、韩国等,这些主要是经济发展较快或者对专利保护较为有利的国家和地区。

如图 2-3 所示,根据专利申请的公开号进行统计,向上述几局提交的专利申请数量分别为:美国(US)182 件,占总申请量的 22%;日本(JP)161 件,占总申请量的 19%;中国(CN)174 件,占总申请量的 21%;欧盟区(EP)127 件,占总申请量的 15%;德国(DE)89 件,占总申请量的 11%;韩国(KR)31 件,占总申请量的 4%。由此可见,目标来源地与流向地基本保持一致,这是因为:本国申请人优先在国内进行专利布局,其对国内市场非常重视;中、日、美、欧是协作机器人的重要市场,说明发展较快的国家和地区对协作机器人的需求量较大,机器人的智能化发展还不能完全替代人工;在这些主要流向地中,中国与韩国近年在协作机器人领域发展较快。

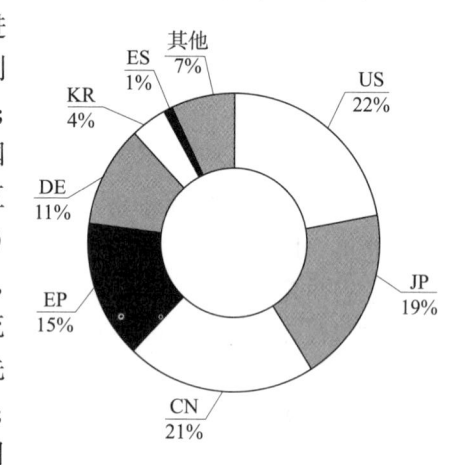

图 2-3 全球专利申请主要流向地

三、以专利申请人为视角

如图 2-4 所示,从全球专利申请人排名可以看出:自 1990 年起,发那科(FANUC)在协作机器人领域的申请量最大,达到了 25 项,第 2—4 名分别是安川电机(YASKAWA)、库卡(KUKA)、ABB,申请量分别在 20 项、19 项、17 项;这四大企业的协作机器人相关专利申请量远远超过其他机器人公司。虽然四大企业的协作机器人专利申请量相对较大,但是其技术的核心影响力相比传统工业机器人较弱,这可能是因为协作机器人面向的是中小型企业,四大企业作为工业机器人领域的龙头企业并没有将研究重点放在协作机器人技术上。而新兴企业睿信（Rethink）虽然申请量比四大企业少，但是其主要研究重点是协作机器人技术，虽然起步晚，但是在协作机器人关键技术领域起到了举足轻重的作用，推动了协作机器人产品的进化。在这些企业之后的是上海技美科技、DENSO、川崎、沈阳新松和通用。中国在 2010 年之后申请量也在不断增加，但是主要是一些在华的外国公司，如发那科、库卡等，中国本土的企业主要是沈阳新松、遨博（北京）智能、上海技美科技，其总体特点是起步较晚，技术较国外专业协作机器人企业相对落后。

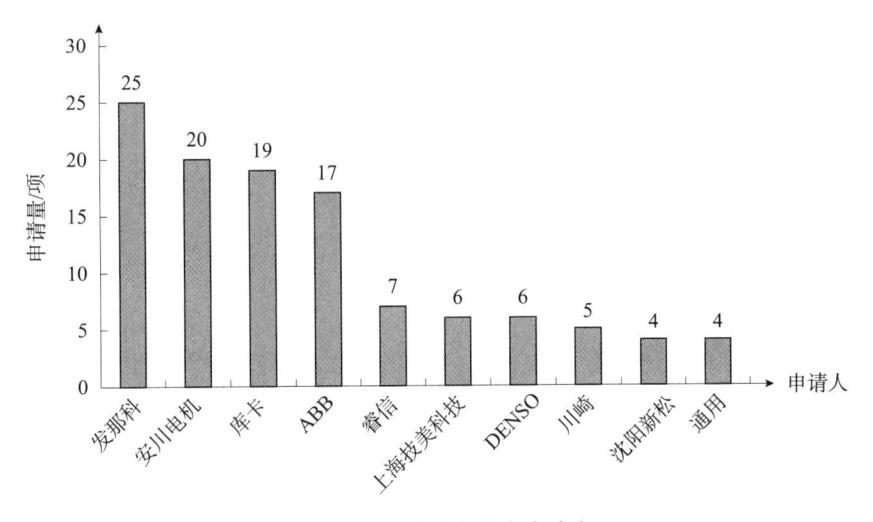

图 2-4 全球排名前十申请人

四、以专利发明人为视角

对全球协作机器人技术相关专利申请的发明人进行统计分析，从图 2-5 可以看出，排名前六的发明人是有田创一团队、F.佐姆团队、张明星团队、王龙祥团队、李健团队和足立悟志团队。

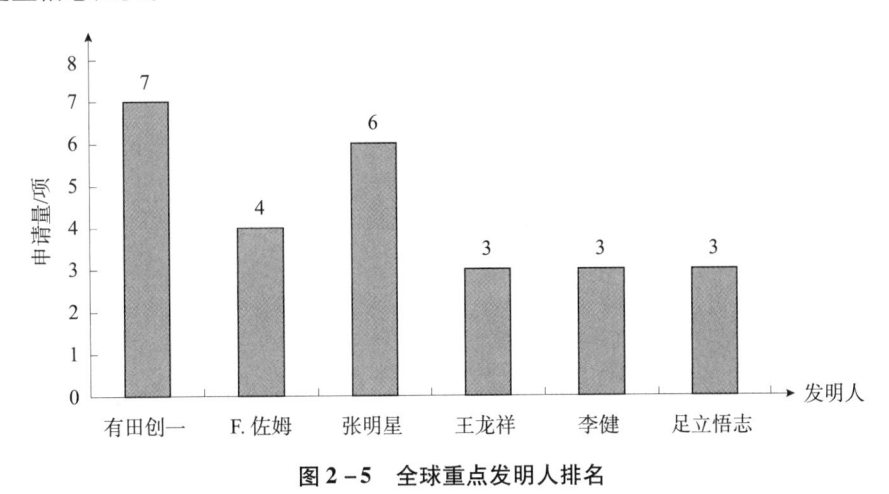

图 2-5 全球重点发明人排名

在全球协作机器人技术相关专利申请重点发明人中，有田创一来自发那科株式会社,研究方向主要是安全性控制中的力控制,其技术效果主要体现在安全性、易用性、精准性。发那科的另一个研发团队是以 Kazunori Ban 和 Nihei Akira 为第一发明人的团队,其研究方向为安全性控制的速度控制、位移控制以及机器人本体的整体机构,其技术效果体现在安全性和易用性。来自里斯集团的以 F. 佐姆为第一发明人的团队均涉及控制系统,其包括示教和安全性控制,具体涉及图形交互界面和多传感器融合控制,技术效果为提高安全性、提高效率和精准性。中国的研发团队主要是来自上海技美科技的张明星团队,团队成员为张明星、刘永丰、虞忠伟,其申请都集中在 2016 年,研究方向为机械臂、拖动示教、整体机构、图形交互界面,研究的方向比较多。王龙祥团队来自武汉海默机器人有限公司,公司主要从事机器人研发、制造、应用等,其最早的协作机器人申请时间为 2016 年 11 月,涉及协作机器人的控制系统和机械本体,技术效果为提高协作机器人的安全性。李健团队来自山东电力集团公司电力科学研究院,其开展协作机器人技术研究相对较早,主要涉及整体机构和安全辅助设备,技术效果主要是改善安全性能。

第二节　中国协作机器人专利分析

一、申请趋势分析

自 1990 年至今,中国关于协作机器人技术专利申请量为 166 项,为全球专利申请总量的 21%;2010 年之后,中国专利申请数量稍有增加,占据全球专利申请量的将近 25%,这反映了近年来中国申请人在协作机器人领域的研发力度有所增加。

二、专利申请人分析

如图 2-6 所示,国内排名前 12 的申请人中,企业为 10 家,总体数量占优,高校为 2 家,显现了我国目前对协作机器人技术应用的推广以及研发能力的逐渐增强。排名前三的申请人是上海技美科技、国家电网和沈阳新松。上海技美科技是主要研究协作机

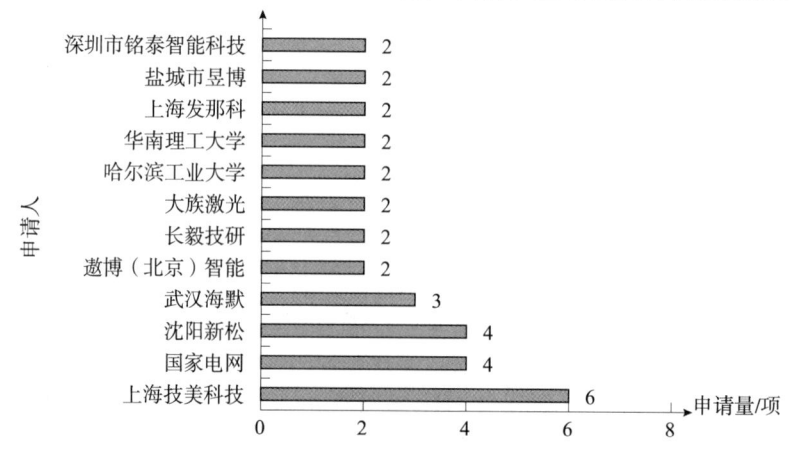

申请人	申请量/项
深圳市铭泰智能科技	2
盐城市昱博	2
上海发那科	2
华南理工大学	2
哈尔滨工业大学	2
大族激光	2
长毅技研	2
遨博(北京)智能	2
武汉海默	3
沈阳新松	4
国家电网	4
上海技美科技	6

图 2-6　协作机器人中国重点申请人专利申请态势分析

器人的企业，研究方向涉及机械臂、拖动示教、整体机构、图形交互界面，是国内较早涉及机器人领域的公司。但是，整体来讲，中国专利申请数量偏低，最早申请时间也晚于行业中的全球其他申请人，反映出我国在该领域技术相对薄弱，发展相对缓慢。

三、专利发明人分析

如图2-7所示，中国协作机器人技术的研究起步较晚，至今为止，排名前三的发明人团队分别是张明星团队、王龙祥团队和李健团队。

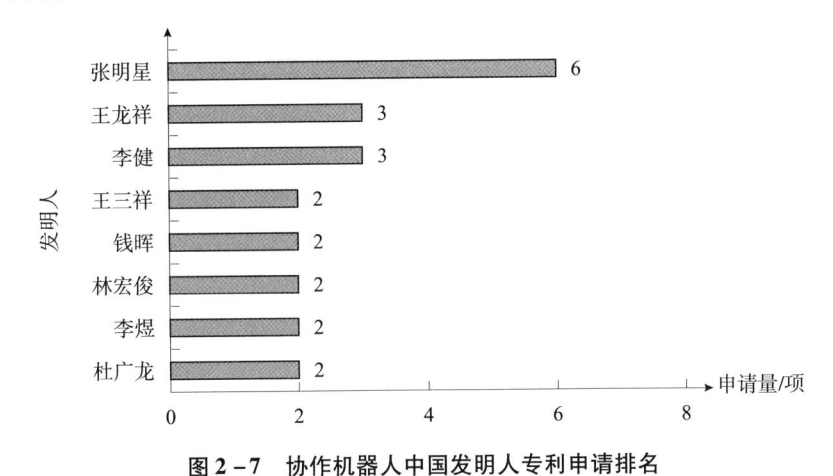

图2-7 协作机器人中国发明人专利申请排名

发明人	申请量/项
张明星	6
王龙祥	3
李健	3
王三祥	2
钱晖	2
林宏俊	2
李煜	2
杜广龙	2

张明星团队来自上海技美科技股份有限公司，公司成立于2003年，主要研究机器人的高负载自重比相关方向。公司涉足协作机器人的研究较晚，最早的协作机器人专利申请时间为2016年，其专利申请涉及的关键技术主要是协作机器人的本体结构以及控制系统等，以提高协作机器人的简单易用性和轻量化。王龙祥团队来自武汉海默机器人有限公司，公司主要从事机器人研发、制造、应用等，其最早的协作机器人专利申请时间为2016年11月，其专利申请涉及协作机器人的控制系统和机械本体，以提高协作机器人的安全性。李健团队来自山东电力集团公司电力科学研究院，其开展协作机器人技术研究相对较早，最早的协作机器人专利申请时间为2012年4月，其专利涉及协作机器人的安全控制系统。综上，中国协作机器人技术的研究整体较晚，独立自主研究成果相对较少，没有对协作机器人技术产生重要影响。

第三章 从专利申请看热点技术

第一节 从技术发展脉络看热点技术

如图 3-1 所示,协作机器人概念首次提出于 20 世纪 90 年代,1995 年通用汽车基金会试图找到一种方法使机器人变得足够安全,可以与人协同工作。1996 年,美国的 J. E. Colgate 和 M. A. Peshkin 两位教授首次正式提出人机协作机器人"cobot"的概念并申请了专利,基本奠定了人机协作机器人的研究基础。协作机器人发展初期的研究重点在机械臂的轻量化研发。2005 年,协作机器人的发展迎来了契机,由欧盟第六框架计划资助的中小型企业项目于 2005 年 3 月开始实施,该项目通过机器人技术增强中小型企业劳动力水平,降低成本,提高中小型企业的竞争力。该契机激发了各大机器人企业和研发单位的强烈兴趣,纷纷加大对协作机器人的研发力度。协作机器人发展后期的研发重点在于利用多传感器融合系统等安全控制系统来提高机器人与人协作的安全性、简单易用性,以及提高中小型企业的工作效率。

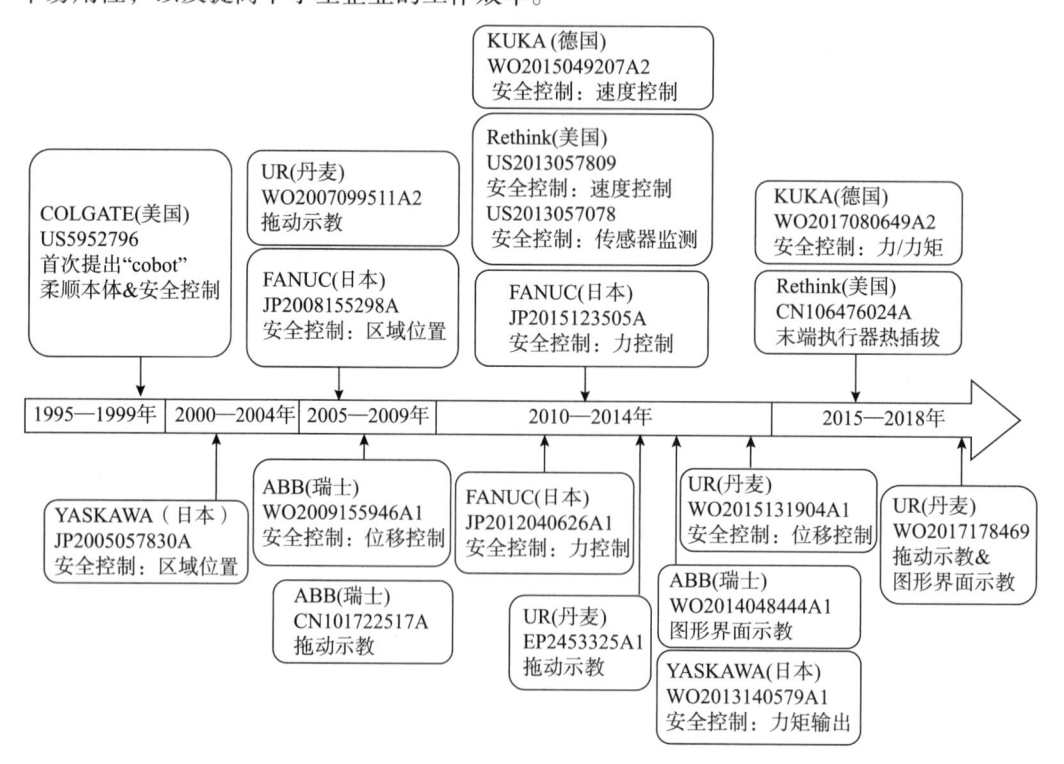

图 3-1 协作机器人技术发展脉络

2003年，日本安川电机（YASKAWA）的专利申请JP2005057830A提出了一种防止机器人和人相撞的安全系统，其在操作者和机器人之间设置一个区域位置传感器，当传感器检测到操作者位置超过该位置时，控制该机器人的运动使其不与人发生相撞，保证了人机协作的安全性。然而，其虽然实现了人机协作，但是限制了人与机器人之间的安全距离，难以实现真正意义上的人机近距离协作。

丹麦的优傲机器人（Universal Robots，UR）公司是最早推出协作机器人产品的公司，该公司首先在丹麦提交了专利申请，并以此为优先权提交了PCT申请WO2007099511A2。该专利申请针对协作机器人的示教方式进行了改进，尤其是提出了拖动示教的示教方式，其主要包括一台机器人、一个用户操作界面以及存储系统，拖动机器人到达不同的位置，控制系统记忆并解析机器人的动作，从而完成示教编程。该专利申请进入欧洲、美国等国家和地区，并获得了授权。发那科的专利申请JP2008155298A公开了机器人的电力切断装置，在使机器人从一个工位横越操作者通道向另一个工位移动时，切断向动作用电动机的电力供给；同时设置切断状态监视装置，监视向动作用电动机的电力供给的切断状态和紧急停止装置。当紧急停止装置检测到没有切断向动作用电动机的电力供给，而机器人进入操作者用通道上方的预定区间时，通过切断向移动用电动机的电力供给来进行紧急停止，从而确保操作人员的安全。

2008年，瑞士机器人公司ABB提交的公开号为WO2009155946A1的专利申请，公开了一种安全的机器人系统：通过安装测量数据的处理系统，在工作范围内，操作人员通过确定处理系统的相关参数，来规划机器人运动轨迹，使得机器人能够自适应外界环境。同年，ABB公司申请了CN101722517A的专利，公开了一种人工示教机器人，通过在活动的铰接臂的自由端设置测量系统，操作人员对受控装置进行人工操作，以示教机器人预定的运动行程，通过设有测量头的测量系统，来记录铰接臂自由端的受控装置的每个位置。

2010年，发那科申请了JP2012040626A1专利，通过在机器人上设置力传感器，在力传感器的检测值超过规定值的情况下，停止机器人或控制机器人的动作，从而使力传感器的检测值变小。机器人包括位于比力传感器的设置位置距离人更远的第一机器人部位以及位于比力传感器的设置位置更靠近人的第二机器人部位，机器人系统具备限制人的作业区域的限制部，以便即使在机器人最接近人的情况下，也可以防止人与第一机器人部位接触。由此，即使在人与机器人会接触的环境中也能够确保人的安全。

2011年，UR公司的专利申请EP2453325A1在协作机器人的示教方式上进一步改进，提出了一种用于对机器人进行编程的用户友好方法，进一步简化了拖动示教的示教过程，对于不擅长机器人编程的用户而言操作和使用变得容易。

2012年，日本安川电机（YASKAWA）的PCT申请WO2013140579A1，公开了一种安全可靠性更高的与人共存型的协作机器人。其通过调整机器人的变速机构，实现不同力矩的输出来控制机器人的安全性，减少其对人体的碰撞。具体而言，其驱动机构具有驱动源与能将来自驱动源的动力以不同转速或转矩传递至连杆体的多个动力传递路径；控制部根据在规定区域内包含人体在内的移动体的检测结果切换动力传递路径，通过这种软件和硬件结合的方式实现了机器人的安全性控制。同年，ABB公司申请的公开号为

WO2014048444A1 的专利，公开了用于人机协作的机器人系统，包括控制器和数据储存媒体，其采用视觉传感器获取机器人的位置信息，根据存储数据来执行运动的程序。通过设置交互装置，用于改变所述可变的运动参数，在预定的执行期间限制机器人程序和机器人控制器，以接收有效改变运动参数，同时不中断所执行的机器人程序。

2013 年，德国 KUKA 公司提出的 PCT 申请 WO2015049207A2 公开了一种人机协作系统的规划方法，其目的也是减少人与机器人的碰撞，提高系统的安全性，其具体方法是：首先检测工作区域的布局，并定义该区域为人机协作区域，对人机协作区域进行标记，并且标示出该人机协作区域内可能存在碰撞危险的位置区域。机器人和机器人辅助装置记录下危险区域的几何形状以及运动轨迹中的至少一个参考点，通过自动评估模块，确定跟随运动轨迹的允许速度，并在整个人机协作区域内形成一个被允许的速度的分布图，从而当机器人与人将要接触时，降低其运行速度，减少与人的碰撞。2013 年，发那科的专利 JP2015123505A，通过设置保护部件，覆盖机器人的基部和可动部，可动部的周围由刚性比基部和可动部低的材质构成；以及设置在基部和可动部的至少一方上的检测器，检测经由保护部件输入的外力，通过力控制从而确保操作人员的安全。2013 年，Rethink 公司申请的公开号为 US2013057809 的专利公开了机器人安全工作系统，通过设置更严格的速度下限，避免机器人对人类造成伤害。机器人与人之间的安全协作通过处于第一阈值或低于第一阈值的速度连续操作机器人来获得，在第一阈值内，人臂部的任何区域碰撞机器人均不会造成伤害，并且当在机器人周围的危险区内探测到人体躯干或头部时，降低该速度到第二阈值或低于第二阈值，从而避免对人类造成伤害。同年，Rethink 公司的另一件公开号为 US2013057078 的专利申请，提供了一种基于一个或多个约束针对传感器相互一致性监测与不同的测量量相对应的机器人传感器读数的系统。该方法避免了对传感器冗余的需要，消除了与相同量的每个相互依赖的传感器读数相关的漏报，有助于检测与其他传感器读数的不一致性，提高了机器人的安全性和精准性。

2014 年，UR 公司的专利申请 WO2015131904A1 公开了一种协作机器人的安全系统，其对人机协作机器人的安全控制方面进行了改进，具体是在机器人关节中安装用于感测所述关节中的齿轮的输入侧上的角取向的第一位置传感器，以及用于感测所述齿轮的输出侧上的角取向的第二位置传感器，以获取传动装置的位置；通过控制单元实施实体机械臂的软件模型，包括运动学和动力学计算；通过用户接口装置对机器人进行编程，存储装置与用户接口装置和控制单元协作，用于存储与机器人的移动和其他操作相关的信息；控制单元处理来自两个传感器的信息，进而实现一个或多个安全功能，该系统可以在不需要专业知识的情况下以简单且容易的方式编程，软件或硬件的任何单个故障都不会导致机器人变得危险。

2015 年，Rethink 公司申请的专利 CN106476024A 公开了一种具有热插拔的终端执行器的机器人，能够适应终端执行器的动态更换，并加载运行软件，该软件允许在不改变主控制程序的情况下来操作终端执行器。这种设置避免了为了适配不同的终端执行器而在控制器代码级别上做出改变的需要，提高了协作机器人的易用性。

2016 年 3 月，国际标准化组织针对协作机器人发布了最新的工业标准 ISO/TS 15066

作为支持 ISO 10218 的补充文档，进一步明确了协作机器人的设计细节及系统安全技术规范，所有机器人产品必须通过此标准认证才能上市发售。由此，协作机器人在标准化生产上步入了正轨。

第二节　从重点专利申请看热点技术

本部分根据协作机器人技术的整个发展脉络，结合关键技术在整个协作机器人行业所起的核心作用、专利文献的被引证次数等重要因素，遴选出以下重点专利申请（如表 3-1 所示）进行具体分析。

表 3-1　协作机器人重点专利申请

公开号	申请人	发明内容	公开/公告日	布局情况
US5952796A	J. E. Colgate M. A. Peshkin	使用柔性的传动元件代替传统的电机来驱动机器人，其目的就是降低速度和力的输出，使机器人与人的配合更加安全	1999-09-14	AU
WO2007099511A2	UR	对协作机器人的示教方式进行了改进，尤其是提出了拖动示教的示教方式，拖动机器人到达不同的位置，控制系统记忆完成示教编程	2006-03-03	US, EP, CA, DK, ES, PL
EP2453325A1	UR	提出了一种用于对机器人进行编程的用户友好方法，能够通过参考所述一个或多个几何特征来命令机器人执行机器人的指定部分相对于所述周围环境的移动	2012-05-16	US, CN, RU, MX, ES, DK
CN104870147A	Rethink	通过设置更严格的速度下限，避免机器人对人类造成伤害	2012-08-31	EP, JP, US

续表

公开号	申请人	发明内容	公开/公告日	布局情况
WO2017080649A2	KUKA	通过检测到机器人中实际的力、力矩与模拟的目标力、目标力矩，形成一个防撞指示系统，避免人机协作机器人的碰撞	2015-11-11	DE

（1）1996年，美国的J. E. Colgate和M. A. Peshkin两位教授首次正式提出人机协作机器人"cobot"的概念并申请了专利，其公开号为US5952796A（如图3-2所示）。该专利申请明确提出了使用柔性的传动元件代替传统的电机来驱动机器人，其目的就是降低速度和力的输出，使机器人与人的配合更加安全；并设置了安全辅助装置，该安全辅助装置通过计算机控制机器人与人协作的安全性，避免传统机器人可能对人带来的碰撞和伤害，其主要是通过补偿附加摩擦和惯性力来实现安全性控制，突出了人机协作安全系统的重要性。该专利被引证了100余次，基本奠定了人机协作机器人的研究基础。

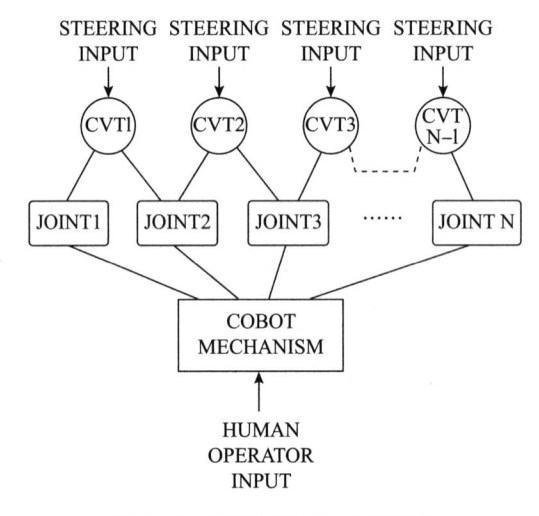

图3-2 US5952796A专利附图

（2）丹麦的UR（Universal Robots）公司是最早推出协作机器人产品的公司，该公司首先在丹麦提交了专利申请，并以此为优先权提交了PCT申请（公开号为WO2007099511A2），如图3-3所示。该专利申请针对协作机器人的示教方式进行了改进，尤其是提出了拖动示教的示教方式，其主要包括一台机器人、一个用户操作界面以及存储系统，拖动机器人到达不同的位置，控制系统记忆并解析机器人的动作，从而完成示教编程。该专利申请进入了欧洲、美国等国家和地区，并获得了授权。

（3）2011年，UR公司的专利申请（公开号为EP2453325A1）在协作机器人的示教方式上进一步改进，提出了一种用于对机器人进行编程的用户友好方法，如图3-4所示。该方法包括将机器人放置在周围环境中的给定位置，并且使用机器人的部分或点P（例如，工具在机器人的使用期间被附着到的点）来相对于机器人的周围环境定义一个或多个几何特征，建立该几何特征与机器人相关坐标系统的第一坐标之间的关系，由此，随后能够通过参考所述一个或多个几何特征来命令机器人执行机器人的指定部分相对于所述周围环境的移动。该方法进一步简化了拖动示教的示教过程，提高了机器人的易用性。以该专利申请为优先权的同族专利多达13件，且在各个国家均获得了授权。

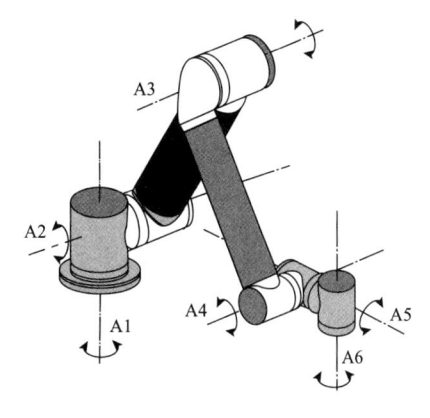

图3-3　WO2007099511A2 专利附图

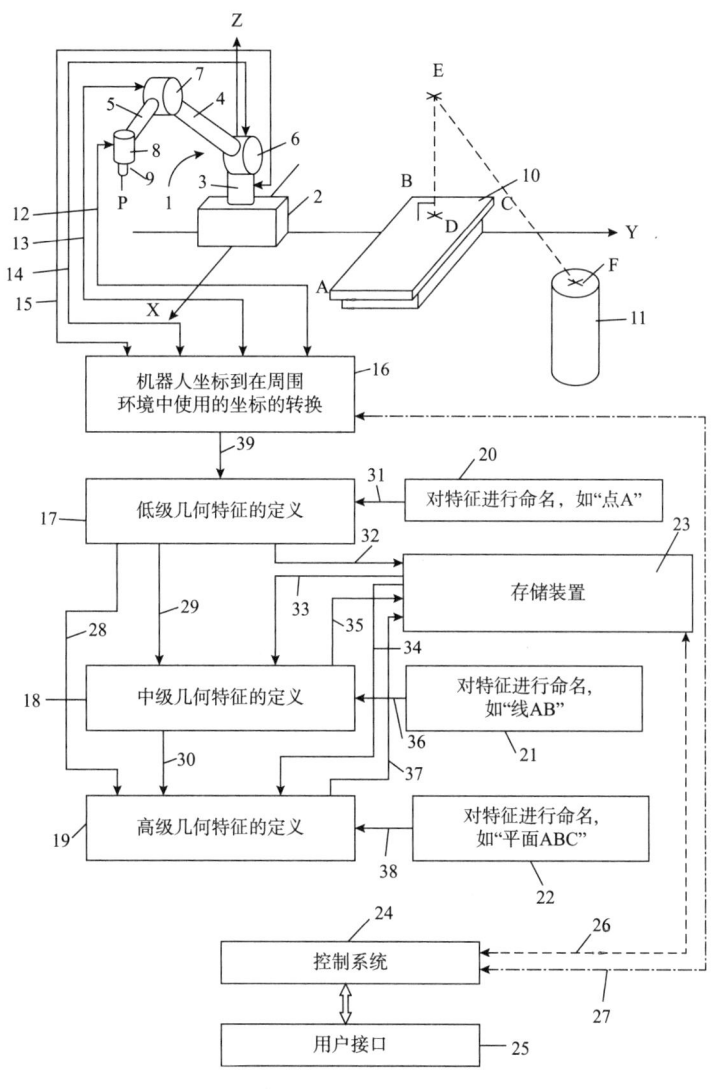

图3-4　EP2453325A1 专利附图

（4）2013年，Rethink公司申请的公开号为CN104870147A的专利，公开了机器人安全工作系统，通过设置更严格的速度下限，避免机器人对人类造成伤害，如图3-5所示。机器人与人之间的安全协作通过处于第一阈值或低于第一阈值的速度连续操作机器人来获得，在第一阈值内，人臂部的任何区域碰撞机器人均不会造成伤害，并且当在机器人周围的危险区内探测到人体躯干或头部时，降低该速度到第二阈值或低于第二阈值，从而避免对人类造成伤害。

（5）2015年，KUKA公司的专利申请WO2017080649A2公开了一种适用于人机协作机器人的机器人系统，该机器人系统包括一个多轴机械臂、一个传感器以及一个模型装置，如图3-6所示。传感器装置用来检测机器人的力和力矩，通过一个模型装置来生成目标力和目标力矩，通过检测到的机器人中实际的力、力矩与模拟的目标力、目标力矩，形成一个防撞指示系统。该防撞指示系统根据上述实际力、力矩与目标力、力矩计算执行相关算法，避免人机协作机器人的碰撞，提高了人机协作系统的安全性，属于通过力控制实现安全控制。

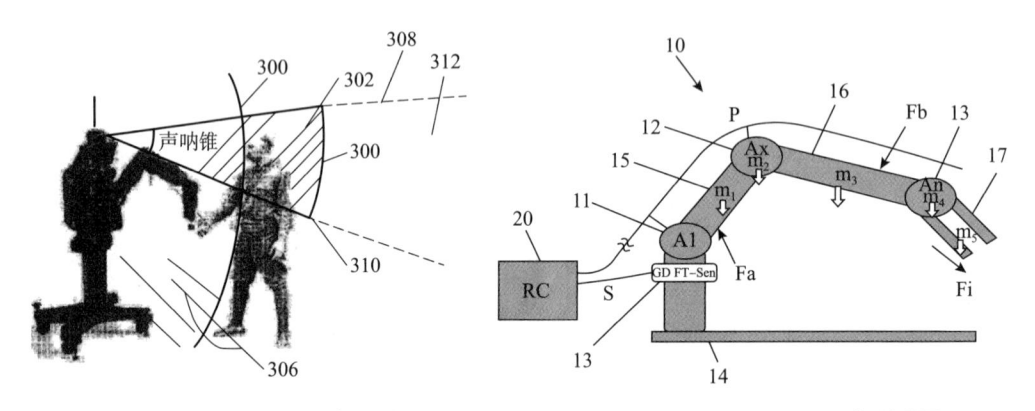

图3-5　CN104870147A专利附图　　　图3-6　WO2017080649A2专利附图

第三节　从技术分布看热点技术

课题组通过初期专利分析，结合企业调研、资料收集和专家讲座，以协作机器人关键技术中的控制系统和机械本体为分解的依据，将控制系统进一步分为示教和安全性控制，将机械本体进一步分为机器人和辅助设备，再对各分支进行细分。协作机器人技术构成，主要包括拖动示教、图形交互界面、力控制、视觉控制、位移控制、速度控制、触觉控制、多传感器融合控制、整体机构、机械臂、安全辅助设备和加工辅助设备。从协作机器人全球技术构成图（如图3-7所示）可以看出，在三级分支中，控制系统的研究重点在于安全性控制，共163项专利；涉及示教的控制系统共67项专利，同时，机械本体研究的重点方向是机器人，共申请专利54项，29项专利涉及辅助设备；在四级分支中，安全性控制主要侧重于多传感器融合控制、位移控制和力控制，分别占比14%、12%和11%，通过对安全性控制的研究，保证在人机协作过程中人的安全，防止在工作中造成肢体上的冲撞；而示教的研究重点方向为拖动示教，占比12%，拖动示教是训练机器人进行学习，其中 UR5 机器人、库卡的七轴机器人 LBR iiwa、发那科的六轴协作机器人 CR-35iA 以及 Motoman 的 HC10 机器人均支持拖动示教。另外图形交互界面的研究逐渐成熟，占比 9%；对于机器人本体的研究较均衡，整体机构和机械臂各占 8% 和 9%，协作机器人相比于传统机器人，对于机器人本体结构的研究占比相对较少，辅助设备中，涉及安全辅助设备的专利占比 6%，加工辅助设备的专利占比 3%。

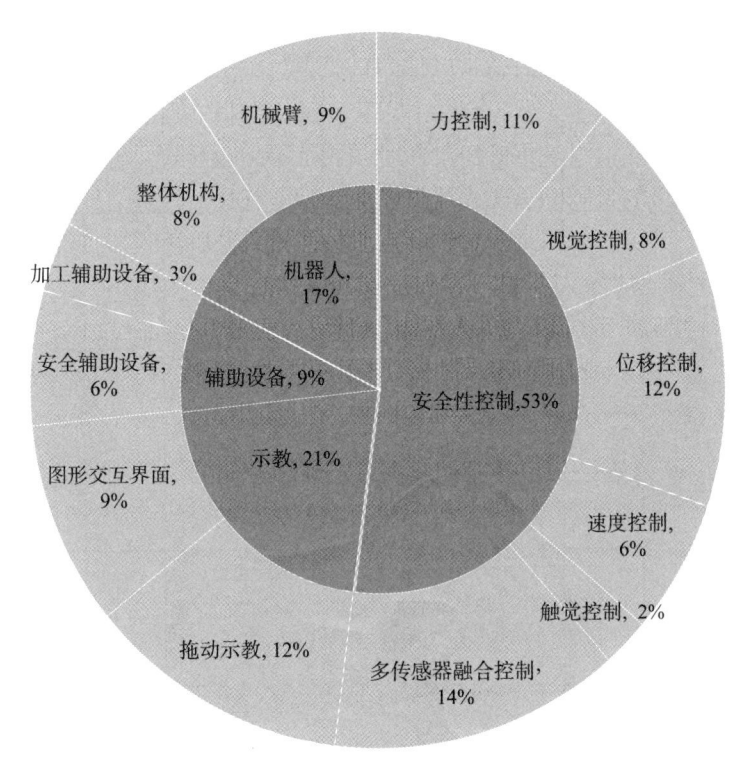

图 3-7 全球协作机器人技术构成

全球协作机器人专利申请在各个领域的活跃度一般都比较高，分析原因，主要是由于 2005 年，由欧盟第六框架计划资助的中小型企业项目于 2005 年 3 月开始实施。该项目通过机器人技术增强中小型企业劳动力水平，降低成本，提高中小型企业的竞争力，该契机激发了各大机器人企业和研发单位的强烈兴趣，纷纷加大对协作机器人的研发力度。因此在全球范围内，协作机器人是一个比较活跃的领域。中国对协作机器人的需求开始逐年增加，其中在触觉控制、安全辅助设备方面尤为突出，这主要是因为在 2010 年之前没有这方面的研究。全球申请在多传感器融合控制、视觉控制、整体机构、机械臂领域均具有较高的活跃度；而在协作机器人发展较快的日本，其近年来主要研究热点在安全辅助设备和力控制方向；近几年德国的研究热点在加工辅助设备；美国则在触觉控制和整体机构的研究中投入较大的精力；在拖动示教领域，韩国最为活跃，另外，韩国在视觉控制、速度控制以及多传感器融合控制方面均投入了较大的精力，相关研究较活跃。

如图 3-8 所示，从全球协作机器人技术功效来看，关键技术布局较全面，协作机器人的研究侧重于安全性、易用性、高效率。通过多传感器融合控制实现安全性控制是协作机器人领域的技术热点，其申请达35项，位移控制、力控制、速度控制、安全辅助设备、图形交互界面的研究技术均能实现安全性，并且申请量较多，可以看出：在协作机器人的各个领域的研究中，首先要考虑的就是人的安全性，多传感器之间的配合与协调控制是研究的重要领域；同时多传感器融合技术所产生的技术效果最全面，其对易用性、灵活性、精准性、高效率等方面均有一定的影响，该技术是协作机器人领域的热点技术。

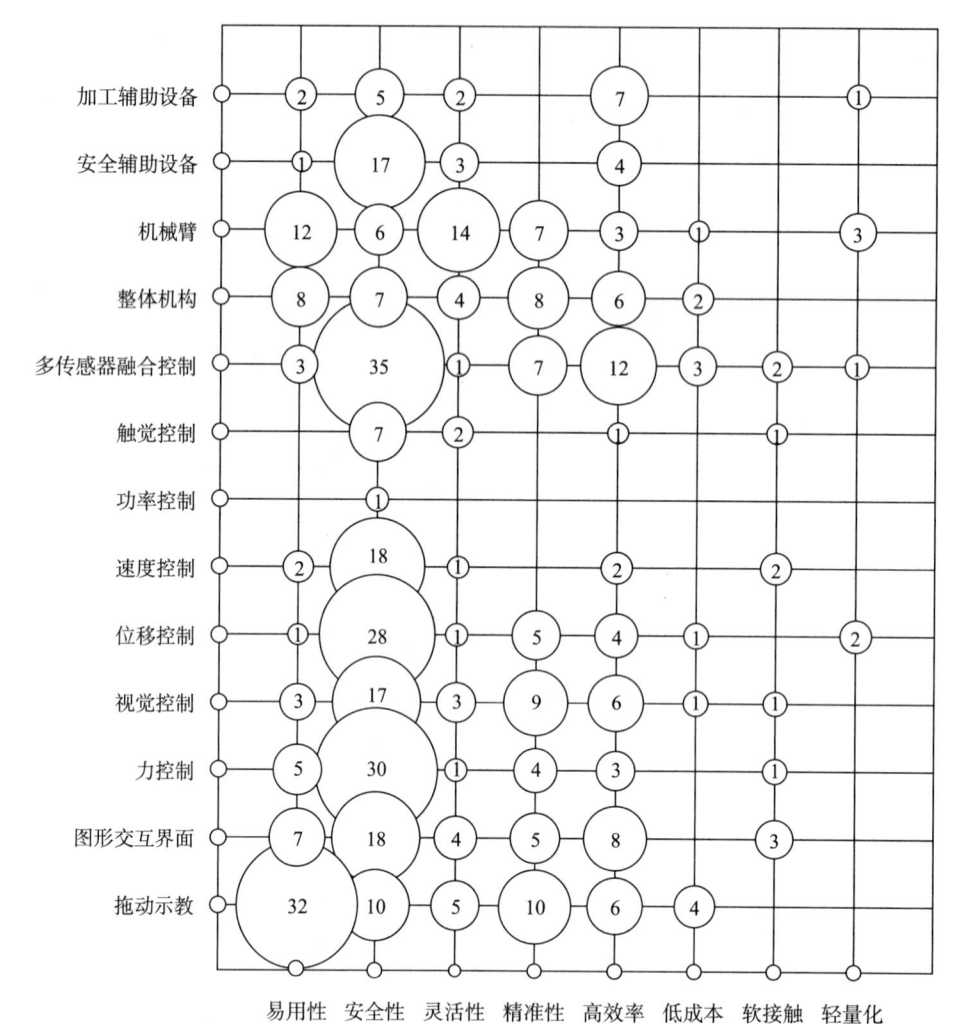

	易用性	安全性	灵活性	精准性	高效率	低成本	软接触	轻量化
加工辅助设备		2	5	2	7			1
安全辅助设备		1	17	3	4			
机械臂	12	6	14	7	3	1		3
整体机构	8	7	4	8	6	2		
多传感器融合控制	3	35	1	7	12	3	2	1
触觉控制		7	2				1	
功率控制		1						
速度控制	2	18	1	2	2			
位移控制	1	28		5	4	1		2
视觉控制	3	17	3	9	6	1	1	
力控制	5	30	1	4	3	1		
图形交互界面	7	18	4	5	8	3		
拖动示教	32	10	5	10	6	4		

图3-8 全球协作机器人技术功效（单位：项）

易用性、安全性、精准性和高效率均是研究人员所重点考虑的因素，因为协作机器人面向的主要是中小型企业，能够实现简单易用且高效率，就基本可以满足大部分消费者的需求；而关于软接触的研究较少，这主要是和行业需求有关，部分电子产业机器人接触物件会涉及软接触，大部分工业领域对于物件接触的材料要求并不苛刻，软接触性能主要涉及医学仿生领域机器人。

在控制系统方面，除了多传感器融合控制外，拖动示教、力控制和位移控制专利申请量较多，是影响精度、效率和安全性的主要因素，但是不会影响结构、轻量化问题，属于技术雷区。而在机械本体的结构方面，主要功效侧重于灵活性、高效率和轻量化。机械臂和整体机构是影响协作机器人轻量化的主要因素，其机械材料的选择、各部件的排列和连接方式等均会影响协作机器人的重量。通过设置加工辅助设备，能够实现一个劳动力配置多台机器人，可以极大地提高工作效率，技术手段不难实现，且目前相关专利申请较少，中国申请人可以在此进行专利布局；而辅助设备在精准性的研究方面是协作机器人的空白点，中国申请人可在此进行专利布局。

第四章　协作机器人创新主体

协作机器人具备安全、柔性、可以与人协同作业、安装布局方便、综合性价比高等特点，在轻工行业应用中获得快速认可。据 MIR 统计数据显示，2020 年中国协作机器人销量 7500 台，增长率高达 21.8%。到 2025 年，中国协作机器人销量有望突破 6 万台，市场规模达到 45 亿元，复合年均增长率超过 30%。面对全球汽车制造业、电子产品制造业、服务业等行业对协作机器人的需求，国内外的企业、科研团队都为之做出了不懈的努力，推动了协作机器人的技术发展。

近几年，协作机器人的概念和产品蜂拥而起，现阶段，除了国内外巨头企业纷纷布局协作机器人，不少新兴企业也在该领域不断发力，大有愈演愈烈之势。

第一节　国外企业

一、FANUC 公司

（一）公司简介

FANUC 公司（以下称为"发那科"）创建于 1956 年，是世界上最大的专业数控系统厂家，1959 年首次推出了电液步进电机。进入 20 世纪 70 年代，得益于微电子技术、功率电子技术，尤其是计算技术的飞速发展，发那科毅然舍弃了使其发家的电液步进电机数控产品而开始转型。1976 年发那科成功研制数控系统 5，随后又与 SIEMENS 公司联合研制了具有高水平的数控系统 7。从那时起，发那科的产品日新月异，年年翻新，成为当今世界上数控系统设计、制造、销售实力最强的企业之一。发那科是全球领先的专业生产工厂自动化设备和机器人的综合制造商，已有 60 多年的发展历史。发那科的主要产品包括智能机器人以及智能机器设备，其中 CNC 和机器人产品多年来在全球市场的占有率一直保持领先地位。

（二）协作机器人

早在 2006 年，发那科已经开始在协作机器人领域进行布局。发那科的专利申请 JP2008155298A 公开了机器人的电力切断装置，在使机器人从一个工位横越操作者通道向另一个工位移动时，切断向动作用电动机的电力供给；同时设置切断状态监视装置，监视向动作用电动机的电力供给的切断状态和紧急停止装置。紧急停止装置当在检测到没有切断向动作用电动机的电力供给，而机器人进入操作者用通道上方的预定区间时，通过切断向移动用电动机的电力供给来进行紧急停止，从而确保操作人员的安全。

2010 年 8 月 17 日，发那科申请了 JP2012040626 专利（如图 4-1 所示），通过在机器人上设置力传感器,在力传感器的检测值超过规定值的情况下,停止机器人或控制机器人的动作使力传感器的检测值变小,机器人包括位于比力传感器的设置位置距离人更远的第一机器人部位以及位于比力传感器的设置位置更靠近人的第二机器人部位,机器人系统具备限制人的作业区域的限制部,以便即使在机器人非常接近人的情况下,也可以防止人与第一机器人部位接触。由此,即使在人与机器人会接触的环境中也能够确保人的安全。

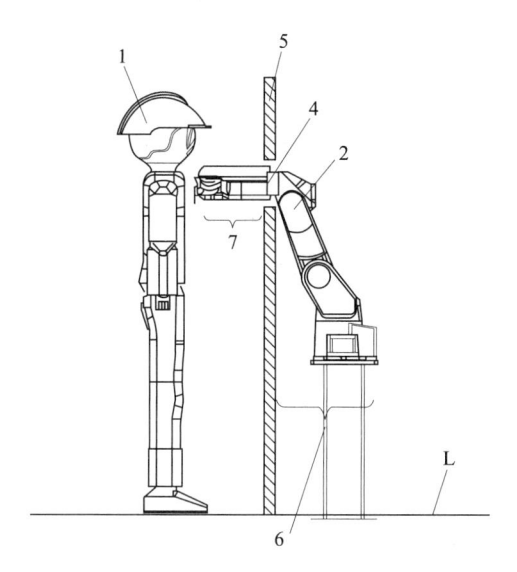

图 4-1　JP2012040626 专利附图

2013 年,发那科的专利 JP2015123505A,通过设置保护部件,覆盖机器人的基部和可动部,可动部的周围由刚性比基部和可动部低的材质构成;以及设置在基部和可动部的至少一方上的检测器,检测经由保护部件输入的外力,通过力控制从而确保操作人员的安全。

发那科在 2014 年 4 月首次发布了六轴协作机器人 CR-35iA,于 2015 年在中国推出。发那科的协作机器人产品线包括 CR-35iA、CR-4iA、CR-7iA 及 CR-7iA/L。

CR-35iA 协作机器人(如图 4-2 所示)是发那科于 2015 年推出的一款全新的协作机器人,负载达到 35kg,自重 990kg,臂展 1813mm,外接 R-30iB 控制器,支持拖动示教,主要适用于重型机械包装和码垛,是负载较大的协作机器人。该款机器人无须安全栅栏,人与机器人可共享某个区域进行作业。CR-35iA 可和工人配合一起工作,可以在汽车、包装等行业中应用,工人从此摆脱了繁重但简单的工作,从而可以专注于需要技巧的工作,在保证工人安全的前提下,提高了系统的工作效率。

2016 年 8 月,发那科新型协作机器人 CR-7iA 亮相第十二届上海国际汽车制造技术与装备及材料展览会(AMTS 2016)。CR-7iA(如图 4-3 所示)是继 CR-35iA 之后发那科的又一款协作机器人。其手腕部最大负载为 7kg,动作可达半径为 717mm。

(a)FANUC CR-35iA协作机器人直观图

(b)FANUC CR-35iA协作机器人动作范围

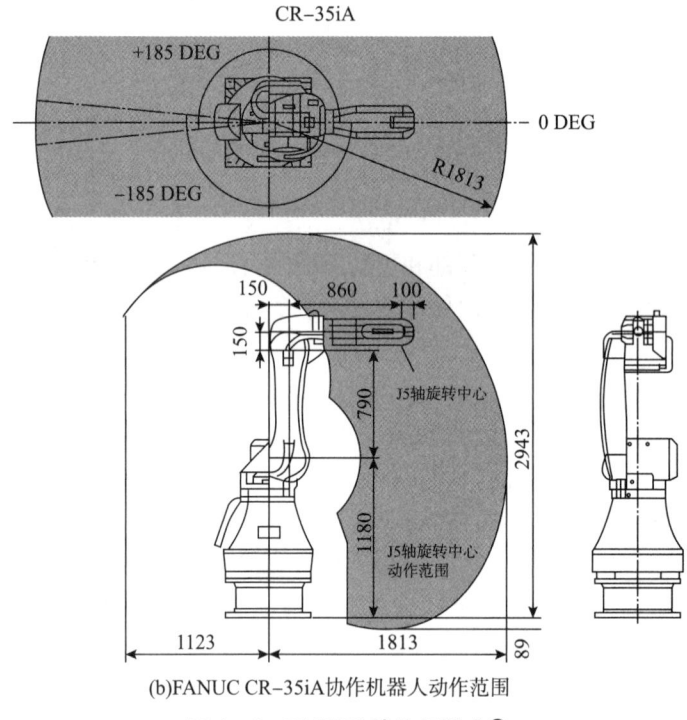

图4-2　FANUC 协作机器人❶

---

❶　发那科官网［EB/OL］.［2021-07-28］. https://www.shanghai-fanuc.com.cn/uploadfile/6523cdb6bb004ed698ae5182efada6be.pdf.

图 4-3　CR-7iA 协作机器人❶

CR-7iA 人机协作机器人，具有如下特点：协同作业，无须使用安全栅栏，人与机器人可共享某个区域进行作业，人与机器人可相互协调地进行重零件的搬运、零件的装配等各种作业；在安全功能方面，当机器人接触到人时，机器人会安全地停止，已取得国际标准 ISO 10218-1 安全认证；具有智能化和高可靠性，可利用 FANUC iRVision（内置视觉）等各种最新的智能化功能，采用与以往的机器人相同的高可靠性设计，用户可放心使用。

二、ABB 公司

（一）公司简介

瑞士 ABB（Asea Brown Boveri）公司由两家拥有 100 多年历史的国际性企业（瑞典的 ASEA 和瑞士的 BBC Brown Boveri）在 1988 年合并而成，名列全球 500 强，总部坐落于瑞士苏黎世。ABB 公司的业务涵盖电力产品、离散自动化、运动控制、过程自动化、低压产品五大领域，以电力和自动化技术最为著名。ABB 公司拥有当今最多种类的机器人产品、技术和服务，是全球装机量最大的工业机器人供货商。ABB 公司强调的是机器人本身的整体性，以其六轴机器人来说，单轴速度并不是最快的，但六轴一起联合运作以后的精准度是很高的。

（二）协作机器人

早在 2008 年，ABB 公司开始在协作机器人领域进行专利布局，其申请的公开号为 WO2009155946A1 的专利，公开了一种安全的机器人系统：安装测量数据的处理系统，在工作范围内，操作人员通过确定处理系统的相关参数，来规划机器人运动轨迹，使得机器人能够自适应外界环境。同年，ABB 公司申请了 CN101722517A 的专利，公开了一种人工示教机器人，通过在活动的铰接臂的自由端设置测量系统，操作人员对受控装置进行人工操作，以示教机器人预定的运动行程，通过设有测量头的测量系统，来记录铰

---

❶ 发那科官网 [EB/OL]．[2021-07-28]．https://www.shanghai-fanuc.com.cn/uploadfile/6523cdb6bb004ed698ae5182efada6be.pdf.

接臂自由端的受控装置的每个位置。

ABB 公司申请的公开号为 WO2014048444A1 的专利，公开了用于人机协作的机器人系统，包括控制器和数据储存媒体，其采用视觉传感器获取机器人的位置信息，根据存储数据来执行运动的程序。通过设置交互装置，用于改变所述可变的运动参数，在预定的执行期间限制机器人程序和机器人控制器，以接收有效改变运动参数，同时不中断所执行的机器人程序。

ABB 公司于 2015 年 4 月正式向市场推出了其首款实现人机协作的工业机器人 YuMi。早在 40 多年前，ABB 公司就率先推出全电动的微处理器控制工业机器人；2015 年，ABB 公司携全球第一款真正实现人机协作的双臂工业机器人 YuMi 再次引领生产模式的变革。YuMi 的推出进一步开拓了全新的工业生产方式，帮助电子工业等领域实现小件装配的自动化应用。YuMi 使人与机器人并肩合作变为现实，并宣告一个人机协作的新时代的来临。ABB 公司 2018 年推出的新型机器人的负载为 500g（如图 4-4 所示），高度紧凑的外观设计可以让它整合到现有的装配生产线中，帮助客户提高生产效率。YuMi 机器人同样具有引导式编程功能，因此，操作人员无需另外接受专业培训。这款全新的 YuMi 系列单臂协作机器人在 2018 年正式发布，与 ABB Ability 数字化解决方案一起，致力于帮助客户将生产效率和可靠性提升到新的高度。

图 4-4 ABB YuMi 单臂协作机器人[1]

围绕 YuMi，ABB 公司申请了多个专利进行保护。2017 年，ABB 公司申请专利 WO2019080996A1（如图 4-5 所示），公开了一种用于监视工作区域的方法，在该工作区域中布置有协作机器人和搬运机器人以进行操作，该方法包括：布置搬运机器人以在工作区域内搬运和移动协作机器人；监控工作区域；检测人是否在危险区域内；当检测到人在危险区域内时，启动搬运机器人的安全模式；以及当检测到危险区域内没有人时，停用搬运机器人的安全模式。机器人系统可以包括一个或多个运载机器人，以及一个或多个协作机器人。每个协作机器人可以由单臂机器人、双臂机器人或多臂

---

[1] ABB 官网 [EB/OL]. [2021-07-28]. https://new.abb.com/cn.

机器人构成。根据公开信息，协作机器人可以由设计用于与人直接交互的任何机器人构成。

检测装置可被配置为通过检测人是否在工作区域内来检测人是否在危险区域内。或者，检测装置可以被配置为通过检测人是否在搬运机器人附近来检测人是否在危险区域内。机器人系统可以包括布置成在工作区域内操作的多个协作机器人，并且运载机器人可以布置成在工作区域内移动每个协作机器人。例如，一方面，搬运机器人可被配置为提升第一协作机器人并将其移动到所述工作区域中的第一位置，在工作过程中，将第二协作机器人提升并移动到工作区域中的第二位置，并提升和保持第三协作机器人。另一方面，提供了一种控制系统，用于监视协作机器人和搬运机器人布置成在其中操作的工作区域，其中，所述搬运机器人被配置为搬运所述协作机器人并在所述工作区域内移动所述协作机器人，并且检测装置被配置为检测人是否在危险区域内。该控制系统包括数据处理装置和存储有计算机程序的存储器，该计算机程序包括程序代码，当由数据处理装置执行该程序代码时，该程序代码使数据处理装置执行以下步骤：由协作机器人操作，而不管是否检测到危险区域内的人；基于来自检测装置的检测数据来确定人是否在所述危险区域内；一旦确定有人在危险区域内，命令搬运机器人启动安全模式；以及在确定危险区域内没有人时命令搬运机器人停用安全模式。

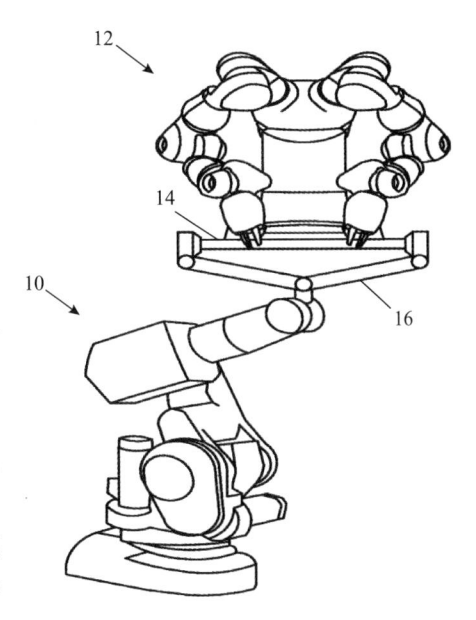

图4-5　WO2019080996A1专利附图

控制系统可被配置为借助YuMi的功能，来联合地操作工作区域内多个运载机器人或协作机器人，多方位移动是一种可嵌入控制系统中的功能，其允许控制多个机械手的轴线，使得它们像单个机器人一样工作。

三、KUKA公司

（一）公司简介

库卡（Keller und Knappich Augsburg）公司于1898年在德国奥格斯堡建立，最初主要专注于室内及城市照明，不久后开始涉足其他领域。1973年，库卡公司研发了名为FAMULUS的第一台工业机器人。库卡公司主要客户来自汽车制造领域，同时也专注于向工业生产过程提供先进的自动化解决方案，更涉足医院的脑外科及放射造影。其橙黄色的机器人鲜明地代表了公司主色调。

（二）协作机器人

库卡公司是全球机械与系统工程领域的龙头企业之一，是四大工业机器人家族之一，库卡公司的产品范围覆盖所有传统工业机器人。

2013年库卡公司提出PCT申请WO2015049207A2，公开了一种人机协作系统的规划方法，其目的也是减少人与机器人的碰撞，提高系统的安全性。其具体方法是：检测工作区域的布局，并定义该区域为人机协作区域，对人机协作区域进行标记，并且标示出该人机协作区域内可能存在碰撞危险的位置区域。机器人和机器人辅助装置记录下危险区域的几何形状以及运动轨迹中的至少一个参考点，通过自动评估模块，确定跟随运动轨迹的允许速度，并在整个人机协作区域内形成一个被允许的速度的分布图，从而当机器人与人将要接触时，降低其运行速度，减少与人的碰撞。

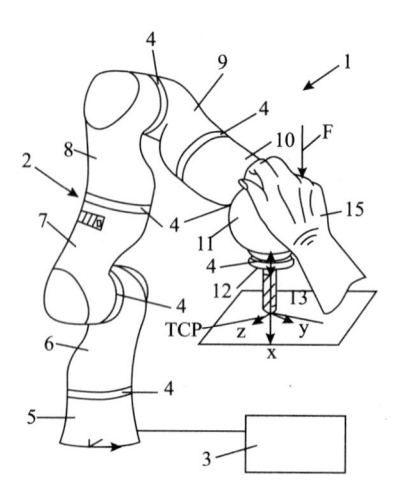

图4-6 CN201680053269.3 专利附图

2016年，库卡公司提出申请号为CN201680053269.3的专利（如图4-6所示），公开了一种用于自动确定机器人的输入指令的方法，由手动施加于机器人的外力来输入该输入指令，手动引导机器人的运动，在此执行所确定的运动指令。在该专利中，特定于输入指令的子空间可以相应地是机器人的运动空间，其可以通过参数的数量被参数化，该参数的数量低于机器人的关节数量。六轴曲臂机器人的特定于输入指令的子空间可以具有一个、两个、三个、四个或五个维度，并通过同样多的参数可参数化。相应地，七轴曲臂机器人的特定于输入指令的子空间可以具有一个、两个、三个、四个、五个或六个维度，并通过同样多的参数可参数化。优选地，特定于输入指令的子空间的一个或多个参数的变化可以导致多个关节、优选为作为所变化的参数的多个关节并且特别是所有关节的轴位置发生变化。例如，一维的特定于输入指令的子空间的单个参数的变化可以导致机器人的两个、三个、四个、五个、六个、七个或更多个关节的，特别是所有关节的轴位置的变化。在这种情况下，除了是曲臂机器人的旋转关节之外，关节还可以是平移关节，即能够实现线性位移的关节，如线性轴，可以安装曲臂机器人，将机器人的纯粹或主要被手动引导的零空间运动有利地用于指令输入，如存储七轴曲臂机器人（如KUKA LBR iiwa）的肘部。

库卡LBR iiwa是第一款量产的灵敏型轻型人机协作机器人，如图4-7所示。LBR表示"轻型机器人"，iiwa则表示"intelligent industrial work assistant"，即智能型工业作业助手。LBR iiwa有两种机型可供选择，负载能力分别为7kg和14kg。LBR iiwa通过关节力矩传感器可立即识别接触并立即降低力和速度，它通过位置和缓冲控制来搬运敏感的工件且没有任何会导致夹伤或者剪伤的部位。该款协作机器人使用智能控制技术、高性能传感器和最先进的软件技术——因此可以实现全新的人机协作型生产技术解决方案，以此使最困难的、至今仍手动完成的工作经济地实现自动化。

图 4-7　库卡 LBR iiwa❶

　　LBR iiwa 机器人共有 4 个型号版本，分别是 LBR iiwa 7 R800、LBR iiwa 7 R800 CR、LBR iiwa 14 R820 和 LBR iiwa 14 R820 CR。LBR iiwa，其优点是可以通过关节力矩传感器立即识别接触并立即降低力和速度。它通过位置和缓冲控制来搬运敏感的工件，且没有任何会导致夹伤或者剪伤的部位，还可以从三个运行模式中选择并对 LBR iiwa 进行模拟编程：向轻型机器人 LBR iiwa 指出想要的位置，它就会记下轨迹点的坐标。如要暂停，可以通过触摸来使其暂停和对其进行控制。

　　作为轻量级高性能控制装置，LBR iiwa 可以以动力控制方式快速识别轮廓。它可以感测正确的安装位置，以最高的精度快速地安装工件，即便是与轴相关的力矩精度达到最大力矩的 ±2% 也可以完成作业。就算是复杂的调试任务，使用轻型机器人 LBR iiwa 的 KUKA Sunrise Cabinet 控制系统后也能快速进行调试。

　　2018 年 3 月，库卡公司正式展示了其轻量型机器人 LBR Med（如图 4-8 所示），此款机器人能在手术或医疗复健方面辅助人类执行任务。这款机器人已于 2017 年春季实现批量生产。这款机器人集医疗技术领域的所有热门机器人能力于一身，是一个可集成到医疗产品中的机器人组件，配备合适的工具和程序，LBR Med 可用于辅助内窥镜检查或活检，还可用于锯骨或固定椎弓根螺钉。

图 4-8　库卡 LBR Med❷

---

❶❷　库卡官网 [EB/OL]. [2021-07-28]. https://www.kuka.com/.

如今，库卡公司已经对这款机器人进行了大幅调整，使创新型轻量机器人能根据医疗和干预的严格要求进行操作。其表面具有生物相容性和耐腐蚀性，内部布线的连接进一步遵守医生办公室、诊所和手术室的卫生标准。库卡公司还保证根据 IEC 60601-1 标准，LBR Med 通过 IECEE CB 方案检查。凭借 KUKA 的 CB 证书和 CB 报告，可减少复杂的测试，认证程序更容易，集成更简单。轻量型机器人 LBR Med 能在医疗领域提供协助，就必须具备精确、灵活、安全、灵敏等特性。

LBR Med 无需附加装置即可进行校准，并实现高精度作业。由于集成了零点标定传感器，它可完全自主校准，并可达到极高的重复精度：±0.1 mm/ ±0.15mm。LBR Med 设计为万能应用型机器人，它可无缝集成在各种各样的应用中。由于它是基于工业 4.0 环境下久经考验的机器人 LBR iiwa，因此在出厂时随附了大量所需的接口。通过使用最普及的编程语言 JAVA，并包含简单易懂的 KUKA 机器人数据库，可顺利将 LBR Med 集成到各种应用程序中，由此可将其直接用于医疗技术领域的产品研发。LBR Med 的安全结构树立了新标准，通过其软硬件对相关信号进行安全性分析。装备主要包括传感器信号、力矩传感系统、安全电路、初次故障安全性、安全接口及可配置的安全事件。LBR Med 具有冗余的内置扭力传感器。它可识别外部作用力，并根据用户规定的可自行编程的系统性能做出反应，还可利用其触觉能力进行手动导向、触觉辅助的遥控操作或者重力补偿。用户可将 LBR Med 用于在运动中产生规定的力，或用作可灵活应对作用力的柔性机器人。此外，内置传感系统还可用于可靠的碰撞识别，以便能够进行人机合作。

由于规格和结构稳定，并且刚性高，LBR Med 适合在骨外科使用。开源数据库还有助于迅速研发原型及集成导航摄像头，因此可以应用在矫形外科中。在超声诊断中，LBR Med 凭借其传感技术及安全可靠的人机协作能力，既可通过与医生互动，也可通过遥控操作对环境做出反应。而在微创手术中，LBR Med 通过其控制系统可在考虑到腹腔镜运动的同时，进行精准操作。用户可自行选择是以自动化互动，还是遥控操作方式运行应用程序。

四、安川电机（YASKAWA）

（一）公司简介

安川电机（YASKAWA）创立于 1915 年，是日本最大的工业机器人公司，总部位于福冈县的北九州市。1977 年，安川电机运用自己的运动控制技术开发生产出了日本第一台全电气化的工业用机器人，此后相继开发了焊接、装配、喷漆、搬运等各种各样的自动化作用机器人，并一直引领着全球产业用机器人市场。截至 2021 年 2 月，安川工业机器人的累计出货台数达到 50 万台，是名副其实的全球机器人销量巨头。

（二）协作机器人

2012 年，安川电机的 PCT 申请 WO2013140579A1，公开了一种安全可靠性更高的与人共存型的协作机器人，其通过调整机器人的变速机构，实现不同力矩的输出来控制机器人的安全性，减少其对人体的碰撞。具体而言，其驱动机构具有驱动源与能将来自驱动源的动力以不同转速或转矩传递至连杆体的多个动力传递路径；控制部根据在规定区域内包含人体在内的移动体的检测结果切换动力传递路径，通过这种软件和硬件结合的方式实现了机器人的安全性控制。

如图 4-9 所示，安川电机 MotoMINI 是一款世界级的工业用小型六轴机器人，MotoMINI 便于变换放置位置，实现了人机协同分担作业等高度自由性，用于小部件的组装、操作，以及电子电气零部件的配膳及插入等。MotoMINI 具有小型轻量、高速、高精度三大特点。MotoMINI 可搬运重量为 500g，最大伸展距离为 350mm，重量约 7kg。该机器人实现了小型便携式机器人生产加工小型产品的可能。

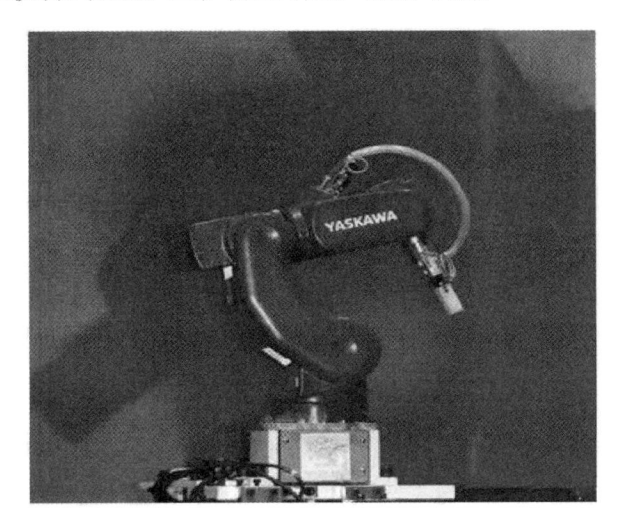

图 4-9　安川电机新型小型机器人 MotoMINI[1]

五、UR 公司（Universal Robots）

（一）公司简介

UR 公司于 2005 年创立，致力于开发方便易用、价格合理、小巧灵活、安全协作的工业机器人，旨在让所有人都可使用机器人技术。自 2008 年发布首款协作机器人（cobot）以来，方便易用的 UR 协作机器人的销量呈现大幅增长，目前已在全球范围内销售。UR 公司隶属于泰瑞达公司，总部位于丹麦欧登塞，并在美国、德国、法国、西班牙、意大利、捷克共和国、波兰、土耳其、中国、印度、新加坡、日本、韩国和墨西哥等国家及地区设有子公司和地区办事处。2018 年，UR 公司营业额达 2.34 亿美元。

（二）协作机器人

UR 公司是最早推出协作机器人产品的公司，该公司首先在丹麦提交了专利申请，并以此为优先权提交了 PCT 申请 WO2007099511A2。该专利申请针对协作机器人的示教方式进行了改进，尤其是提出了拖动示教的示教方式，其主要包括一台机器人、一个用户操作界面以及存储系统，拖动机器人到达不同的位置，控制系统记忆并解析机器人的

---

[1] 安川电机官网 [EB/OL]. [2021-07-28]. https://www.yaskawa.com.cn/product/product3.aspx.

动作，从而完成示教编程。该专利申请进入欧洲、美国等国家和地区，并获得了授权。

2011年，UR公司的专利申请EP2453325A1在协作机器人的示教方式上进一步改进，提出了一种用于对机器人进行编程的用户友好方法，进一步简化了拖动示教的示教过程，对于不擅长机器人编程的用户而言其操作和使用变得容易。

2014年，UR公司的专利申请WO2015131904A1公开了一种协作机器人的安全系统，其对人机协作机器人的安全控制方面进行了改进，具体是在机器人关节中安装用于感测所述关节中的齿轮的输入侧上的角取向的第一位置传感器，以及用于感测所述齿轮的输出侧上的角取向的第二位置传感器，以获取传动装置的位置；通过控制单元实施实体机械臂的软件模型，包括运动学和动力学计算；通过用户接口装置对机器人进行编程，存储装置与用户接口装置和控制单元协作，用于存储与机器人的移动和其他操作相关的信息；控制单元处理来自两个传感器的信息，进而实现一个或多个安全功能，该系统可以在不需要专业知识的情况下以简单且容易的方式编程，软件或硬件的任何单个故障都不会导致机器人变得危险。

UR公司共推出三款协作机器人，UR3、UR5和UR10，这三款协作机器人形式相同，只是尺寸和负载有差异：UR3自重仅为11kg，但是有效负载高达3kg，工作半径为50cm，所有腕关节均可360度旋转，末端关节可作无限旋转；UR5自重18kg，负载高达5kg，工作半径为85cm；UR10可负载10kg，工作半径为130cm，外接Teach Pendan控制器。UR10专为更大型的、对精确性和可靠性有高要求的作业所设计，自动处理重量达10kg的流程和作业。重量较大的协作流程（如包装、堆垛、组装、拾取与放置）都非常适合UR10。UR10的延伸半径范围达1300mm，对处理更大型领域内的作业更有效，这可以为受距离影响的生产线节省时间。它容易编程，设置快捷，具备协作性与安全性。UR10e是对UR10的进一步升级，图4-10展示了UR10e。UR10e是一种用途十分广泛的协作式工业机器人，具有高有效荷载（12.5kg）及长工作半径（1300mm），非常适合在机床管理、码垛和包装中广泛应用。

图4-10 UR10e

2019年9月17日，UR公司宣布推出全新UR16e，一款有效载荷高达16kg的协作机器人，如图4-11所示。UR16e拥有更高载荷，其半径为900 mm，重复精度为±0.05mm。结合这些优势，UR16e非常适合执行一些高负重的自动化任务，如重型物料处理、重型零件搬运和机床管理。UR公司表示："在当今不明朗的经济环境下，制造商需要通过寻求更加柔性化的解决方案来保持竞争力。UR16e恰好是这样一款能满足高效可靠地处理重型任务需求的协作机器人。UR16e的问世大幅扩展了我们产品系列的应用领域，为制造商提供了更多提升生产力、克服劳动力短缺挑战和提升业务的解决方案。"UR16e采用UR创新的e系列平台开发，能为制造商带来显著的优势、功能和价值，包括快速部署、编程简单、占地面积小等。UR16e 使自动化加速变得简单快捷——无论用户是否有相关使用经验或编程知识，都能快速完成编程和集成。与部署 UR 其他协作机器人一样，用户从开箱、取出协作机器人、安装到首次简单作业编程，通常不到一小时便能完成。UR16e 占地面积小，工作半径可达 900mm，可轻松集成到任何工作环境且不会改变原有的生产布局，在解决人体工学挑战的同时降低成本。

图 4-11 UR16e 协作机器人

UR16e 的有效载荷达 16kg，避免了人工搬运重物时受伤和劳损的可能性，也解决了生产力挑战，从而降低了成本，并减少了停机时间，适用于重型材料搬运和机床管理。UR16e 坚固耐用，可靠性高，是自动化完成一些高负重任务和机床管理任务的理想选择，包括在不损失精准度的情况下进行多种零件的处理。Jürgen von Hollen 介绍道："UR 会持续推动协作机器人在更多领域中应用的可能性。我们推出 UR16e 旨在为制造业进一步赋能，助力每个制造商更加容易实现自动化，给未来加码。UR16e 是目前 UR 产品系列中有效载荷最高的协作机器人。"UR16e 与 e 系列的 UR3e、UR5e 及 UR10e 一样，都有内置力控传感器和 17 项可调节的安全功能，包括可设定的停止时间和停止距离，以及直观的编程流程。UR16e 符合最严格的人机协作安全标准。

UR 公司为制造业自动化树立了新标杆。过去 10 年，UR 协作机器人已经助力制造商在市场竞争中脱颖而出，促进业务增长。随着全新 UR16e 解决方案的推出，UR 公司将为制造业赋能更多。有别于高成本、复杂和危险的传统自动化解决方案，UR 公司为各种规模的制造商提供了加速自动化所需的功能——易于部署、直观的编程以及生产线或工作流程的零中断。

第二节　中国企业

一、沈阳新松

（一）公司简介

沈阳新松隶属中国科学院，是一家以机器人独有技术为核心，致力于数字化智能高端装备制造的高科技上市企业。沈阳新松的机器人产品线涵盖工业机器人、洁净（真空）机器人、移动机器人、特种机器人及智能服务机器人五大系列，其中工业机器人产品填补多项国内空白，创造了中国机器人产业发展史上88项第一的突破；沈阳新松以近350亿元的市值成为沈阳最大的企业，是国际上机器人产品线最全的厂商之一，也是国内机器人产业的领袖企业。

沈阳新松是国内最大的机器人产业化基地，在北京、上海、杭州、深圳及沈阳设立五家控股子公司。在建的杭州高端装备园与沈阳智慧园将会成为南北两大数字化高端装备基地，也是全球最先进的集数字化、智能化为一体的高端智能加工中心，用机器人生产机器人，率先开展制造模式根本性变革，投产后产能将达到15000台/年，首期产能达到5000台/年。该公司连续被评为"机器人国家工程研究中心""国家认定企业技术中心""国家863计划机器人产业化基地""国家博士后科研基地""全国首批91家创新型企业""中国名牌""中国驰名商标"，起草并制定了多项国家与行业标准。

（二）协作机器人

新松多关节机器人是国内首台7自由度协作机器人，如图4-12所示，具备快速配置、牵引示教、视觉引导、碰撞检测等功能，具备高负载及低成本的有力优势，满足用户对于投资回报周期短及机器人产品安全性、灵活性及人机协作性方面的需求，适用于布局紧凑、精准度高的柔性化生产线，满足精密装配、产品包装、打磨、检测、机床上下料等工业操作需要。

图4-12　新松多关节机器人❶

---

❶ 新松官网 [EB/OL]．[2021-07-25]．https://www.siasun-in.com/index/goods/prodetail/cid/22.html.

二、大族

（一）公司简介

深圳市大族机器人有限公司（以下简称"大族"）于 2017 年 9 月 7 日成立，是大族激光科技产业集团股份有限公司投资组建的控股子公司，前身是大族电机机器人研究院，拥有十多年的电机、伺服驱动和运动控制经验，成功推出了协作机器人、移动操作机器人、AGV、SCARA、伺服驱动器等产品，致力于智能机器人在工业、医疗、物流、服务等领域的研发、推广和应用。

（二）协作机器人

2016 年，大族申请专利 CN201611103027.9（如图 4-13 所示），公开了一种内置控制器的机器人。该机器人包括若干驱动机器人本体运动的驱动器，以及设置在机器人本体内部的内置控制器，该内置控制器分别与各驱动器通信连接并通过驱动器控制机器人本体运动，该内置控制器包括一实时操作系统，实时操作系统包括运动控制单元和用户接口单元。通过设计内置控制器的机器人，将用于控制机器人运动和工作的主要控制器件置于机器人本体内，解决机器人应用中，控制器体积过大、生产成本高的问题，尤其对于轻便型和协作型机器人，解决其对于狭小空间或移动平台适应性差的问题。

大族 Elfin 人机协作机器人（如图 4-14 所示），采用独特的双关节模块化结构设计，方便装配和维修，外观新颖、流畅。其控制器与各关节间采用 EtherCAT 总线通信，在达到 10kHz 的控制频率下仍能有非常好的抗干扰性能。高刚度的设计使其重复精度能够达到 ±0.03mm，高精度力觉控制算法确保 Elfin 在打磨过程中恒力控制，使打磨作业质量高，稳定性好；全方位的动力学补偿技术可提高 Elfin 的动态响应性能和轨迹跟踪性能；可以自动跟踪复杂曲面，无惧复杂工件；在牵引示教后可自动规划轨迹，无需复杂编程，可实现一机多用；Elfin 的臂型设计柔性独特，可规避在运动过程中的部分奇异点，保证打磨效率。大族 Elfin 人机协作机器人可以用于集成自动化产品线、焊接、打磨、装配、拾取、喷漆等工作场合。

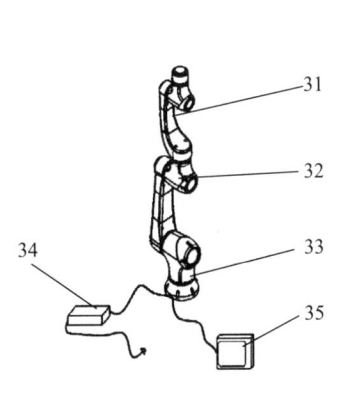

图 4-13 CN201611103027.9 专利附图

图 4-14 大族 Elfin 人机协作机器人

三、上海技美科技

（一）公司简介

上海技美科技成立于2003年，是一家领先的先进机器人、半导体芯片制造工艺设备及先进材料研发、生产与销售的高科技企业。上海技美科技采用国际先进的运营模式，建成完善的企业管理制度及科学的质量管理体系，并拥有一支专业的技术与管理团队，具备丰富的微电子行业经验及极度复杂的机电气液混合一体化运动机构设计交付能力。2008年，上海技美科技顺应中国市场的自动化需求，开始研发晶圆专用机械手臂，由此跨入自动化与机器人产业。到2011年，在半导体行业积累多年的上海技美科技开始考虑，将半导体行业所用的机器人技术、智能工厂理念运用到传统企业中，公司制定了半导体行业及通用机器人双轨战略。在机器人业务方面，上海技美科技主要专注于通用协作机器人的研发生产，包括各种通用机器人、机器人工夹具系统、机器人移动平台、智能物流与仓储、自动化工艺设备等智能工厂解决方案。

2015年11月，上海技美科技正式挂牌全国中小企业股份转让系统（新三板），从而成为一家公众企业。

（二）协作机器人

随着《中国制造2025》战略的提出，传统制造业将面临转型升级，机器人作为智能制造的重要环节，其应用不断增长，催生机器人市场的巨大需求。2011年，上海技美科技将通用协作机器人列为研发方向。上海技美科技推出自主研发的麦荷机器人Buddy 6F，标志着这家国内新三板上市企业正式进入协作机器人行业。

Buddy 6F 的技术创新、先进性在于：超高的负载自重比让机器人能够方便地移动到不同位置部署；集减速机、电机和驱动器于一体的模块化关节设计，使关节模块组合及更换非常方便；中空设计使电气总线从内部直接连到腕部，可以在腕部对末端执行器提供电源，输入输出端及压缩空气供应，避免外部绕线的问题；腕部和末端执行器通过专用转接器对接，能自动实现末端执行器的识别及工作程序调用，进而实现一机多能；能够实现路径及输入输出编校的拖拽式示教功能……该产品包括减速机在内的重要零部件均由麦荷机器人自行研发制造，结合整体技术的先进性，得以形成高性能低成本的产品，为制造企业、科研院所、大中专院校、服务行业乃至个人提供协作型机器人。据了解，Buddy 6F 系列产品目前已经在3C电子、精密机械加工、塑料制品、汽车零部件等优势行业获得应用。从目前掌握的情况看，整个2018年和2019年的市场需求在两千台左右，已经超过了当时的产能。

围绕Buddy 6F 的控制系统，2016年，上海技美科技申请了多项专利进行布局。其中，CN201610643610.2 公开了一种能够人机协作的协作机器人（如图4-15所示），包括机械手及示教装置，机械手用于执行操作任务，机械手具有握持部；示教装置包括按压单元，按压单元用于控制所述机械手的学习过程，示教装置设置在所述机械手上，且按压单元与握持部重叠，使得外力能够同时作用在按压单元及所述握持部；该协作机器人的示教装置替代了人工托持，降低了人工操作强度且极大提高了操作便利程度。

专利 CN201610643537.9 涉及一种通用协作机器人、机器人系统及通用协作机器人执行操作任务的方法，通用协作机器人包括机械手及示教器，机械手具有对接机构，对接机构用于对接动作执行机构；示教器用于记忆动作执行机构的运动轨迹，并控制动作执行机构按照记忆的轨迹工作，所述示教器与动作执行机构通信连接。该通用协作机器人实现了全自动更换握爪、工夹具等系统，极大地提高了通用性能。

专利 CN201610643492.5 公开了一种协作机器人系统（见图4-16），该机器人系统包括机械手及线缆。机械手用于执行操作任务，所述机械手具有管腔；线缆容置在管腔内且与机械手连接，以使得机械手能够执行操作任务；

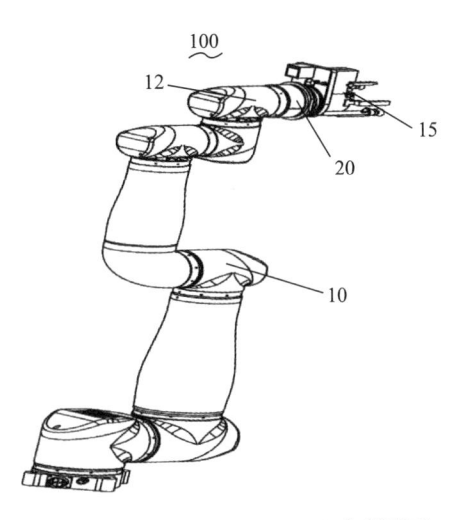

图4-15　CN201610643610.2 专利附图

该机器人系统的线缆内置在机械手内，在实现工作的同时，能够避免受到外界环境的磨损以及避免发生线缆的缠绕，因而机器人系统具有较高的美观性、较强的整体性及较佳的运行性能。

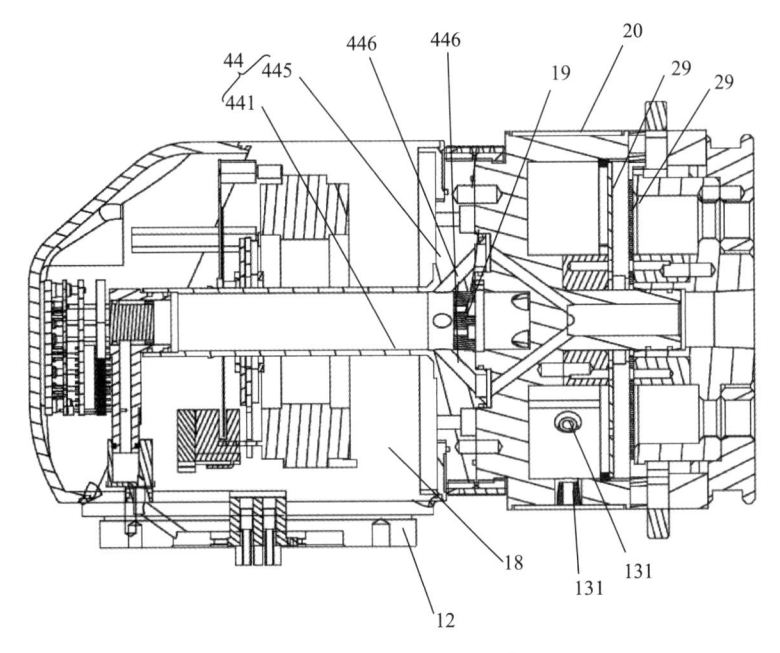

图4-16　CN201610643492.5 专利附图

第二部分

智能传感器

第五章　智能传感器概况

传感器的发展主要分为三个阶段。第一阶段主要是结构型传感器，主要利用结构参量变化来感受和转化信号，如电阻应变式传感器，它是利用金属材料发生弹性形变时电阻的变化来转化电信号的。第二阶段是固体传感器，自 20 世纪 70 年代开始发展起来，这种传感器由半导体、电介质、磁性材料等固体元件构成，是利用材料的某些特性制成的，如利用热电效应、霍尔效应、光敏效应，分别制成热电偶传感器、霍尔传感器、光敏传感器等。第三阶段是 20 世纪 80 年代发展起来的智能传感器，是微型计算机技术与检测技术相结合的产物，20 世纪 80 年代智能化测量主要以微处理器为核心，把传感器信号调理电路、存储器及接口集成到一块芯片上；20 世纪 90 年代智能化测量技术有了进一步的提高，在传感器一级水平实现智能化，使其具有自诊断功能、记忆功能、多参量测量功能以及联网通信功能等。

第一节　智能传感器发展历程

智能传感器（smart sensor）指具有信息检测、信息处理、信息记忆、逻辑思维和判断功能的传感器。相对于仅提供表征待测物理量的模拟电压信号的传统传感器，智能传感器充分利用集成技术和微处理器技术，集感知、信息处理、通信于一体，能提供以数字量方式传播的具有一定知识级别的信息。简单来说，智能传感器是具有信息处理功能的传感器，其最大的价值就是将传感器的信号检测功能与微处理器的信号处理功能有机地融合在一起。

一、起源

智能传感器最初是美国宇航局（NASA）在开发宇宙飞船的过程中形成的。宇航员的生活环境需要气压、温度、微量气体和空气成分传感器，宇宙飞船需要加速度、姿态、速度位置等传感器，科学观测也要用大量的各类传感器。宇宙飞船观测到的各种数据是很庞大的，处理这些数据需要用超大型计算机。为了不丢失数据、降低成本，必须有能实现计算机与传感器一体化的小型传感器，实现数据处理由集中处理变为分散处理，避免使用超大型计算机，由此而产生了智能传感器。

自美国宇航局（NASA）在 20 世纪 80 年代提出智能传感器的概念以来，经过几十年的发展，智能传感器已成为传感器技术的一个主要发展方向，代表着一个国家的工业及技术科研能力。在当前智能时代的推动下，传感器的重要性更加凸显，在《德国 2020 高技术战略》及欧盟、美国、韩国、新加坡等推进的智慧城市等战略方面发挥着重要的支撑作用，而且在物联网、虚拟现实（VR）、机器人、智能家居、自动驾驶汽车等产业发展中发挥着关键作用。高性能、高可靠性的多功能复杂自动测控系统以及基于射频识别技术的物联网的兴起与发展，越发凸显了具有感知、认知能力的智能传感器的重要性及其大力、快速发展的迫切性。随着与CMOS兼容的MEMS技术的发展，微型智能传感器的发展得到了有力的技术支撑，智能传感器产业面临着一个非常重要的历史发展契机。

二、市场规模

智能传感器的应用目前已相当广泛和普及，智能传感器的产品主要有以下几种类型：运动类、压力类、声学类、光学类和环境监测类等。在智能传感器领域，博世、意法半导体、德州仪器较为出名。根据赛迪顾问数据，2020年，全球传感器市场规模达到1606.3亿美元，智能传感器市场规模达到358.1亿美元，占总体规模的22.3%。目前中国智能传感器市场主要依靠进口，自产率不足10%，这主要是因为国产传感器起步晚，研发水平和生产技术水平低。因为价格便宜，国产传感器多用于低端市场，高端智能传感器还主要依赖进口。不过近两年中国智能传感器产品有了新技术突破，发展势头良好。

目前智能传感器产品领域产值最大的是美国，占世界智能传感器产值的45%以上，欧洲占30%，日本占20%，中国占了5%，中国传感器产值占世界比重依然很小。目前在智能传感器领域，中国企业排名都很靠后，排名靠前的都是欧美地区的企业。如排名第一的德国博世，其业务领域主要集中在汽车和消费电子，而这些行业是智能传感器应用最广泛的。排名第二的是意法半导体，业务领域主要集中在消费电子，但是消费电子领域的利润比较低，目前意法半导体已开始尝试进入利润丰厚的汽车和工业自动化领域。排名第三的是美国德州仪器，主要用在投影领域微镜阵列；第四是Avago（安华高科技）；第五是Qorvo公司，主做射频，目前增长速度很快。鉴于中国智能传感器领域的弱势地位，工信部发布了《智能传感器产业三年行动指南（2017—2019年）》，提出了在智能终端、物联网、汽车电子等工业领域有所发展，实现以上目标规划，需要推动我国智能传感器技术快速发展。

前瞻产业研究院发布的《中国传感器制造行业发展前景与投资预测分析报告》统计数据显示（如图5-1所示），2015年中国传感器市场规模为995亿元，同比增长15%。到了2016年，中国传感器市场规模达到了1126亿元，同比增长13.2%。截止到2017年年末，中国传感器市场规模增长到约1300亿元，并预测在2023年我国传感器市场规模将达到2703亿元。

目前，MEMS智能传感器产品已经深入应用到各个领域，进入万物互联时代，并在智能硬件、智能汽车、智能工业等领域的拉动下迎来快速发展。

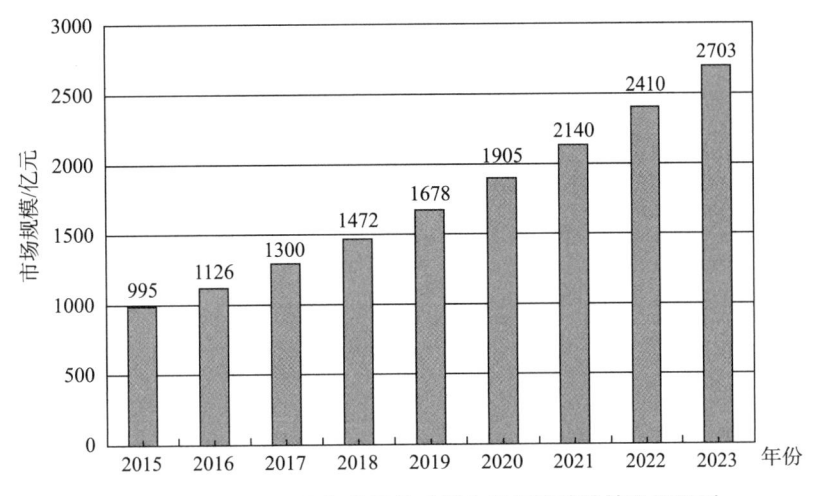

图 5-1　2015—2023 年我国传感器市场规模统计情况及预测

三、智能传感器技术分解

从图 5-2 所示产业链来看，传感器上游主要为各种零部件等以支撑感知层；中游是以光传输、通信设备、网络设备等构成的传输层；下游是应用层，其中以物联网领域中的各项应用为主。中国智能传感器产业生态也趋于完备，设计、制造、封装、测试等重点环节均有骨干企业布局。

如图 5-3 所示，传感器根据其传输数据的不同可以分为图像传感器、温度传感器、压力传感器等。目前，图像传感器仍是价值最高的产品，市场占比达到了 45%，其次为发展较快的物联网传感器、指纹传感器、压力传感器等。智能传感器的重点下游应用领域分别是消费电子、汽车电子、工业电子和医疗电子，其相应的市场占有率依次递减。消费电子领域的智能传感器市场占有率最高，2016—2017 年均超过 65%。消费领域中市场占比最高的就是图像传感器和物联网传感器。

汽车电子行业虽然包括多种不同技术的传感器，但在该领域加速度传感器、压力传感器和陀螺仪传感器占据了超过 90% 的市场份额。上述三类传感器主要应用于电子稳定程序控制系统、安全气囊、胎压监测系统和进排气歧管系统中，并且全球平均每辆汽车包含 10 个传感器，高档汽车采用 25~40 只 MEMS 传感器，MEMS 传感器由于体积小成了发展潮流。

图 5-4 展示出了主要传感器的专利申请情况，其中，申请量排名前三的依次为物联网传感器、图像传感器、MEMS 传感器。基于智能传感器的发展热点和应用范围确定重点研究方向为图像传感器、MEMS 传感器、物联网传感器三个分支，如表 5-1 所示。在此基础上，通过对技术分解的探讨，形成了更为详尽的技术分解表。本技术分解表同时兼顾了行业标准、习惯与专利数据检索、标引二者的统一。

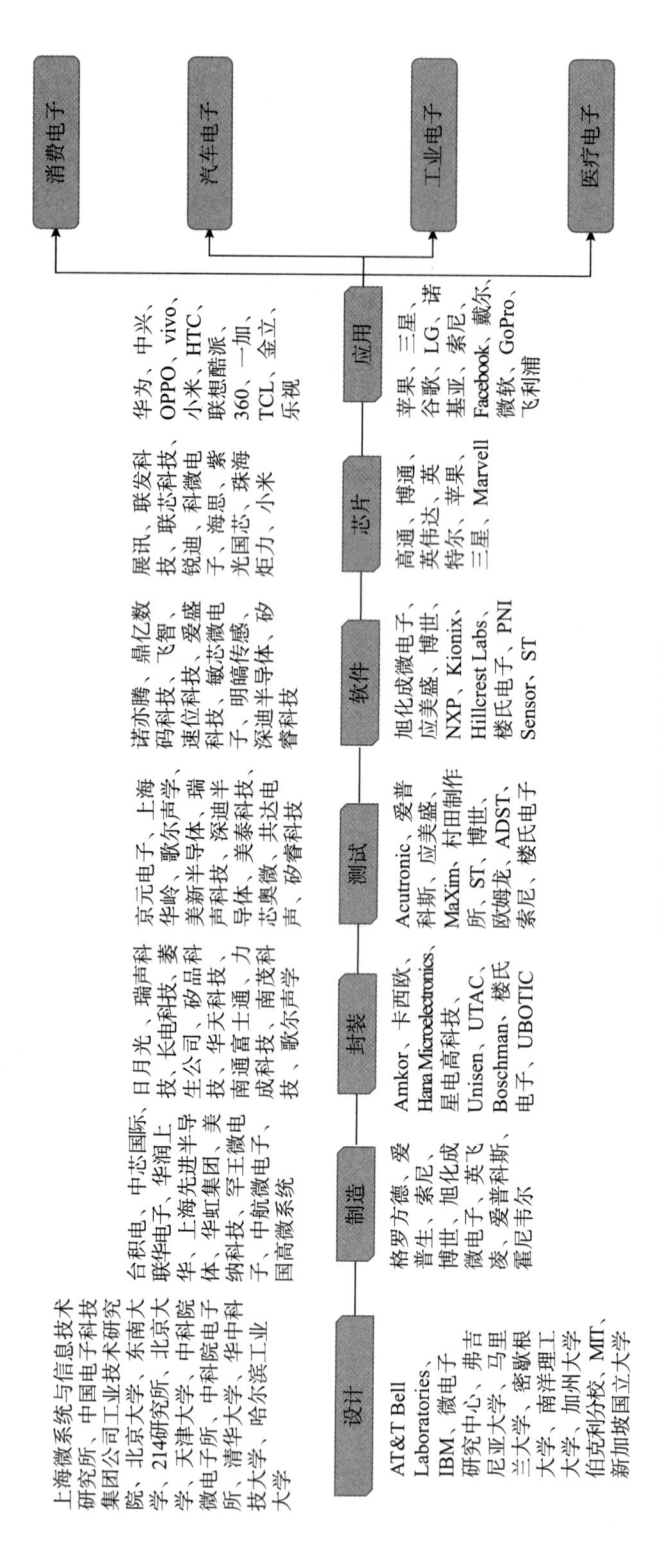

设计	制造	封装	测试	软件	芯片	应用
上海微系统与信息技术研究所、中国电子科技集团公司工业技术研究院、北京大学、东南大学、214研究所、北京大学、中科院、天津大学、上海先进半导体、上海集成电路研发中心、中科院微电子所、华虹集团、华天科技、清华大学、华中科技大学、哈尔滨工业大学、AT&T Bell Laboratories、IBM、微电子研究中心、弗吉尼亚大学、马里兰大学、密歇根大学、南洋理工大学、加州大学伯克利分校、MIT、新加坡国立大学	格罗方德、爱普生、索尼、博世、旭化成微电子、英飞凌、爱普科斯、爱普生、霍尼韦尔、台积电、中芯国际、联华电子、华润上华、上海先进半导体、华虹集团、华天科技、罕王微电子、中航微电子、国高微系统	Amkor、卡西欧、Hana Microelectronics、星电高科技、Unisen、UTAC、Boschman、楼氏电子、UBOTIC、日月光、瑞声科技、长电科技、矽品科技、华天科技、南通富士通、南茂科技、歌尔声学	Acutronic、爱普科斯、应美盛、MaXim、村田制作所、ST、博世、欧姆龙、ADST、索尼、楼氏电子、京元电子、上海华岭、美新半导体、声科技、深迪半导体、美泰科技、共达电声、矽睿科技	旭化成微电子、应美盛、博世、NXP、Kionix、Hillcrest Labs、楼氏电子、PNI Sensor、ST、诺亦腾、鼎亿数码科技、飞智、速位科技、爱盛科技、敏芯微电子、明矽传感、深迪半导体、矽睿科技	高通、博通、英伟达、英特尔、苹果、三星、Marvell、展讯、联发科技、联芯科技、锐迪科微电子、海思、紫光国芯、炬力、小米	苹果、三星、LG、诺基亚、索尼、Facebook、微软、戴尔、GoPro、飞利浦、华为、中兴、OPPO、vivo、小米、HTC、联想酷派、360、一加、TCL、金立、乐视

消费电子

汽车电子

工业电子

医疗电子

图 5-2 智能传感器产业链

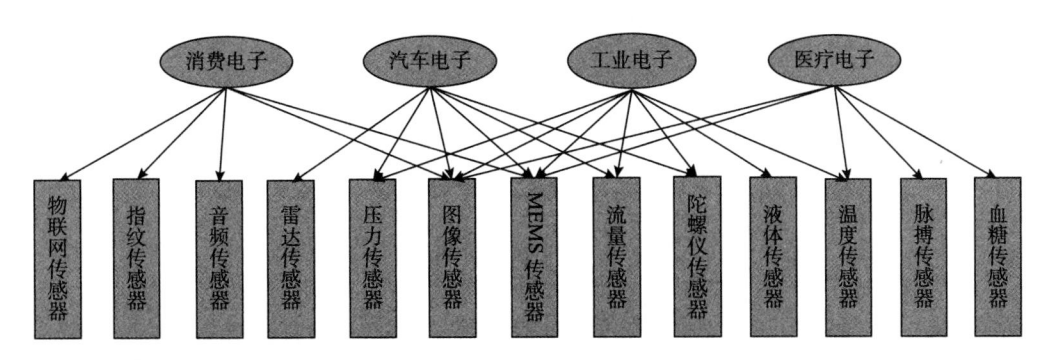

图 5-3 智能传感器技术分布

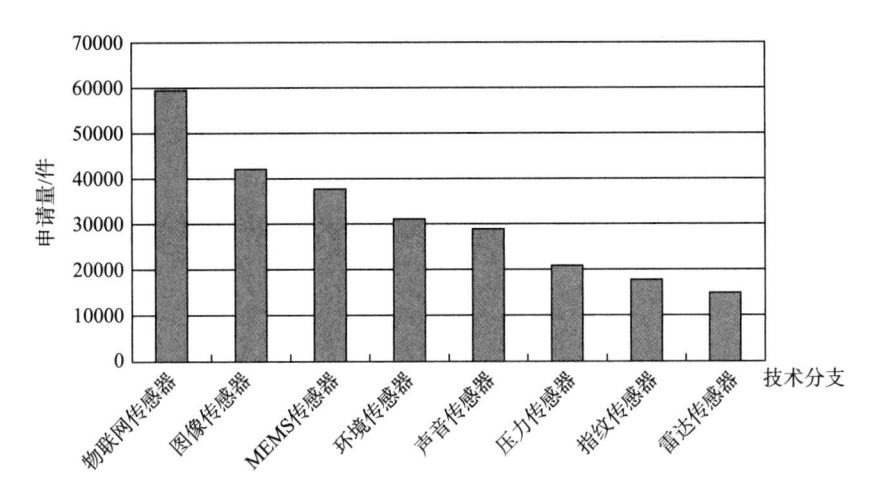

图 5-4 主要传感器的专利申请情况

表 5-1 智能传感器技术分解

一级分支	二级分支	三级分支
智能传感器	图像传感器	CCD
		CMOS
		CIS 接触式
	MEMS 传感器	压力传感器
		加速度传感器
		陀螺仪传感器
		RF MEMS
	物联网传感器	电子标签
		读写器
		信息安全
		RFID 应用

四、核心技术发展历程

以 MEMS 为代表的智能传感器是传感器发展的趋势。20 世纪 70 年代后期随着微电子的发展，可赋予传感器以"智能"的功能，人们提出智能传感器的概念，其包含传感器、调节器、合适的电源、内在的计算能力、用于数字信息的通信接口和标识。20 世纪 80 年代初期，研究人员开始直接以 Si 材料实现机械器件，由于微电子加工技术由二维向三维扩展，有可能实现 Si 材料机械器件和微电子的集成。1986 年，美国 DARPA 在提案中提出了微电子机械系统（MEMS）的概念；1987 年，人们在 Si 芯片上研制出可动的微部件、齿轮、涡轮等，成为 MEMS 研究的重要标志。这种 Si 芯片上的微小机器在日本被称为微机械，在欧洲被称为微系统，其具有三大特征：小型化、多样性和微电子学。MEMS 技术用于传感器制造可使传感器尺寸更小、精度更高和生产潜力更大，MEMS 技术和微电子技术在传感器领域的结合使 MEMS 智能传感器应运而生。20 世纪 90 年代初，温度、振动和冲击的 MEMS 智能传感器开始用于航天发射运载的健康管理；此后 MEMS 智能传感器用于小型化的惯性导航系统、微型智能传感和汽车工业的安全系统。进入 21 世纪，MEMS 智能传感器进入了消费电子领域，2007 年三轴 MEMS 加速度计用于智能手机成为 MEMS 智能传感器发展的分水岭，新一代 MEMS 智能传感器成为移动网络智能终端的颠覆性技术，开启了移动智能网络的新发展，智能时代的开启要求 MEMS 智能传感器向低成本、多传感器集成、更高精度、远程监控和自适应传感器网络接口等方向发展，使 MEMS 智能传感器的传感部分和电子学架构均有长足的进展。

第二节 智能传感器应用

如今智能传感器已广泛应用于航空航天、海洋探测、国防军事、智慧农业、生物医学和智能交通等领域中。

一、航空航天

NASA 为检测制造航天飞机的材料是否达到使用寿命，需要经常检测运载火箭的舱内设施以及各个关键部件的健康状况，因此在机身各部分安装传感器接收器。在接收到中央传感器发射的电磁波后，将其转换为实时数据并传输到计算机中，计算机利用自身的一套算法处理该数据并实现信息反馈，提供了一种结构健康监测的实现方法。

二、海洋探测

开发海洋资源的前提是海洋信息的实时收集与检测。物联网技术在海洋环境领域的广泛应用，为实现海洋环境实时监测、海洋信息实时采集提供了可能。海洋信息智能采集成为保证海洋环境监测的基础。

三、国防军事

军事力量是衡量一国国防实力和综合实力的关键指标，对于国防建设具有重要的作用。作为军事力量的重要组成部分，武器系统的性能决定了军事队伍作战的成败，在武器系统中引入智能传感器不仅能够实时监测战场形势变化，从而及时调整侦察和作战计划，而且可以通过应用各类微小传感装置实现隐蔽性监视，为摧毁敌人目标点和攻击武装力量奠定技术和环境基础。

四、智慧农业

智慧农业是现代农业发展的高级阶段，涉及应用传感和测量技术、自动控制技术、计算机与通信技术等智能信息技术，依托安置在农产品种植区的各个传感器节点和通信网络，实时监测农业生产的田间智慧种植数据，实现可视化管理、智能预警等，因此传感器技术是现代农业发展的一项关键技术。

五、生物医学

在生物医学领域中，传感器作为核心部件被应用到了众多的检测仪器中，关乎人体健康。人们对医用传感器有更高要求，不仅对其精确度、可靠性、抗干扰性方面要求高，同时在传感器的体积、重量等外部特性上也有其特殊的要求，因此传感器在医学中的应用在一定程度上反映了传感器的发展水平。随着可穿戴式、可植入式微型智能传感器逐渐面世，医学检测仪器的发展有了里程碑式的飞跃。

六、智能交通

智能交通产品中的传感器应用首推自动驾驶，由于汽车车体本身空间有限，普通的传感器难以满足时代提出的新需求，此时智能传感器的优势便凸显出来。相较于传统传感器，智能传感器不仅可实现精准的数据采集，而且能将成本控制在一定范围内。另外，其自动化能力以及多样化功能也为智能传感器加分不少。例如，谷歌汽车除了将激光扫描仪用到传感器之外，摄像头、雷达、惯性等部件/系统也都使用了传感器技术。目前，比较常见的用于自动驾驶汽车上的传感器有激光雷达、图像传感器、毫米波雷达等。

第六章 智能传感器专利分析

第一节 以申请趋势为视角

一、全球智能传感器技术发展迅速

近20年来,全球范围内智能传感器在物联网、人工智能、智能装备、智能网联车四个重要领域得到了广泛应用,也使得这些领域的产业规模得到快速发展,如图6-1所示。其中智能装备、人工智能起步较早,从2003年开始年均申请量均达到一万件左右,从2003年开始申请量逐年增长且增长速度逐渐加快,可见这两个领域的技术创新活力很好,对技术依赖程度高,专利控制力强,智能装备和人工智能方面专利申请量分别占到这些重要领域申请总量的40%和36%;而物联网传感器在2003年开始申请量逐步增多,在2005年前后开始增速放缓,物联网传感器方面专利申请量占这些重要领域申请总量的16%;智能网联车在2006年前后才开始有相关专利申请,该领域技术综合性较高,需要各方面技术均有一定基础方可得到更好的发展,智能网联车方面专利申请量占这些重要领域申请总量的8%。

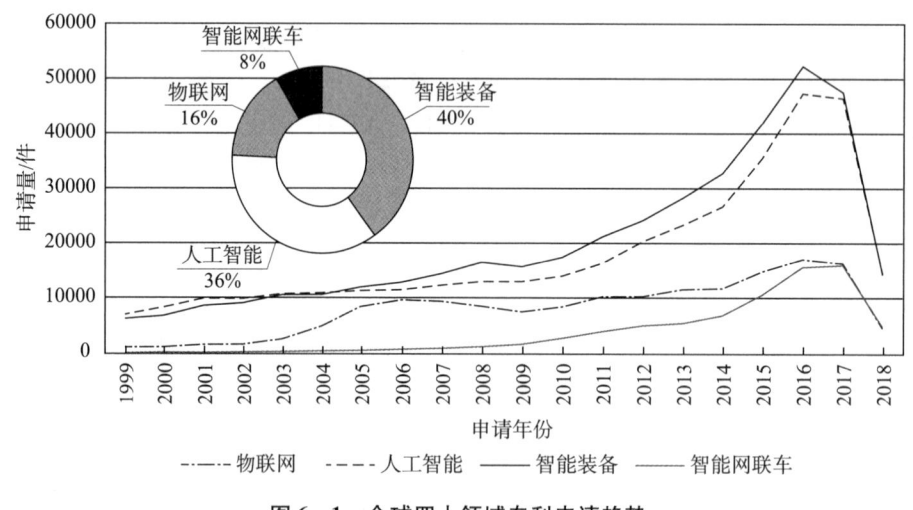

图6-1 全球四大领域专利申请趋势

二、中国起步较晚但增长迅猛

而在中国国内,四大领域的技术起步较晚(如图6-2所示),自2004年前后才开始有一定的专利申请量积累,增速方面与全球发展步调一致。智能装备、人工智能专利申请量较大、增速较快、占比高，而物联网、智能网联车增速相对较慢，国内在这些重要领域的发展同样保持了较好的势头。而且近几年，国内在各重要领域的专利年申请量均能占全球专利申请量的近70%，我国在这些重要领域已经具有很好的专利储备和技术实力。

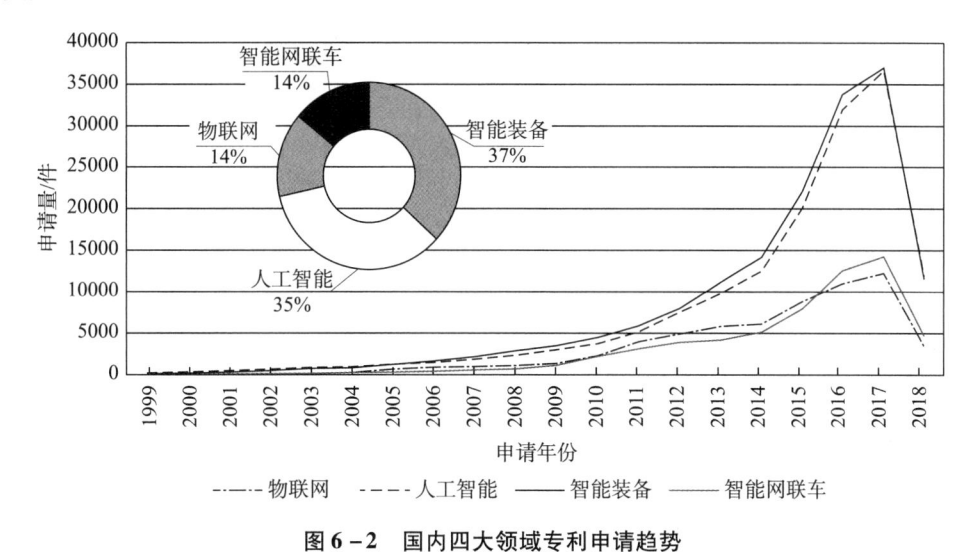

图6-2 国内四大领域专利申请趋势

第二节 以地域为视角

一、日本在图像传感器方面占据主导地位

在图像传感器方面，日本是图像传感器专利申请大国，申请量遥遥领先，其次为中国、美国、韩国。如图6-3所示，作为图像传感器专利申请前四的主要国家，日本在CCD图像传感器领域的专利布局量占图像传感器总申请量的84%，说明CCD图像传感器是日本的主要技术研究方向，在市场上受到很大重视；而中国、美国、韩国均是在CMOS图像传感器领域申请量占比较多，占比均超过55%，相比CCD图像传感器，三国更加注重CMOS图像传感器的技术研究。

从图6-4可以看出，日本着力发展CCD图像传感器技术，并一直占主要地位，而在CMOS图像传感器和CIS图像传感器领域却发展较缓。如图6-5所示，中国的发展虽起步较晚，2010年以后在该技术领域处于快速发展期，专利申请呈现稳定增长态势，CMOS图像传感器技术领域专利申请量占比较大，说明中国找准了图像传感器领域的发展方向，与全球热点产业发展方向一致。从图6-6可以看出，2004年以前，美国在CCD图像传感器和CMOS图像传感器领域开展研究，CCD图像传感器的专利申请相对较多。2004年以后，CMOS图像传感器是美国在该领域的重点研究方向。从图6-7可以看出，CMOS图像传感器这一技术分支的申请量始终都在其他两个技术分支之上，说明CMOS图像传感器是韩国在图像传感器领域的研究重点和热点方向。

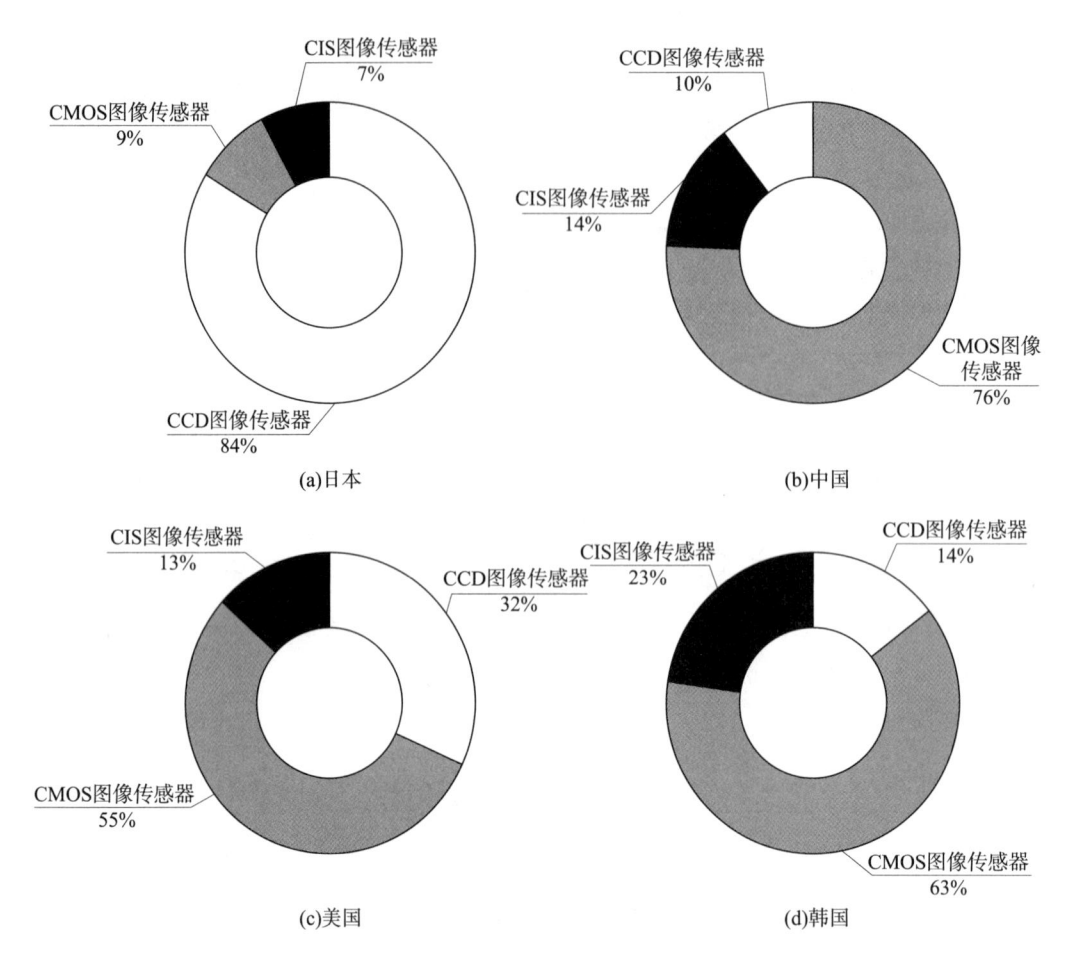

图 6-3 日本、中国、美国、韩国图像传感器专利申请分支占比

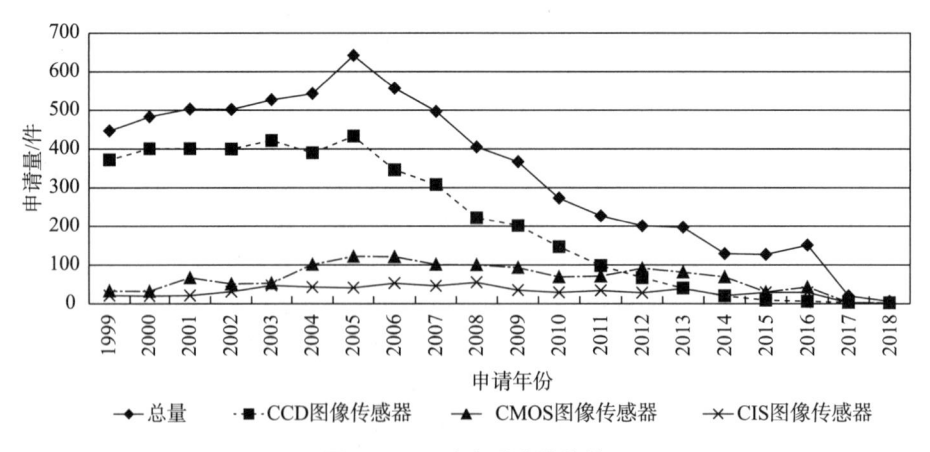

图 6-4 日本专利申请趋势

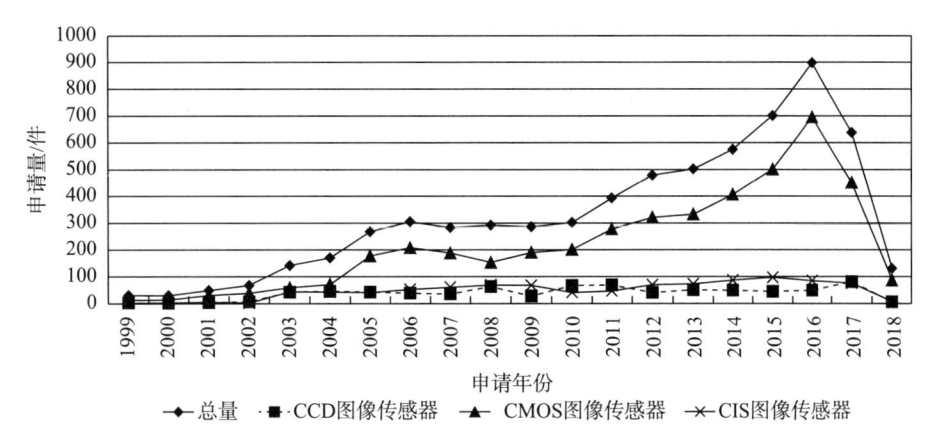

图 6-5 中国专利申请趋势

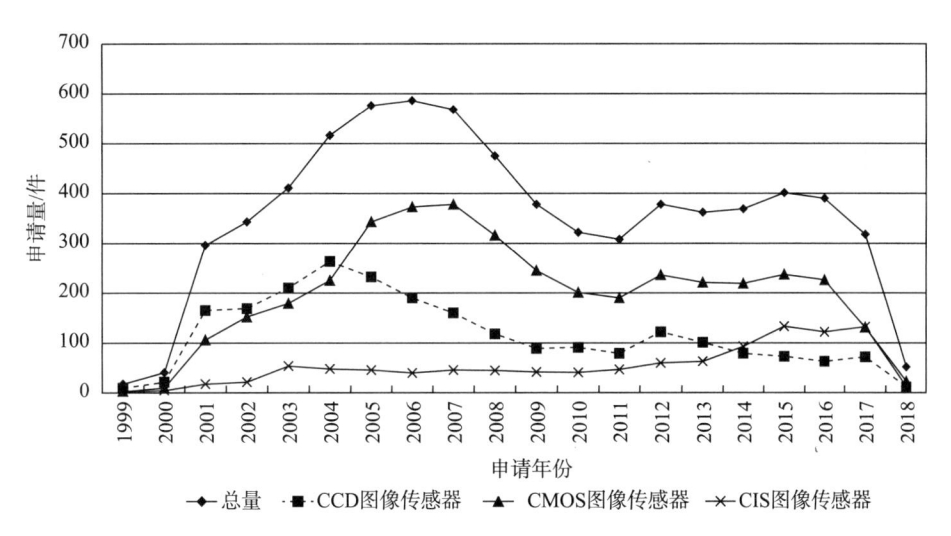

图 6-6 美国专利申请趋势

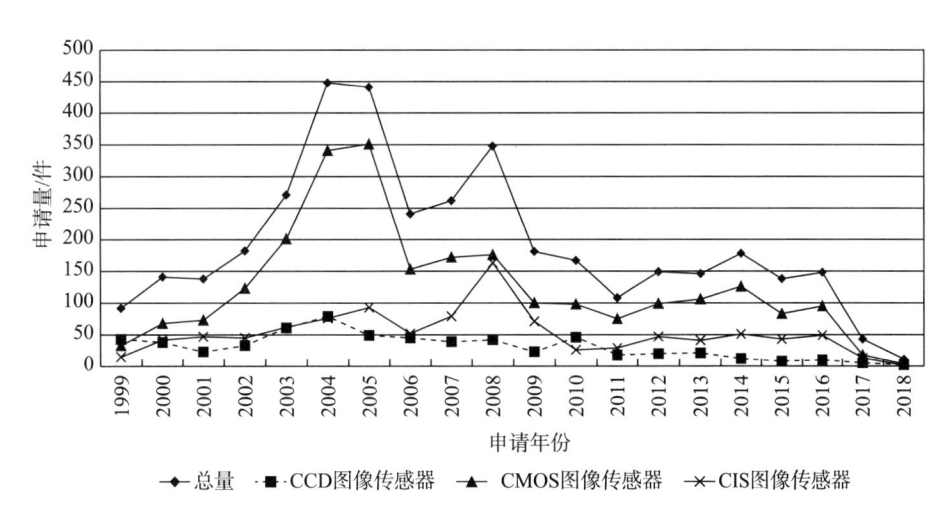

图 6-7 韩国专利申请趋势

二、中美在 MEMS 传感器申请量上占优势

针对 MEMS 传感器,从全球 MEMS 传感器专利申请量主要国家产业结构整体布局可以看出(如图6-8所示),中国、美国、日本的相关专利申请总量最多,并且各国家和地区均在设计与制造领域拥有整体数量最多的专利布局。其中,美国、中国、日本、德国尤为突出,该领域专利布局占比均接近或超过50%,软件与应用产业链紧随其后,表明这四个国家的 MEMS 传感器的设计与制造领域技术市场竞争更为激烈。

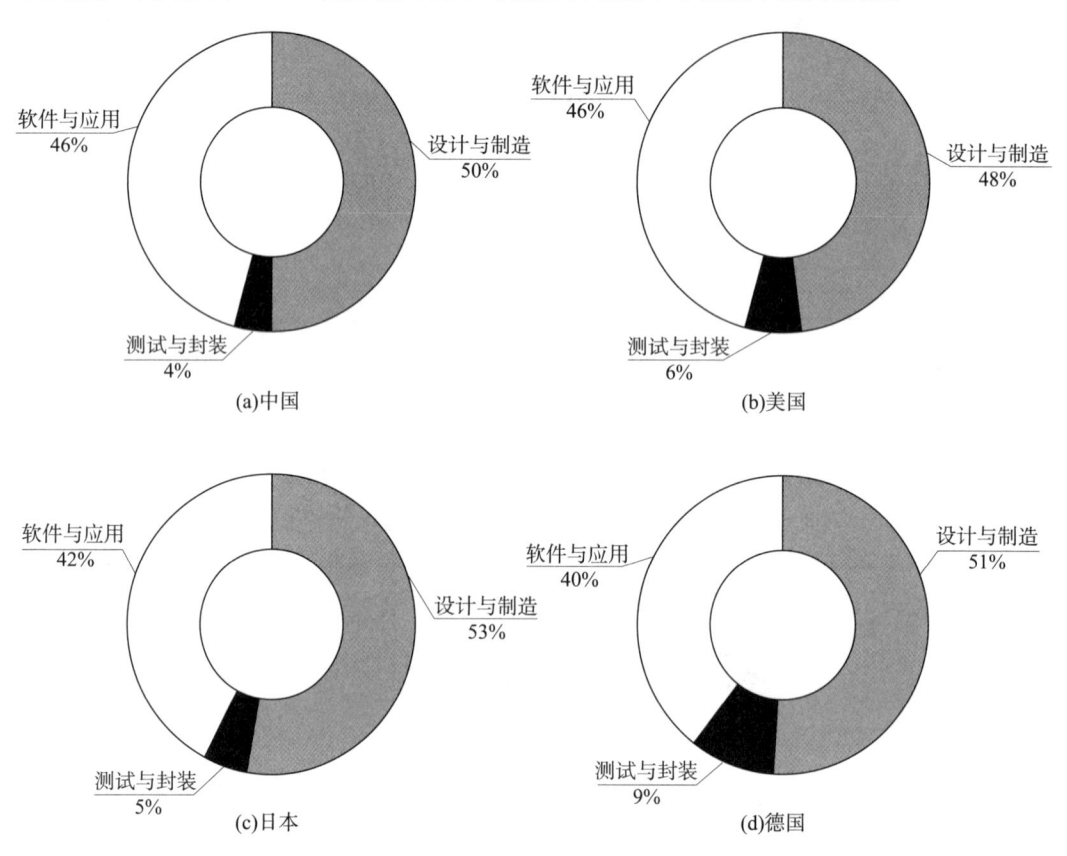

(a) 中国:软件与应用 46%、设计与制造 50%、测试与封装 4%
(b) 美国:软件与应用 46%、设计与制造 48%、测试与封装 6%
(c) 日本:软件与应用 42%、设计与制造 53%、测试与封装 5%
(d) 德国:软件与应用 40%、设计与制造 51%、测试与封装 9%

图6-8 MEMS 产业链主要国家专利申请产业分布

整体来看,世界上 MEMS 传感器的主要研发与制造应用国家为美国、日本、中国、韩国、德国,其中德国和日本掌握了 MEMS 传感器的多数高价值核心专利,这使得他们在设计与制造产业链上独占鳌头;而韩国近年来缺乏研发创新,重点围绕在以三星等企业为中心的 MEMS 传感器的测试与封装、软件与应用环节上;中国与美国作为 MEMS 传感器的专利布局大国,近年来,双方的发展重点也围绕在 MEMS 传感器的软件与应用环节上,其中,中国对于 MEMS 传感器的测试与封装同样保持着较快的专利布局速度。

三、中国在物联网传感器申请量上领先

如图6-9所示,针对物联网传感器技术,中国是物联网传感器专利申请大国,申

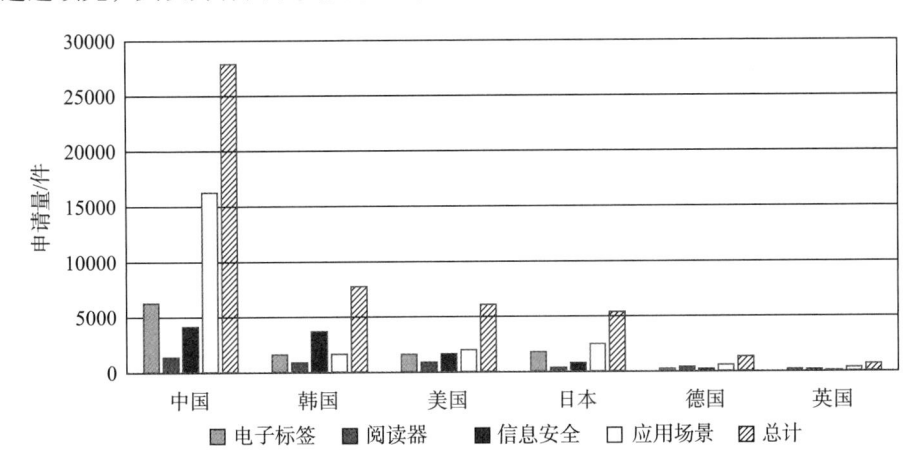

请量遥遥领先,其次为韩国、美国、日本。

图 6-9 优势国家产业结构布局

中国在应用场景领域的专利布局量占物联网传感器总申请量的58%,专利布局明显,说明应用场景是中国的主要技术研究方向,在市场上受到很大重视;而韩国、美国、日本在总申请量上与中国有一定差距,韩国更加注重信息安全的发展,日本与中国的发展结构相似,美国则发展比较均衡,其各技术分支申请量差异不大。

从图6-10可以看出,中国的发展主要分为三个阶段。从技术分支来看,中国着力发展RFID应用系统技术,并一直占主要地位,并且申请量巨大,说明中国随着电子标签成本的降低,RFID产品种类越来越丰富,行业应用规模在不断扩大。

美国的发展主要分为三个阶段,2003年以前,美国在物联网传感器领域各技术分支开展研究,相比阅读器和电子标签的专利申请而言,应用系统和信息安全方面的专利申请较多。然而到2004年之后,信息安全领域的专利申请量保持稳定,电子标签和应用系统申请量占比上升并稳步持续,与图6-10中的美国产业结构布局相吻合。

从日本专利申请趋势图可以看出,应用系统这一技术分支的申请量于2004年超过其他三个技术分支,说明应用系统是日本在物联网传感器领域的研究重点和热点方向,2006年到2016年,专利申请速率呈逐渐下降态势,申请量并不多。

韩国的发展虽起步较晚,但2011年以后韩国在该技术领域处于成熟发展期,专利申请量呈现逐渐下降态势,应用系统技术领域专利申请占比较大,说明底层技术已日趋成熟,与全球热点产业发展方向一致。

四、全球专利布局揭示热点技术方向

为了解全球产业结构调整方向,本节将智能传感器分为图像传感器、MEMS传感器以及物联网传感器,再进一步将图像传感器产业分为CCD、CMOS、CIS三个技术重点,将MEMS传感器分为设计与制造、测试与封装、软件与应用三个技术重点,将物联网传感器产业包含的专利分成了电子标签、阅读器、应用场景、信息安全四个技术分支,通过专利分析研究其不同阶段的专利布局占比变化情况,从而揭示全球产业结构的调整方向。

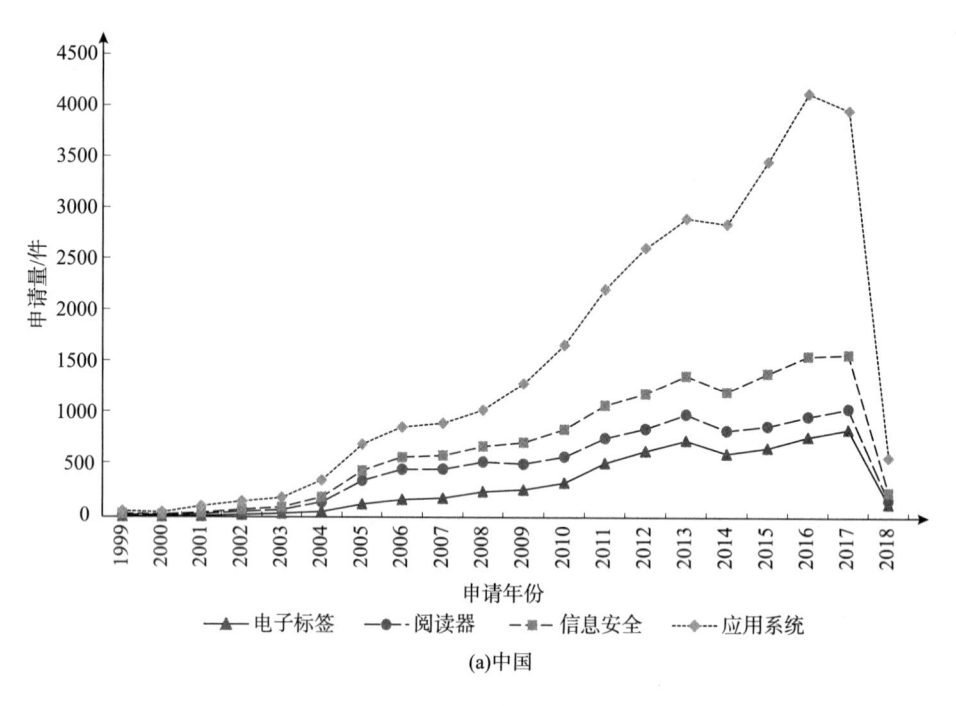

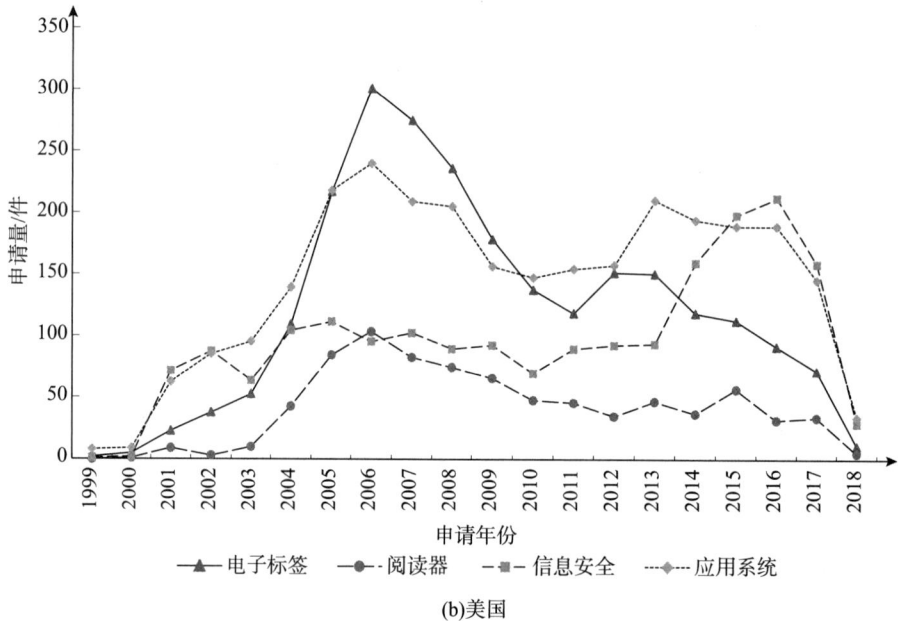

图 6-10 中国、美国、日本、韩国产业发展趋势

(c)日本

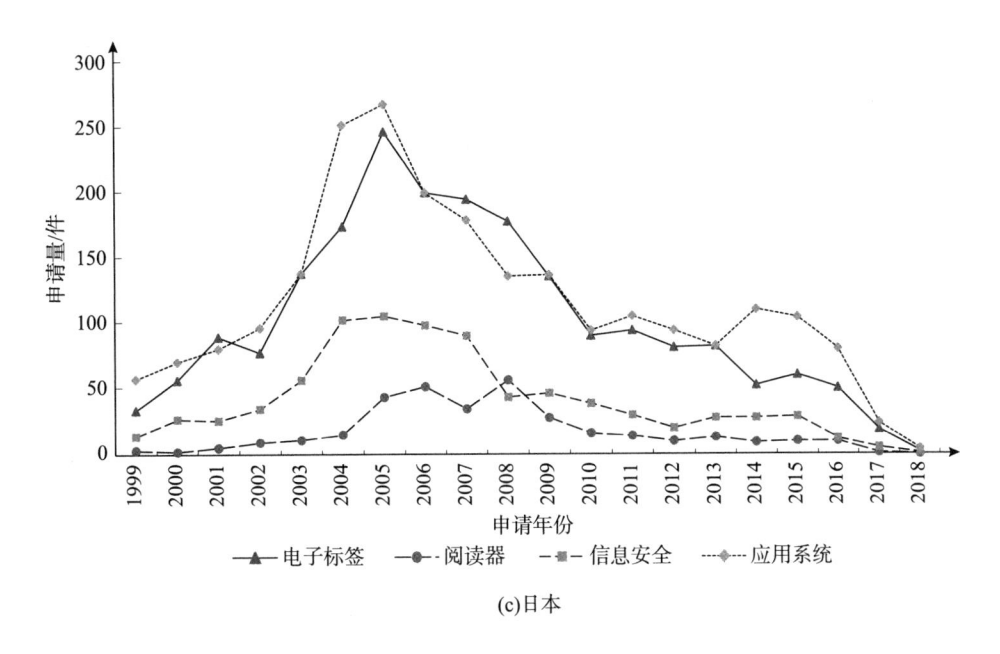

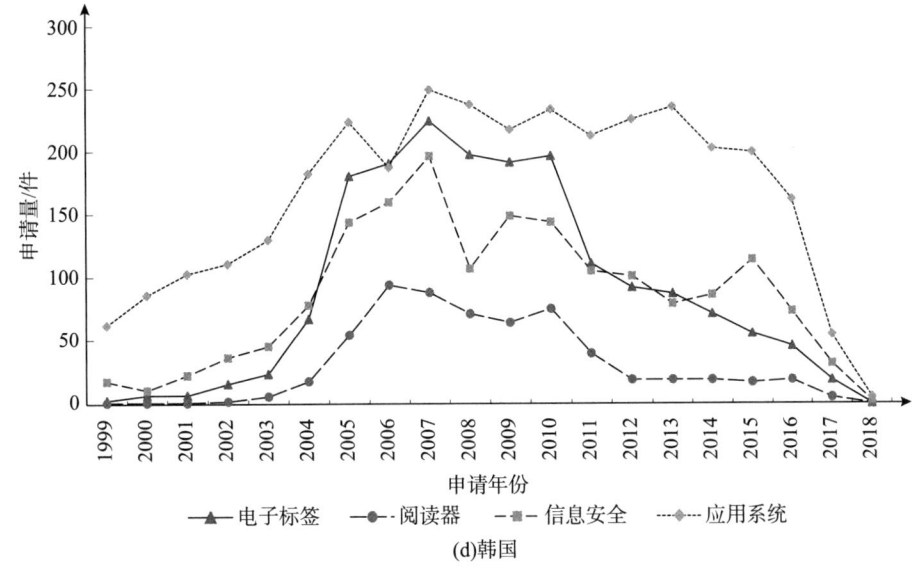

(d)韩国

图6-10 中国、美国、日本、韩国产业发展趋势（续）

（一）图像传感器

从图6-11可知，图像传感器产业全球专利申请量共42405件，其中CCD图像传感器相关专利申请共20641件，CMOS图像传感器相关专利申请量共15225件，CIS图像传感器相关专利申请量共5135件。从图6-12可以看出，MEMS传感器在2000年后，全球专利申请量共38037件，其中涉及设计与制造产业链全球专利申请量共22652件，占比59.56%；涉及测试与封装类共3624件，占比9.53%；涉及软件与应用产业链专利共24578件，占比64.62%。这也就表明设计与制造和软件与应用产业是MEMS传感器最主要的技术创新领域。物联网传感器产业全球共有专利申请 49429 件，其中电子标签 13113 件，占总申请量的 26.53%；阅读器 5801 件，占总申请量的 11.74%；应用场景 21314 件，占总申请量的 43.12%；信息安全 9201 件，占总申请量的 18.61%（见图 6-13）。

技术分支	申请量/件	总体	2000年以前	2001—2010年	2011—2018年
CCD	20641	49%	86%	41%	16%
CMOS	15225	36%	7%	45%	63%
CIS	5135	12%	7%	13%	16%

全球专利申请量共42405件

图 6-11　全球图像传感器产业结构调整方向

技术分支	申请量/件	总体	2001—2008年	2009—2014年	2015—2018年
设计与制造	22652	59.56%	50.80%	36.20%	47.40%
测试与封装	3624	9.53%	6.40%	7.90%	6.90%
软件与应用	24578	64.62%	42.80%	55.90%	45.70%

全球专利申请量共38037件

图 6-12　全球 MEMS 产业结构发展方向分阶段专利比例变化

技术分支	合计	2000年及2000年以前	2001—2007年	2008—2016年	2017年至今
电子标签	13113	190	3421	8300	1202
阅读器	5801	109	2101	3325	266
信息安全	9201	130	2383	5804	884
应用场景	21314	224	3377	14689	3024
合计	49429	653	11282	32118	5376

图 6-13　全球物联网传感器产业结构调整方向

图像传感器技术领域也经历了技术萌芽期、快速发展期和波动期，2002—2005 年是图像传感器技术产业结构发生变革的时期。2005 年后的 10 年，CCD 图像传感器作为早期主流的技术，申请量最初位居各技术分支第一位，随着技术的发展逐渐由 CMOS 图像传感器所替代，特别是在 2013 年快速发展的手机应用领域中，以 CMOS 图像传感器为主的摄像技术占领 80% 以上的应用市场，成为研发的主要方向和热点方向。图 6-11 也充分展示了图像传感器领域的产业结构发展变化，逐渐由 CCD 图像传感器转移到 CMOS 图像传感器，成为当前主流发展方向。

（二）MEMS 传感器

MEMS 传感器经历了半导体材料的关键研发期、人工智能产业发展关键期以及第三阶段（2014—2018 年），这三个阶段反映出当前 MEMS 传感器产业链的发展重点的变化。MEMS 传感器的软件与应用产业将会是未来发展的热点方向，尤其面向消费电子、汽车电子、工业电子、医疗电子四大应用领域，需大力引导产业化应用推广，并且近年来其专利申请量已经超过设计与制造产业的专利申请量。而测试与封装产业链虽然专利申请数量较少，但其中针对多种 MEMS 传感器融合以及应用角度的测试与封装同样会是未来的一大发展趋势。另外，MEMS 传感器的设计与制造产业作为 MEMS 产业的基础核心，依然是长期以来相关领域的研发重点。

（三）物联网传感器

而从全球物联网传感器和 4 个技术分支的专利申请发展趋势来看（如图 6-14 所示），物联网传感器技术领域也经历了技术萌芽期、快速发展期和稳定期，2001—2007 年是物联网传感器技术产业结构发生变革的时期。2008—2016 年，反映了全球产业结构的最新调整方向。从图 6-15 可以看出 2001—2007 年，各分支技术发展迅速，其中

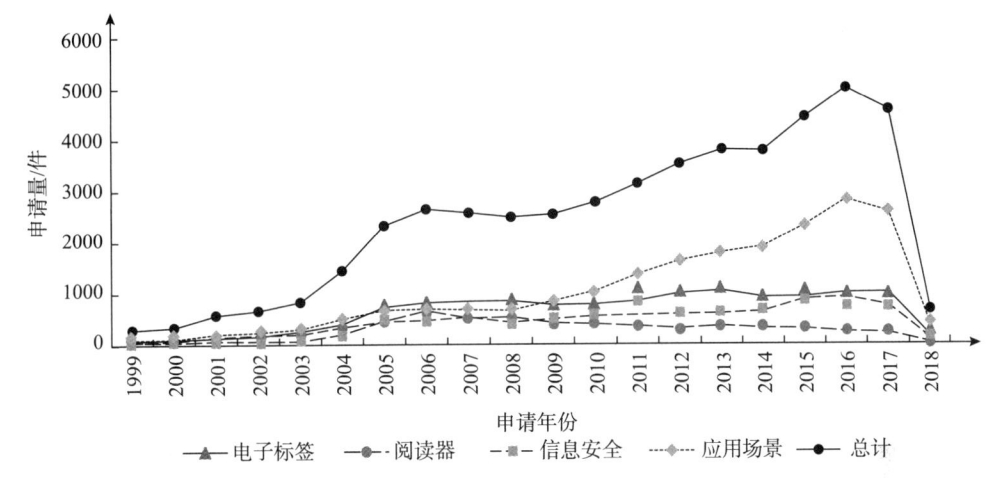

图 6-14 全球物联网传感器专利申请趋势

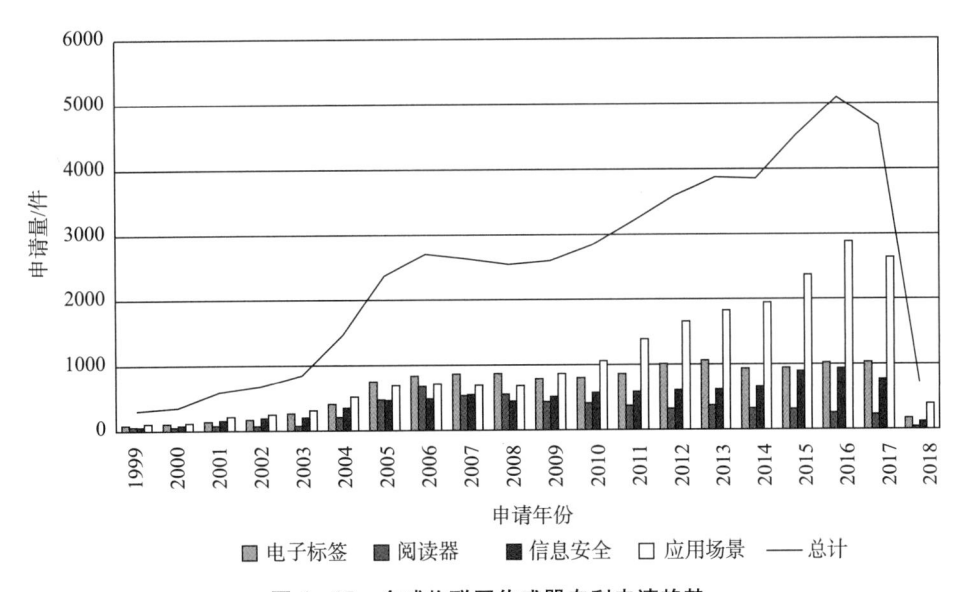

图 6-15 全球物联网传感器专利申请趋势

电子标签申请量位居各技术分支第一位，随着技术的发展，电子标签和阅读器技术趋于成熟，应用场景成为研发的主要方向和热点方向。随着全球对 RFID 这一领域的重视和应用范围的拓展，会有越来越多的公司围绕 RFID 加大研发投入，物联网传感器领域的专利申请有望迎来新一轮的增长。

（四）专利运用热点

企业的专利储备可通过 3 个渠道获取，最主要的渠道应来自企业的内部创新，另外两个渠道可以从外部收购高价值专利，或者通过专利实施许可使用别人的专利技术。通过了解中国 MEMS 传感器产业近几年的申请权或专利权转移（以下称为转让）及专利实施许可信息，可以发现中国区域内该领域企业所关注的热点技术，从另一侧面反映出技术的发展方向。

在图像传感器产业中，CMOS 图像传感器的专利许可及转让数量最大（达 4154 件），占该领域专利申请量的 37%，表明 CMOS 图像传感器技术是图像传感器领域最受关注的，是产业的重要发展方向。

在 MEMS 传感器领域，专利转让涉及的技术分支主要包括 H04R – MEMS 麦克风、H01L – 半导体、B81B – MEMS 传感器、G01C – 陀螺仪、G01P – 加速度传感器、B81C – MEMS 制造、G01L – 压力传感器等，除去 MEMS 传感器、半导体、MEMS 制造，我们通过专利转让可以确定在 MEMS 传感器领域发生专利转让较多的主要技术分支为 MEMS 麦克风、陀螺仪、加速度传感器以及压力传感器。

在 MEMS 传感器领域，专利许可涉及的技术分支主要包括 G01C – 陀螺仪、B81B – MEMS 传感器、G01P – 加速度传感器、H04R – MEMS 麦克风、B23K – MEMS 焊接方法等，除去 MEMS 传感器、半导体、MEMS 制造，我们通过专利转让可以确定在 MEMS 传感器领域发生专利许可较多的主要技术分支为 MEMS 麦克风、陀螺仪、加速度传感器。

综合专利运用的技术分支可以得出，MEMS 传感器领域的专利运用热点二级技术分支主要集中在 MEMS 麦克风、陀螺仪、加速度传感器以及压力传感器，三级技术分支主要集中在麦克风的传声器、振膜及静电传感器、陀螺仪中的振动角速度传感器、压力传感器中的压敏元件等。

在物联网传感器产业的中国专利申请中，专利质押为 109 件，专利诉讼为 6 件，海关备案为 3 件，复审决定为 129 件，无效审查决定为 29 件，无效口头审理为 25 件。中国专利转让和许可数量，细化到各个分支，如表 6 – 1 所示。

表 6 – 1　物联网传感器产业中国专利转让和许可数量

专利转让和许可	总量	电子标签	阅读器	信息安全	应用场景
数量/件	2227	607	90	403	1127
占比/%	100	27	4	18	51

在物联网传感器产业中，应用场景涉及的专利许可及转让数量最多，达到 1127 件，占该领域专利申请量的 6.9%，是物联网传感器产业的 51%，表明中国物联网传感器企业对物联网传感器在不同场景的应用最为关注，是物联网传感器产业的重要发展方向。

而在物联网传感器的应用场景中，通过分析，物流、医疗、仓储、身份识别类的应用场景的专利申请量占比较高。

（五）商业并购

CMOS 图像传感器产业的并购行为已经改变了竞争格局。目前，索尼（Sony）是市场、生产和技术的领导者。三星（Samsung）和豪威科技（OmniVision）一直保持着强有力的竞争实力。美国时间 2014 年 4 月 30 日，安森美半导体（ON Semiconductor）宣布完成收购高性能图像传感器供应商 Truesense Imaging，Inc.。2015 年 11 月 27 日，模拟 IC 和传感器供应商艾迈斯半导体与图像应用领域的先进面及线扫描 CMOS 图像传感器领先供应商 CMOSIS（新视觉公司）达成协议，以现金形式 100% 收购其股份。2015 年，佳能（Canon）以 28 亿美元收购瑞典网络视频监控厂商 Axis。中国投资财团以 19 亿美元收购豪威科技（OmniVision）。东芝（Toshiba）把公司旗下的 CMOS 图像传感器业务以 1.55 亿美元卖给索尼。2016 年，佳能以 59 亿美元收购东芝（Toshiba）医疗业务。索尼真正展现了其领导地位。因此，技术革新仍然是 CMOS 图像传感器的主要驱动力。

在 MEMS 传感器领域，歌尔声学 2014 年收购世界顶级音响品牌丹拿，随后成立歌尔丹拿音响有限公司；数字 MEMS 麦克风公司 Akustica 2009 年被博世北美分公司收购；2014 年 9 月，博世集团和西门子股份公司达成协议，前者以 30 亿欧元的价格收购西门子持有的双方合资公司的 50% 股份，按照双方达成的协议，博世家电将成为博世集团的全资子公司，同时也意味着西门子集团将不再涉及任何家电业务。

在全球物联网传感器龙头企业中，三星申请专利 336 件，受让相关专利申请 111 件，而转让数量为 0 件；电子及商业机器公司申请专利 317 件，受让 114 件，而转让数量为 0 件；可见，全球物联网传感器龙头企业在注重技术研发的同时，也注重收购中小企业的专利技术。中国物联网传感器龙头企业中兴通讯及深圳远望谷信息技术股份有限公司存在专利转让。中兴通讯转让专利 64 件，其中，62 件转让给中兴智联科技有限公司，另外 2 件分别转让给北京神州安付科技股份有限公司及个人毛亚杰。深圳远望谷信息技术股份有限公司存在专利转让 1 件，受让人为深圳市远望谷文化科技有限公司。可见，中国国内物联网传感器技术主要转让给其相关子公司，尚未收购其他企业相关专利。

第三节　以龙头企业为视角

本部分将对国内外龙头企业进行分析，从而推断其技术重点及未来的发展方向。

由图 6-16 来看，索尼不仅是申请量上的第一，在核心专利的拥有量上也是排名第一，是唯一一家核心专利超过百件的企业，也充分印证了索尼在全球图像传感器领域的强劲技术实力，是该领域内的龙头企业。佳能位居第二，松下、伊士曼柯达、豪威科技、三星四家企业核心专利申请量势均力敌，均是 30 件左右。而在核心专利排名前十中的三洋、豪威科技、伊士曼柯达三家企业，在全球专利申请量排名中并未跻身前十，表明三家企业的专利质量相对较高。

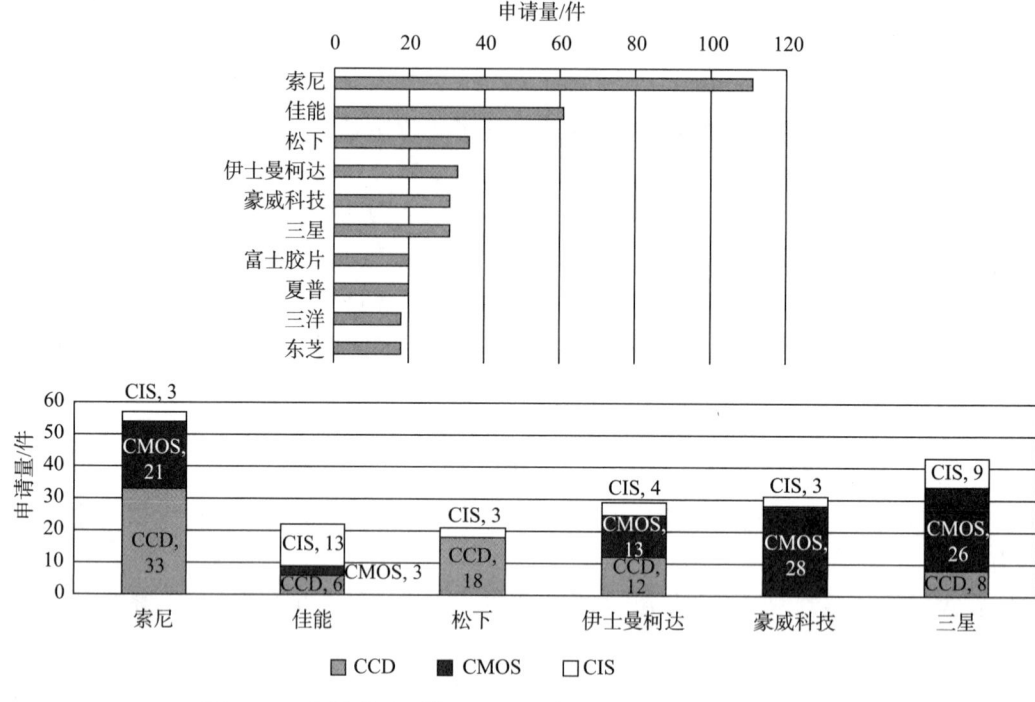

图 6-16 图像传感器核心专利申请人及核心专利申请趋势分析

从核心专利申请人排名中挑选出了前六名，作为申请专利质量较高的龙头企业，进行了技术分支的统计。从图 6-16 统计中可以看出，从技术分支来看，索尼仍然对 CCD 图像传感器和 CMOS 图像传感器进行了高质量专利的布局；佳能倾向于 CIS 图像传感器；松下在 CCD 图像传感器高质量专利中占比较高，而在 CMOS 高质量专利中占比过低；而豪威科技则在 CMOS 高质量专利中投入最多，在 6 家企业中排首位，这与豪威科技长期致力于为微电子影像应用设计和提供基于 CMOS 的影像芯片密切相关。除豪威科技外，另一家对 CMOS 图像传感器有浓厚兴趣的是三星公司，随着这几年智能手机市场的快速增长，三星在 CMOS 图像传感器领域取得了长足的进步，其主要的驱动因素是双摄像头对智能手机拍照类应用市场空间的重振。

从整体上看各企业对于高质量专利的布局，虽然各企业均有自己的研发重点和热点，但总体上呈现出偏向 CMOS 图像传感器的倾向，同时也保持对 CCD 图像传感器的占有。在 6 家企业中，有 5 家企业都对 CMOS 图像传感器进行了布局。其中，索尼、佳能、伊士曼柯达、豪威科技、三星高质量专利中 CMOS 图像传感器的占比分别为 37%、14%、45%、90%、60%。在对 CCD 图像传感器的布局方面，6 家企业中，有 5 家企业进行了不同程度的投入。其中，索尼、佳能、松下、伊士曼柯达、三星高质量专利中 CCD 图像传感器的占比分别为 58%、27%、86%、41%、19%。而在 CIS 图像传感器方面，虽然各家企业都有占比，但投入都不大，从目前来看，并不是各家企业在高质量专利布局的研发重点和热点。

从图 6-17 来看，在图像传感器方面，索尼、富士胶片、松下、日本电气、东芝专利申请量均较大，具有较强的技术实力，属于该领域的龙头企业。其中，索尼的专利最

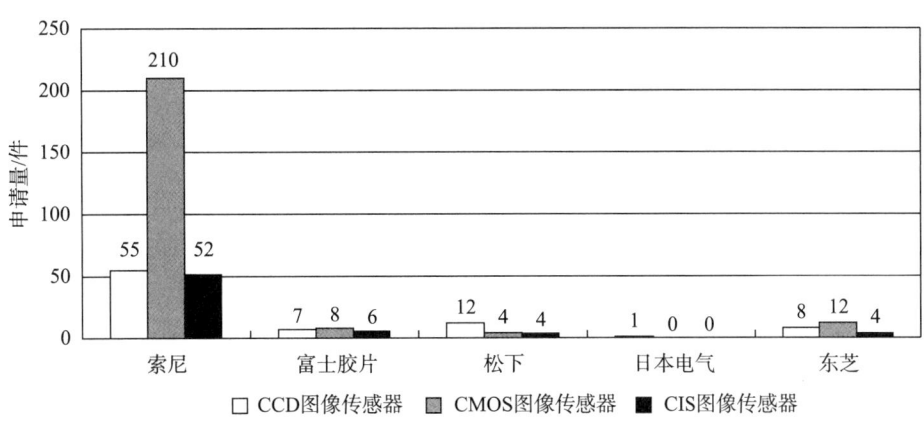

多，并在 CMOS 图像传感器领域专利产出占比最大。

图 6-17 龙头企业近 5 年专利产出构成

如图 6-18 所示，通过专利申请量分析，将 CCD、CMOS、CIS 图像传感器三个分支作为整体，通过研究三个分支 2010 年及之前和 2011—2018 年的专利产出变化，从而了解这些企业的产业发展方向。

从图 6-18 中可以看出，2010 年及之前，索尼对 CCD 图像传感器研发投入较多，而在 2011—2018 年，该公司进一步加大了对 CMOS 图像传感器的技术研发，专利产出量增加明显。此外，2011—2018 年，索尼也增大了对 CIS 图像传感器的研发投入，从占比不到 1% 增加到将近 3%，在 5 家企业中，索尼对 CIS 图像传感器的研发投入增加最为明显。

从整体上看，各个龙头企业对 CCD 图像传感器的研发投入都非常大，这与日本企业（如索尼、松下、富士胶片、东芝等日本供应商）常年控制着全球 CCD 图像传感器市场相吻合。除此之外，各个龙头企业均依据自身优势对各个分支有所侧重，从变化情况看，处于全球申请量第一位的索尼公司，开始加大对 CMOS 图像传感器的投入，降低对 CCD 图像传感器的投入，这与全球发展趋势相一致。富士胶片、松下、日本电气、东芝仍然继续加大对 CCD 图像传感器的投入，这与 CCD 图像传感器依然流行于各行各业息息相关，也与各个企业市场侧重点相关。由于图像质量较高，CCD 图像传感器普遍用于数码相机，相反，成本较低的 CMOS 图像传感器则主要用于手机和其他产品之中，对于这些产品，拍摄并不是主要功能。

在 MEMS 传感器方面，全球专利布局中博世、高通、霍尼韦尔、英飞凌、亚德诺半导体和恩智浦半导体公司是主攻 MEMS 传感器的六大企业，这六大企业在设计制造传感器元器件的同时也兼顾着相关元器件的封装测试以及后续的下游应用，可以说他们基本垄断着 MEMS 传感器的整个生命周期；然而，随着时间的推移，这六大企业的发展重点以及依托自身特长所显现的发展态势都呈现出不一样的情景。图 6-19 给出了博世、高通、霍尼韦尔、英飞凌四家企业产业专利布局占比情况。

(a) 索尼专利产出结构对比

(b) 富士胶片专利产出结构对比

(c) 松下专利产出结构对比

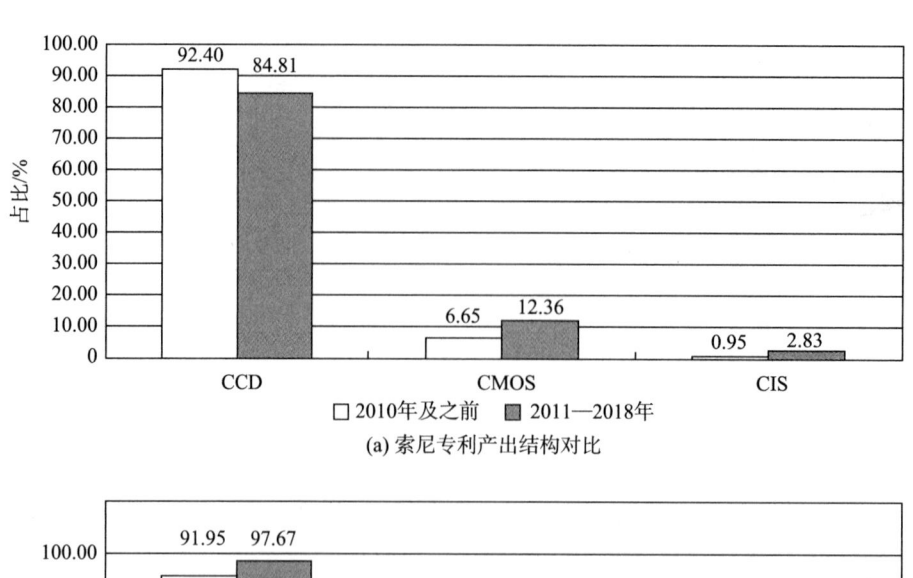

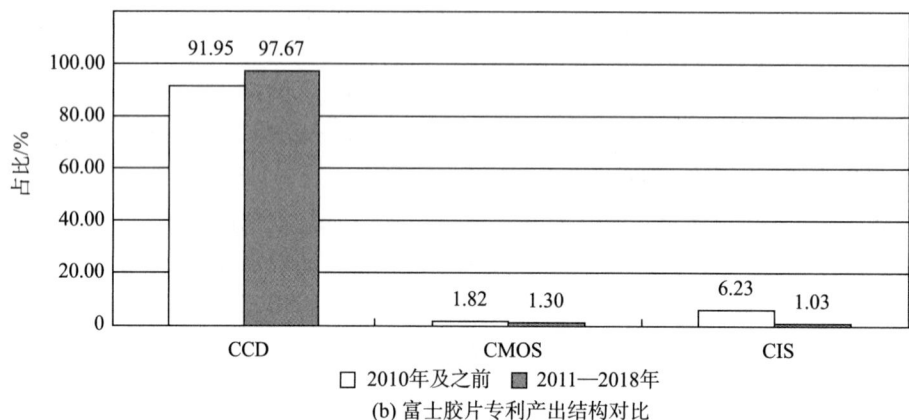

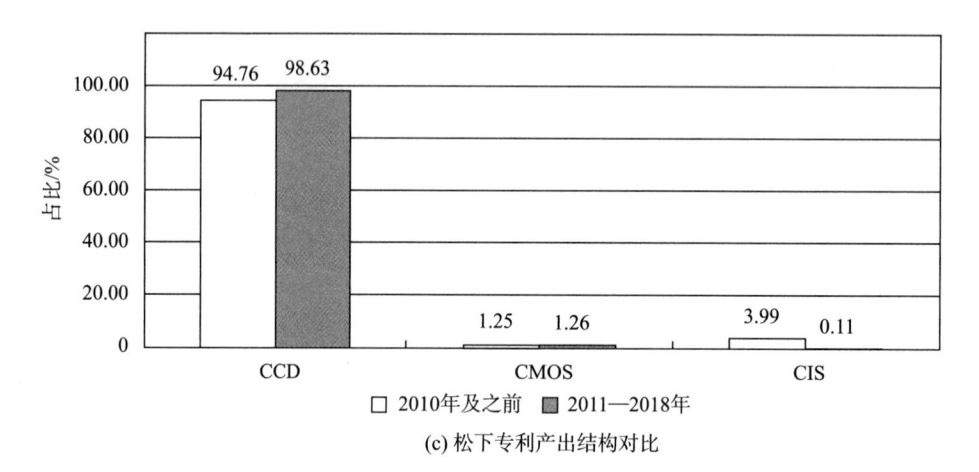

图 6-18 龙头企业专利产出结构对比

(d) 日本电气专利产出结构对比

(e) 东芝专利产出结构对比

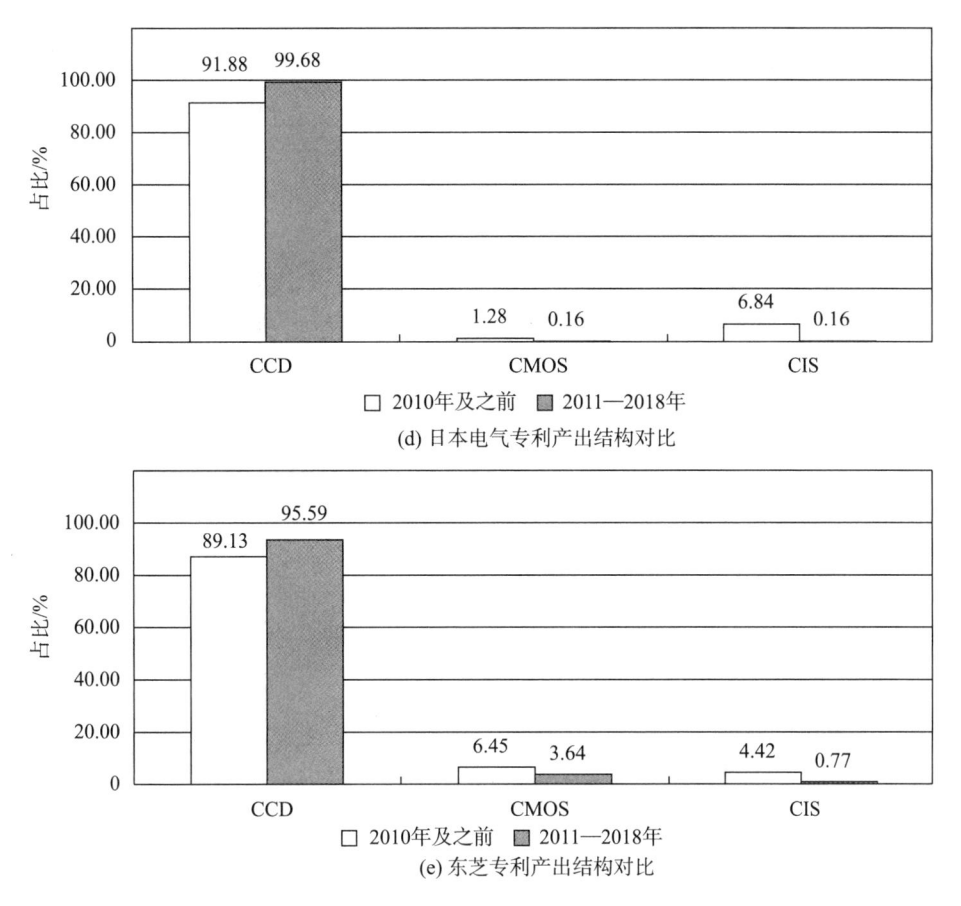

图 6-18 龙头企业专利产出结构对比（续）

在对国际 MEMS 市场的专利布局、主要国家和地区 MEMS 专利产业分析以及重点企业分析后，我们发现：近些年，MEMS 传感器的相关软件应用成了研发的重点，在智能手机之后，我们还没看到大量的应用能成为 MEMS 市场的短期增长驱动力；除了智能手机，MEMS 传感器将会在 AR/VR、可穿戴等消费电子、智能驾驶、智能工厂、智慧物流、智能家居、环境监测、智慧医疗等物联网领域广泛应用，工业、医疗和汽车领域还在提供增长和盈利的能力。汽车产业对传感器需求旺盛，自动驾驶汽车也加大了对 MEMS 传感器的需求。医疗领域的长期研发积累发现了新的市场机遇，包括应用于医疗微泵的硅基微流控芯片。工业和国防市场也为高端和高利润 MEMS 器件提供了新的机遇，如惯性传感器和压力传感器。

具体来说，在今后 5—10 年内随着 MEMS 传感器技术的成熟，以智能手机以及平板电脑为主要应用对象的低端 MEMS 传感器市场利润将逐渐下降，但未来在可穿戴设备、物联网领域还有一定机遇；以工业、医疗及汽车为应用对象的中端 MEMS 传感器还将持续增长和盈利；未来以工业 4.0 和国防军工市场为应用对象的高端 MEMS 传感器将会带来显著的超额收益。

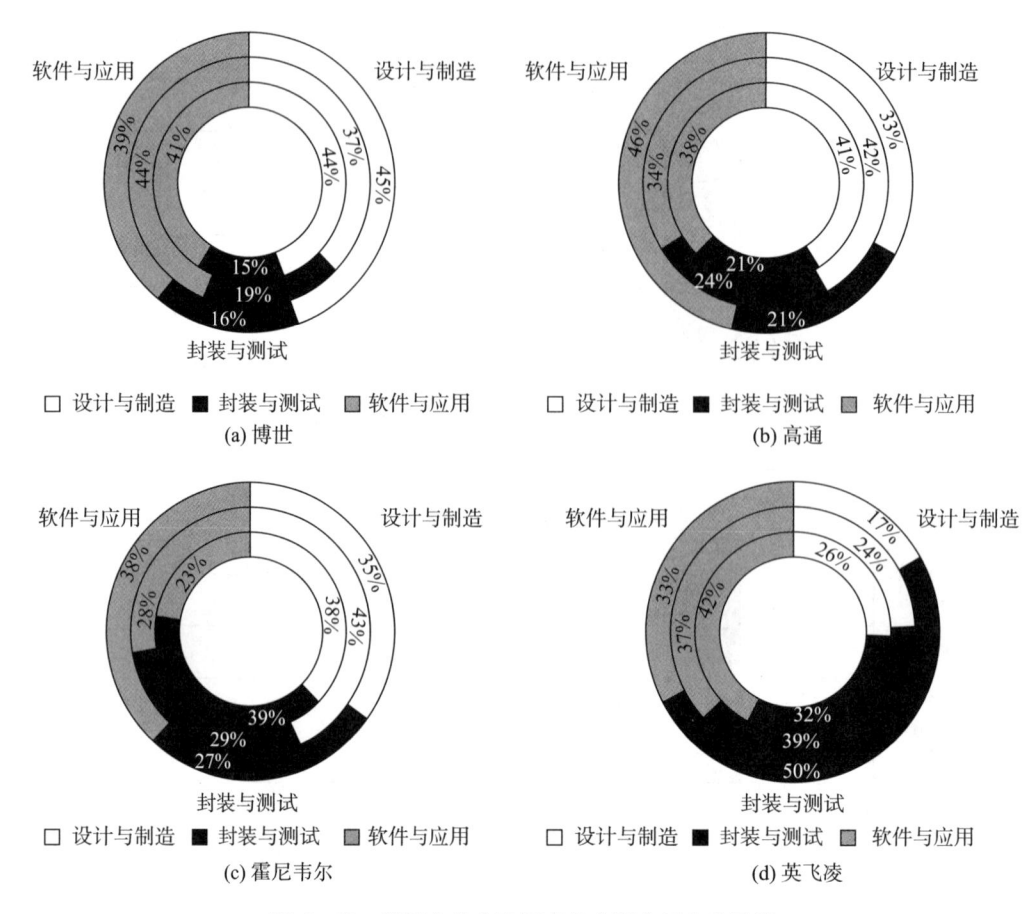

图 6-19 关键企业分阶段产业专利布局占比示意

从 MEMS 传感器全球申请人排名（如表 6-2 所示）情况看，三星的申请量排名第一，但是其专利多为应用而不涉及 MEMS 传感器本身，因此不属于 MEMS 传感器龙头企业；而博世不仅在申请量上排名第二，在核心专利的拥有量上也是排名第五，是该领域内的龙头企业；霍尼韦尔位居第三，应美盛、歌尔声学、楼氏电子、英飞凌（前西门子）、爱普科斯、意法半导体、LG 七家企业专利申请量势均力敌，均是 250 件以上。排名前十的申请人中仅有一家（歌尔声学）为中国的企业。

表 6-2 MEMS 全球主要申请人排名

排名	申请人	国别和地区	专利申请量/件	比例/%	排名	申请人	国别和地区	专利申请量/件	比例/%
1	三星	韩国	567	2.10	6	楼氏电子	美国	270	1.00
2	博世	美国	452	1.67	7	英飞凌	德国	265	0.97
3	霍尼韦尔	美国	440	1.63	8	爱普科斯	德国	264	0.97
4	应美盛	美国	323	1.19	9	意法半导体	瑞士	260	0.96
5	歌尔声学	中国	308	1.14	10	LG	韩国	255	0.94

在 MEMS 传感器方面，博世拥有 452 件 MEMS 传感器相关的专利，从 MEMS 传感器的设计到制造，都是博世自有技术。官方资料显示，博世已经累计出货 80 亿颗 MEMS 传感器，它的应用领域不仅仅包括目前热门的智能手机市场，在可穿戴设备、智能驾驶、智能家居以及工业 4.0 等各个领域都有渗透。

作为 MEMS 全球主要申请人排名前十的唯一的中国申请人，歌尔声学是中国最大的 MEMS 传感器厂商，其主要产品包括微型麦克风、微型扬声器、蓝牙系列产品和便携式音频产品。目前，其在微型麦克风领域占据市场第一位，在微型扬声器领域占据市场第二位，已进入苹果供应链。

霍尼韦尔在全球首先研制出 STC3000 型智能压力传感器，技术领先。目前共有 20 多个系列近 6 万种产品，在全世界拥有 30 万用户。2018 年，霍尼韦尔计划推出车辆电池管理系统的电流传感器，并研发了全球最小的 MEMS 微压传感器——Micro Pressure，便于实现家电设备的智能集成控制，还研发了最新的位置传感器、惯性传感器、压力传感器等。

通过对物联网传感器技术全球核心专利进行统计分析，中兴通讯和三星分别为该领域国内外龙头企业。本部分将以这两家国内外龙头企业作为分析对象，通过分析他们技术上的核心专利申请量及核心专利申请量占比（如表 6-3 所示），从而推断其技术重点及未来的发展方向。

表 6-3 物联网智能传感器龙头企业核心专利技术分布

技术分布	三星 总量/件	三星 占比/%	中兴通讯 总量/件	中兴通讯 占比/%
电子标签	4	8.9	2	9.2
阅读器	2	4.4	1	4.5
信息安全	8	17.8	5	22.7
应用场景	31	68.9	14	63.6

从核心专利整体情况看，两家龙头企业对于 RFID 智能传感器核心技术均有核心专利，无明显技术短板。而从各技术分支核心专利量占比情况来看，两家公司对 RFID 应用场景相关的核心技术研发热度较高，其次为信息安全方面核心技术，电子标签及阅读器技术相对比较成熟。随着物联网传感器的逐渐成熟，其应用越来越广泛，相应的专利申请热度不减。而由于技术应用过程中保障信息的安全性是十分重要的，信息安全相关技术也仍然有很大的提升发展空间。

中兴通讯在信息安全方面，核心专利侧重于信息传输过程中的数据传输方法，以提高信息传输可靠性和传输效率，阅读器与电子标签在识别过程中的安全认证或信息加密；而其在应用场景方面，核心专利侧重于移动终端、低功耗装置、定位导航等热门应用场景，由于 RFID 智能传感器应用的便利性、成本低、可靠性等优点，对应用场景的需求有着十分广阔的发展前景；在电子标签及阅读器方面，核心专利侧重于标签的灵敏唤醒、低功耗,提升识别稳定性的阅读装置。而三星在信息安全方面,核心专利侧重于标签识别过程中信息的安全认证、传输数据的加密方法;应用场景方面同样关注移动终端、降低装置功耗、导航等热门的应用场景;而在电子标签及阅读器方面,侧重于底层驱动电路的稳定性、信号传输稳定性方面的提升。

综合来看,国内外两家龙头企业,研发上均侧重于应用场景方面的技术,而对于信息安全技术也有一定的重视,对于较成熟的电子标签及阅读器相关技术已经有较成熟的技术且有一定的专利储备,核心专利数量相对较少。未来的研发侧重点,仍会以应用场景需求为研发动力,将RFID智能传感器技术应用在各类特定场景中,从技术应用的角度进行创新;而对于密不可分的数据传输信息安全方面仍然保持一定的研发动力,保障技术应用的安全可靠,同时在已经成熟的电子标签及阅读器方面以性能、功耗等的提升为主,改进空间不大。

第四节 以协作创新为视角揭示难点方向

当企业认识到某一技术是未来的发展方向时,首先会在企业内部进行技术攻关,当自身技术攻关不可行,如缺少设备或人才时,企业会选择与其他单位或个人进行合作,共同进行技术研发。因此,企业的协同创新信息能够揭示技术发展方向。我们将智能传感器各产业环节及细分领域协同创新所涉及的专利申请进行统计分析,以期发现本领域研发的热点、重点和难点。

从各技术分支协同创新申请量占比情况看,在图像传感器产业的3个二级技术分支中,全球在CMOS图像传感器技术分支协同创新占比最大,近5年的占比也是如此,表明CMOS图像传感器是图像传感器技术较为重要的创新点以及研发的热点;在中国,CMOS图像传感器协同创新占比同样最大,说明中国也找准了该领域的重点和热点研究方向。全球协同创新方向由CIS图像传感器转向CCD图像传感器,而在中国是CIS图像传感器相对CCD图像传感器成为次要技术研究热点,体现了中国和全球在CCD图像传感器和CIS图像传感器的协同创新方向的变化,如图6-20和图6-21所示。

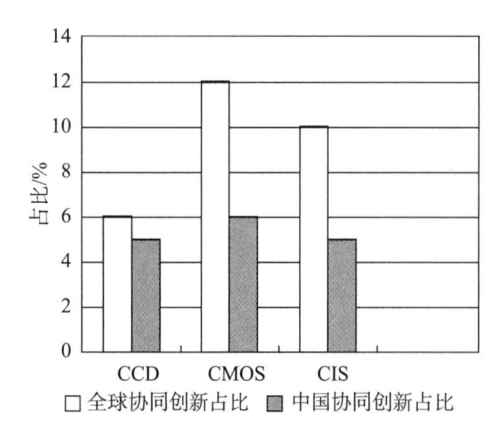

图6-20 图像传感器协同创新在各技术分支中申请量占比

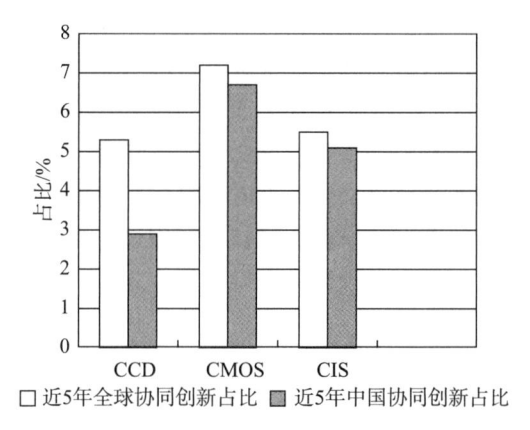

图6-21 图像传感器近5年协同创新在各技术分支中申请量占比

从 MEMS 传感器产业的 4 个技术分支协同创新申请量情况看（如图 6-22 和图 6-23 所示），近 5 年协同创新各技术分支申请量较整体协同创新各技术分支申请量都有增长，说明近 5 年各个技术分支都很重视协同创新，而麦克风和加速度计协同创新近 5 年申请量较整体增长最快。在麦克风技术分支，博世与 Akustica 在提高沉降速度、麦克风系统具有较高的声学过载点进行协同创新；中芯国际集成电路制造（上海）有限公司与中芯国际集成电路制造（北京）有限公司在 MEMS 麦克风及其制造方法方面进行协同创新。在 MEMS 压力传感器技术分支，现代汽车公司与大陆汽车系统进行协同创新；在加速度计技术分支，浙江大学城市学院与上海煜麦网络科技有限公司进行协同创新。

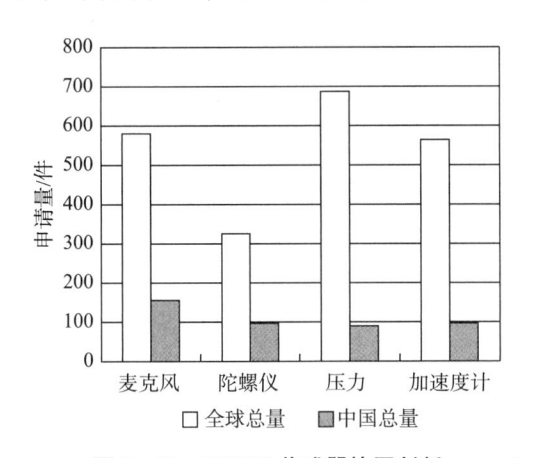

图 6-22　MEMS 传感器协同创新各技术分支申请量

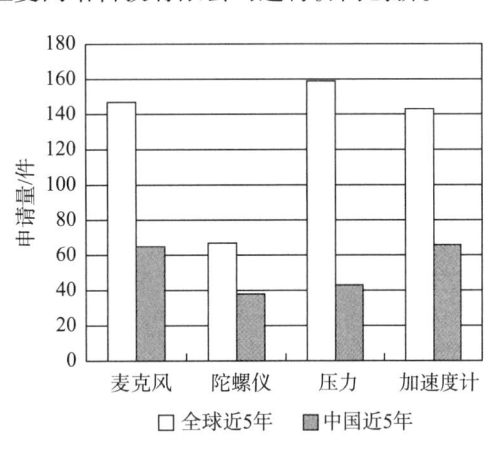

图 6-23　MEMS 传感器近 5 年协同创新各技术分支申请量

在物联网传感器方面，经统计分析全球在电子标签、阅读器、信息安全及应用场景分支技术的专利申请分布情况，排名前六的国家及地区中，除韩国外，其他国家均是应用场景方向专利申请量最多。可见，近些年来物联网传感器应用场景为当前的协同创新热点方向。

第五节　以新进申请人为视角揭示热点方向

新进入者占比较高或者近年申请量占比较高的方向通常是技术研发的热点方向。

本节通过统计 2010—2018 年图像传感器、MEMS 传感器、物联网传感器全球申请量，从中找出该领域的新进入者，并通过分析新进入者的各技术分支的专利申请占比来分析新进入者的热点研究方向。

从表 6-4 统计分析，台积电、上海集成电路研发中心有限公司是持续发力的新进入者，虽然总量未进入前十，但在 2010 年之后的专利申请量位居前十，并且台积电保持在前三的位置，是近年来该领域的重要创新主体。

表 6-4 图像传感器新进入者排名

排名	总量 申请人	申请量/件	2010—2015 年 申请人	申请量/件	2016—2018 年 申请人	申请量/件
1	索尼	2304	索尼	415	索尼	134
2	富士胶片	1571	三星	200	台积电	89
3	松下	1139	台积电	185	三星	60
4	日本电气	856	松下电器	114	半导体软件	42
5	东芝	804	佳能	78	海力士	34
6	佳能	677	富士胶片	66	上海华力微电子有限公司	33
7	三星	614	上海集成电路研发中心有限公司	63	上海集成电路研发中心有限公司	33
8	夏普	463	全景科技	59	佳能	28
9	麦格纳半导体	434	北京思比科微电子技术股份有限公司	56	德淮半导体有限公司	27
10	日立	408	格科微电子（上海）	53	中国科学院长春光学精密机械与物理研究所	25

从台积电和上海集成电路研发中心有限公司两家企业在 CCD、CMOS、CIS 各分支的申请情况来看，这两家作为新进入者代表都对 CMOS 图像传感器投入了大量的研发，而对 CCD 图像传感器研发投入占比最低。这主要是因为在全球图像传感器产业中，CCD 图像传感器大都被日本企业垄断，作为后来进入图像传感器领域的企业，往往在行业转型时，选择最热点领域直接进行大量投入，进而实现弯道超车。目前，CMOS 图像传感器行业是由手机和汽车应用推动的。智能手机摄像头的创新将会继续，尽管该应用的竞争非常激烈。虽然智能手机的应用正处于 CMOS 市场份额的领先地位，但许多其他应用将成为 CMOS 未来增长的一部分。许多公司正在为新兴的更高利润率的成像应用开发芯片，如汽车、安全、医疗和其他领域。这些应用中出现了巨大的机会，推动了新兴供应商和现有供应商的市场和技术工作。这些新兴的机遇正在将移动成像技术推向其他增长领域。由表 6-5 可以看出，三星、LG 等企业在 2010 年以后逐渐淡出 MEMS 传感器市场，博世、意法半导体、楼氏电子依然保持强劲的发展态势，歌尔声学、英飞凌在 2010 年以后逐渐发力，持续增长，2016—2018 年内的专利申请量达到第一名和第二名，凌云半导体、中北大学等是 2016 年以后的新进入者，尤其是凌云半导体，在 2015 年之

前从未进过申请人排名的榜单，2016年之后凭借72件专利申请位列第六。

表6-5 MEMS传感器新进入者排名

排名	总量		2010—2015年		2016—2018年	
	申请人	申请量/件	申请人	申请量/件	申请人	申请量/件
1	三星	567	博世	290	歌尔声学	114
2	博世	452	歌尔声学	283	英飞凌	96
3	霍尼韦尔	440	应美盛	239	博世	85
4	应美盛	323	英飞凌	176	意法半导体	85
5	歌尔声学	308	爱普科斯	172	楼氏电子	73
6	楼氏电子	270	楼氏电子	171	凌云半导体	72
7	英飞凌	265	ADI半导体	149	应美盛	46
8	爱普科斯	264	意法半导体	132	中北大学	33
9	意法半导体	260	硅谷无线芯片设计公司	114	东南大学	31
10	LG	255	霍尼韦尔	112	三星	26

歌尔声学凭借MEMS麦克风打入苹果供应链，成为国际上MEMS麦克风行业的四大巨头之一，并凭借MEMS麦克风的相关专利在2016—2018年成为专利申请量第一。移动终端在近几年依然保持迅猛的发展态势，因此，歌尔声学在MEMS麦克风领域的专利也保持持续发展的态势。

凌云半导体是一家无厂半导体公司，致力于为消费者和工业市场开发模拟和混合信号集成电路，凭借MEMS麦克风相关专利于2016—2018年跃入MEMS传感器全球排名前十。歌尔声学和凌云半导体均集中在MEMS麦克风应用，其市场发展和专利发展表明，在未来的几年，MEMS传感器领域中MEMS麦克风会占据主体地位并在市场和专利方面同时增长。

从表6-6的统计分析可以看出，标"*"的企业是各时期相对于所有物联网传感器专利申请总量排名前十企业的新进入者，中国企业在2016—2018年的申请人中占据了8名，2011—2015年占据了6个，是近年来该领域的重要创新主体。从新进入者在各对比阶段的占比可以看出，该领域技术壁垒不是特别强，技术没有被少数几个企业垄断，技术门槛相对较低，越来越多的中国企业成为该领域的新进入者，这与中国物流行业潜在的巨大市场是匹配的。

表6-6 物联网传感器新进入者排名

排名	2011—2015年 申请人	申请量/件	2016—2018年 申请人	申请量/件
1	北京握奇数据系统有限公司*	94	北京聚利科技股份有限公司*	47
2	深圳市远望谷信息技术股份有限公司*	73	无锡卓信信息科技股份有限公司*	41
3	Impinj Inc.	70	北京万集科技股份有限公司*	32
4	中兴通讯股份有限公司	64	中京复电(上海)电子科技有限公司*	29
5	Electronics and Telecommunications Research Institute	61	重庆微标科技股份有限公司*	27
6	国民技术股份有限公司*	61	Murata Manufacturing Co., Ltd.	27
7	航天信息股份有限公司*	60	上海英内物联网科技股份有限公司*	21
8	Bizmodeline Co., Ltd.	48	Impinj Inc	20
9	Samsung Electro-Mechanics Co., Ltd.	48	华大半导体有限公司*	19
10	深圳光启创新技术有限公司*	48	成都科曦科技有限公司*	19

通过对2011—2015年和2016—2018年排名靠前的新进入者的专利申请进行解读分析，其研发的技术热点为：北京聚利科技股份有限公司主要是电子标签应用在ETC应用方面，北京万集科技股份有限公司主要是电子标签应用在车载应用方面，北京握奇数据系统有限公司主要是电子标签应用于地铁公交及小额支付方面，无锡卓信信息科技股份有限公司主要是医疗、物流等方面的应用，深圳市远望谷信息技术股份有限公司主要是在不同环境和成本要求情况下的阅读器方面的应用，具体如表6-7所示。可以看出现在RFID智能传感器越来越多地向应用方面靠拢，越来越多的企业进入这个领域提供应用方案。

表6-7 新进入者技术热点

新进入者	技术热点	申请量/件
北京聚利科技股份有限公司	ETC应用	47
无锡卓信信息科技股份有限公司	医疗、物流应用	39
北京万集科技股份有限公司	车载应用	32
北京握奇数据系统有限公司	地铁公交及小额支付应用	91
深圳市远望谷信息技术股份有限公司	阅读器	73

第七章 从专利申请看热点技术

第一节 热点技术专利申请趋势

在图像传感器方面，CCD图像传感器技术主要分为线性CCD传感器和面阵CCD传感器。图7-1和图7-2分别展示了线性CCD传感器技术和面阵CCD传感器技术在全球范围内及中国的专利申请趋势。从图7-1和图7-2中可以发现，近20年内，线性CCD传感器技术一直保持比较平稳的发展，而面阵CCD传感器技术则与CCD传感器技术的发展趋势基本保持一致。

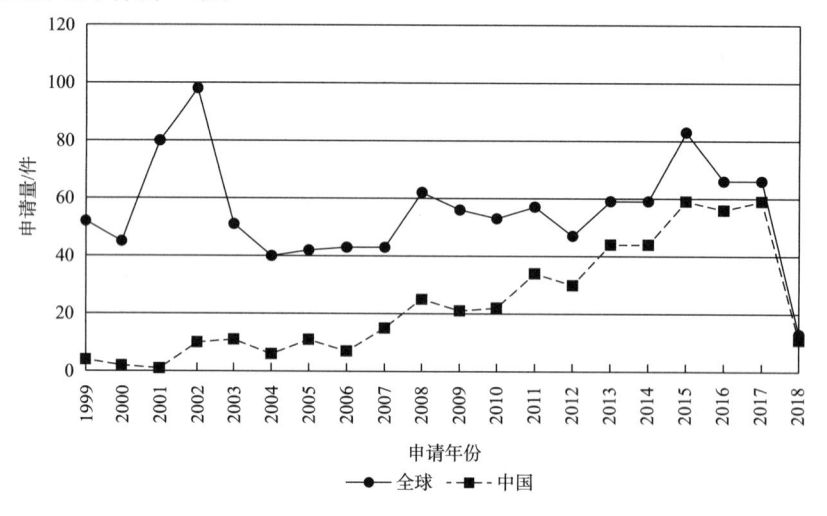

图7-1 线性CCD传感器技术申请趋势

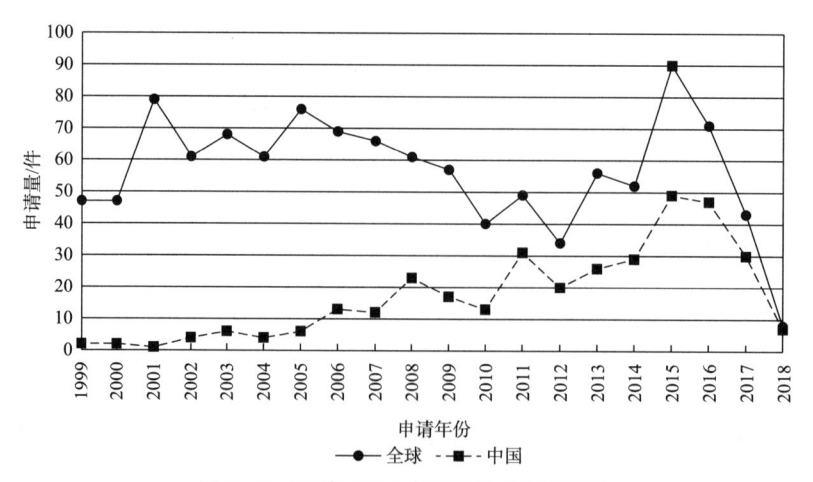

图7-2 面阵CCD传感器技术申请趋势

在线性 CCD 传感器技术领域，日本的佳能、索尼、富士等公司的申请仍然占主导地位，但是国内天津大学、清华大学、北京航空航天大学开始凸显出在该领域的优势。在面阵 CCD 传感器技术领域，主要申请人仍然集中在日韩企业，该领域的重点技术仍然掌握在国外公司手中，国内在该领域的技术创新较少。

线性 CCD 图像传感器和面阵 CCD 图像传感器这两个技术分支在中国的专利申请量近 20 年呈现逐渐增长的趋势。对这两个分支的样本进行统计分析，发现大部分申请主要集中在 CCD 图像传感器在航空航天、工业测量、红外成像、夜视行车记录仪等专业领域的应用。线性 CCD 图像传感器专利申请国内主要集中在以广东为首的珠三角地区，北京，以浙江、江苏、上海为首的长三角地区，以及陕西、天津、四川、河南等地区。主要申请人集中在索尼、松下、三星、佳能等 CCD 图像传感器技术聚集的外国公司，北京空间机电研究所、中科院长春精密仪器研究所、中科院西安光学精密仪器研究所、浙江大学、杭州电子科技大学、天津大学、华南理工大学等高校研究所以及广州欧珀移动通信有限公司等。面阵 CCD 图像传感器专利申请国内主要集中在北京，以上海、江苏、浙江为首的长三角地区，陕西，广州，天津，吉林，湖北和四川等地。主要申请人包括：中科院长春精密仪器研究所、中科院上海技术物理研究所、中科院西安光学精密仪器研究所、北京空间机电研究所等科研院所，天津大学、上海理工大学、清华大学、华中科技大学等高校以及菲力尔系统公司等国外企业。

此外，新型 CCD 图像传感器，也是近年来该领域出现的新技术热点。如电子倍增 CCD（通常记为 EMCCD）、电子轰击 CCD（EBCCD）、增强型 CCD，在图像质量、成像环境要求等方面都具备不同的优点。

在微光摄像技术领域，微光摄像器件不断推陈出新，各种新型器件的申请量也是整体呈现增长的趋势。通过统计分析得出，新型 CCD 图像传感器的专利申请趋势呈现稳步增长态势。

在 CMOS 图像传感器中，从总量上来看，背照式 CMOS 传感器一直高于前照式 CMOS 传感器，背照式 CMOS 传感器明显处于一个技术热点方向。

在 2002 年之前，背照式 CMOS 图像传感器的专利申请量较少，技术属于萌芽期。从 2003 年开始，在索尼的带领下，全球 CMOS 图像传感器的专利申请数量出现了加速增长态势，进入起步阶段，这与索尼在 2004 年进行大量背照式基础专利布局有密切关系。但 2005 年索尼整体经营状况不佳，出现亏损，专利申请数量大幅下降，导致了背照式 CMOS 图像传感器领域专利申请的整体趋势出现波动。2008 年至今，CMOS 图像传感器进入了快速发展期，2008 年索尼推出了全球首款背照式 CMOS 图像传感器，同时应用于其两款数码产品上，引发了业界潮流。多家大型 CMOS 图像传感器生产厂商均开始加大对背照式技术的研发，纷纷推出了背照式产品，此时专利申请呈现快速发展趋势，进入繁荣状态。

在 MEMS 传感器方面，通过对全球 MEMS 传感器的技术构成分析，可得出 MEMS 传感器的技术分支主要可以分为 MEMS 麦克风、MEMS 陀螺仪、MEMS 压力传感器和 MEMS 加速度传感器。

在 MEMS 麦克风技术领域，歌尔声学、博世、楼氏电子、英飞凌的申请占主导地位，国内歌尔声学、瑞声声学在该领域处于绝对优势。歌尔声学的主营业务为微型电声元器件和消费类电声产品的研发、制造和销售，主要产品包括微型麦克风、微型扬声器、蓝牙系列产品和便携式音频产品。歌尔声学是全球 MEMS 麦克风龙头企业，已进入苹果供应链。瑞声科技拥有 1726 项专利，其全球网络的产品和解决方案包括声学、无线射频、振动马达、微摄像头，成为全球最佳微型声学元器件供应商之一。

在 MEMS 陀螺仪技术领域，中国的上海交通大学、美国的霍尼韦尔、韩国三星、意法半导体的申请占主导地位，国内的北京航空航天大学、东南大学、中北大学、哈尔滨工程大学开始凸显出在该领域的优势。

在 MEMS 压力传感器技术领域，韩国三星、现代汽车公司、博世、LG 的申请占主导地位，主要申请人集中在德国、韩国企业，该领域的重点技术掌握在国外公司手中，国内该领域的技术创新较少。

在 MEMS 加速度传感器技术领域，美国的霍尼韦尔的申请占主导地位，主要申请人集中在美国，国内北京航空航天大学和中北大学开始凸显出在该领域的优势。

图 7-3 为麦克风、陀螺仪、压力传感器、加速度传感器在中国专利申请的趋势。2000—2011 年我国申请人的相关专利数量仅为 300 件，而且这 300 件专利中包括了 50 件实用新型，到 2011 年，我国申请人的相关专利数量已经由 300 件增长到了 998 件，且这 998 件专利中仅包含了 110 件实用新型，发明所占的比重大大增加。并且由图 7-4 可以看出，陀螺仪专利申请的技术方向不再集中在某个领域，而是均匀分布在陀螺仪的各个技术分支上。因此，从 2011 年以来，我国陀螺仪相关的专利申请已逐步步入正轨，各申请人对于陀螺仪研发成果的保护意识和专利布局意识也逐步成熟，适合将相关研发成果转化为应用并创造价值。

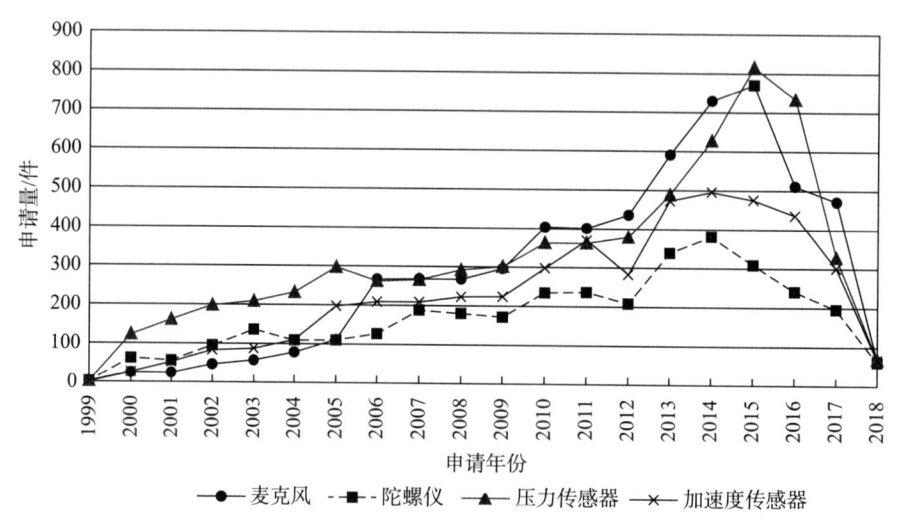

图 7-3 MEMS 各技术分支中国专利申请趋势

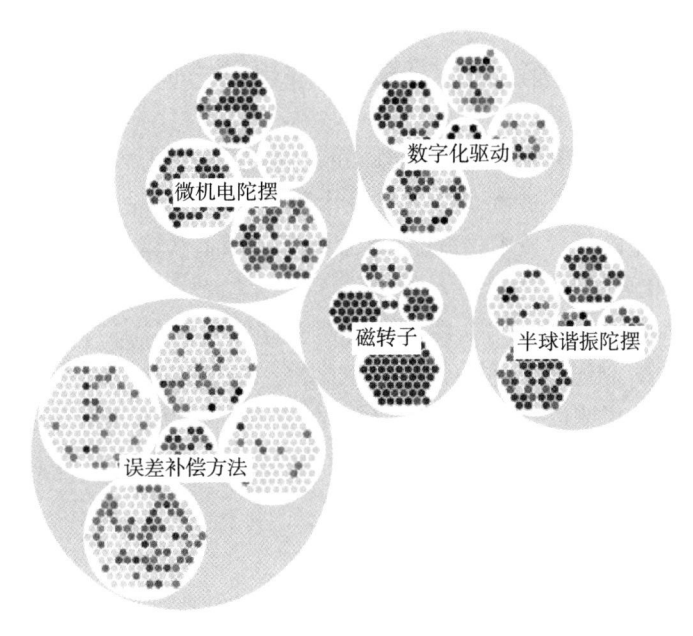

图 7-4 陀螺仪专利申请技术聚类

在国内各省市中,申请量占据前列的省市依次为北京、上海、江苏、陕西、黑龙江,天津以 0.46% 的申请占比仅位于全国第 19 位。经过统计分析,占据前列的 5 省市的总申请量占国内申请人申请总量的 68.08%。可见,在 MEMS 领域,国内在上述 5 省市的研发分布比较集中,特别是北京和上海的申请量分别占了总申请量的 22.34% 和 19.33%,可见在北京和上海地区,MEMS 相关研发较为活跃。

而在物联网传感器方面(如表 7-1 所示),从专利申请总量来看,电子标签和应用系统专利申请量最多,是重要的发展方向。2011—2017 年,在应用系统领域中,中国的申请量高达 12626 件,远高于其他主要各国申请量的总和。因为对于中国物流业、交通运输行业的发展,物联网是主要的技术依托,而 RFID 制造成本随着制造工艺的成熟在逐步降低,物联网传感器在更多的领域得以应用推广。

表 7-1 物联网传感器细分领域的专利申请量　　　　单位:件

技术分类	国外主要国家申请趋势				中国申请趋势			
	总量	1960—2000 年	2001—2010 年	2011—2017 年	总量	1985—2000 年	2001—2010 年	2011—2017 年
电子标签	7787	379	5037	2371	5932	6	1199	4727
阅读器	2466	77	1616	773	1113	1	275	837
信息安全	6409	398	3556	2455	4438	26	1365	3047
应用系统	14408	2576	7125	4707	15621	158	2837	12626

第二节 技术演进热点方向

技术演进通过重点专利来推进，因此，可以通过分析核心专利的发展构成来分析技术演进的热点方向。而核心专利可以通过技术稳定性、技术先进性和保护范围予以考核。本书参考技术稳定性、技术先进性和保护范围对所有检索出的相关专利进行评分排名，将排名前1500名的专利视为核心专利。

分析发现（如图7-5所示），图像传感器全球核心专利从1995年开始飞速增加，到2005年达到巅峰，与全球专利申请趋势相比较，2005年前全球在该领域的专利申请量也是呈增量态势，说明以核心专利为基础的外围专利布局在逐渐开展。2005年之后，图像传感器核心专利申请量呈现下滑，说明该领域核心技术实力较为雄厚。

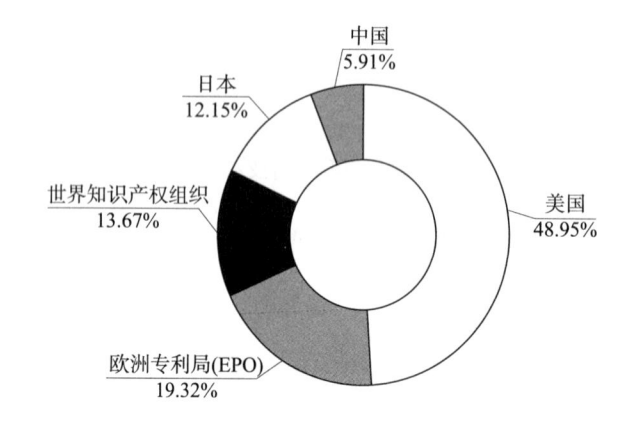

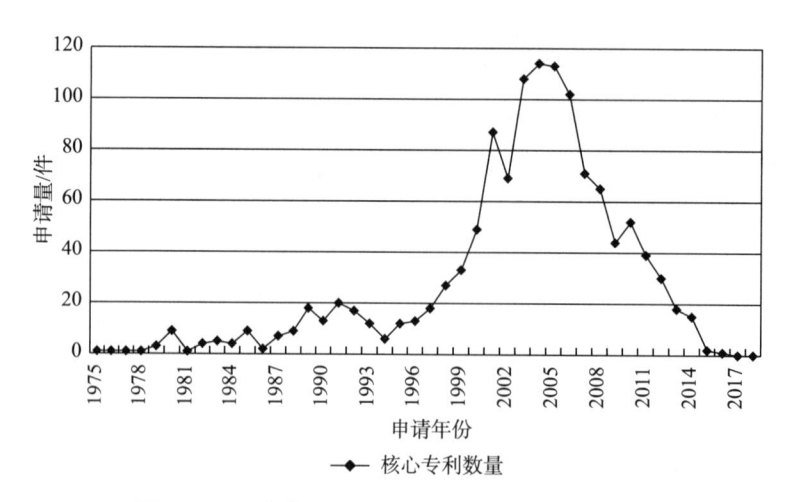

图7-5 图像传感器核心专利申请趋势及区域分布

从核心专利区域分布情况来看，美国核心专利占比最高，说明美国注重核心技术的研究和投入，并重视在全球的专利布局。其次是欧洲、日本和中国，他们也是专利申请大户。而韩国作为该领域的专利申请大国，核心专利却明显不足。

图7-6展示了由核心专利构成的CCD图像传感器和CMOS图像传感器的技术发

展路线，其中，核心专利依据专利自身的引证和被引证数量而来。从中可以看出，CCD 图像传感器的技术演进主要分为两个分支：线阵 CCD 图像传感器和面阵 CCD 图像传感器。

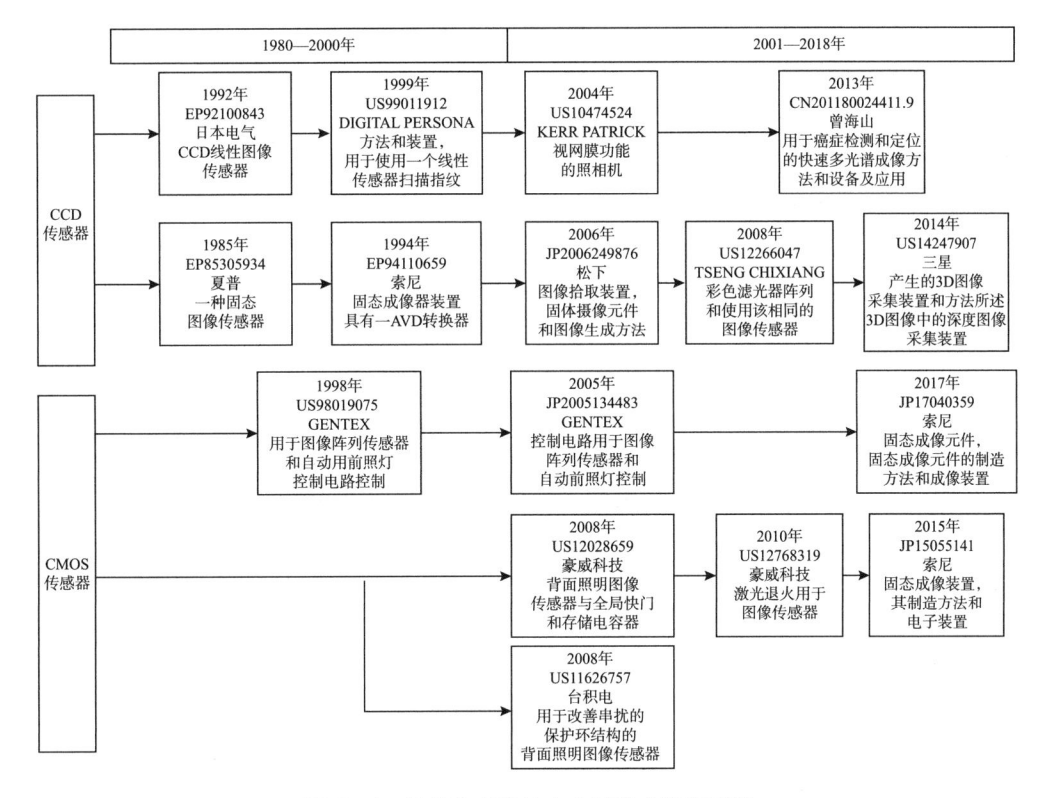

图 7-6　图像传感器核心专利技术演进路线

线性 CCD 图像传感器发展早期，主要关注传感器结构，如日本电气公司在 1992 年申请的发明专利 EP92100843，提出了一种 CCD 线性图像传感器，CCD 线性图像传感器包括一个直线排列的光电传感器阵列单元和一对设置在所述直线排列的光电传感器阵列单元的两侧的 CCD 移位寄存器。在此之后，线性 CCD 图像传感器的发展主要集中在应用，如 US99011912 将线性图像传感器应用于指纹扫描，US10474524 将线性图像传感器应用于视网膜功能的照相机，CN201180024411.9 将线性图像传感器应用于癌症检测。

面阵 CCD 图像传感器由黑白图像向彩色图像，再到 3D 图像方向发展，3D 图像是未来发展的重点，如 TSENG CHI XIANG 在 2008 年提出了一种使用相同的彩色滤光器阵列和图像传感器。2014 年三星提出了一种三维（3D）图像采集方法。

同时，CMOS 图像传感器技术主要是从前照式向背照式结构演进，如 1998 年 GENTEX 公司提出了一种用于图像阵列传感器和自动用前照灯控制电路控制，该发明的一个重要贡献是可以相当容易和有效地配置在 CMOS 以及相对少的输出管脚。2008 年豪威科技提出了一种固态成像元件，包括固态成像元件的制造方法和成像装置，该发明的目的是减小光学噪声，提高背照式 CMOS 图像传感器中的图像质量与具备全局快门功能的图像传感器。2008 年台积电提出了一种用于改善串扰的保护环结构的背面照明图像传感器，该专利提供了一种背面照明的半导体装置，从结构上对背照式传感器进行了改进。2015年索尼公司提出了一种固态成像装置，包括其制造方法和电子装置，同样是对背照式传感器的结构进行改进，该发明涉及一种彩色滤光片及多个连接单元区形成在传感器基板上。

在MEMS传感器方面（如图7-7所示），2000—2007年为缓慢成长期，尤其是汽车电子的快速发展，推动了MEMS传感器应用市场的不断扩大。博世公司作为MEMS专利大户，其申请的陀螺仪、加速度计等MEMS制造方法与其他如精工爱普生、意法半导体申请的多项专利都能广泛用于汽车制造上。2008—2014年为稳步攀升期，这一时期MEMS传感器在汽车领域的应用已基本达到饱和，同时在医疗电子和消费电子领域的应用还处于起始阶段。陀螺仪和加速度计的结合应用在这一阶段形成惯性传感器的使用，在手机中的申请稳步增长，同时飞思卡尔申请的医疗领域使用的MEMS传感器也崭露头角。2015—2018年为快速发展期，这一时期的快速发展得益于消费电子市场对MEMS传感器需求量的快速增长。目前，消费电子市场已经成为MEMS传感器最主要的应用领域，未来的需求量依然会按照目前的速度不断增加，尤其像三星、应美盛等移动通信企业针对手机、游戏机、平板电脑等移动终端的专利申请进一步显著增加。

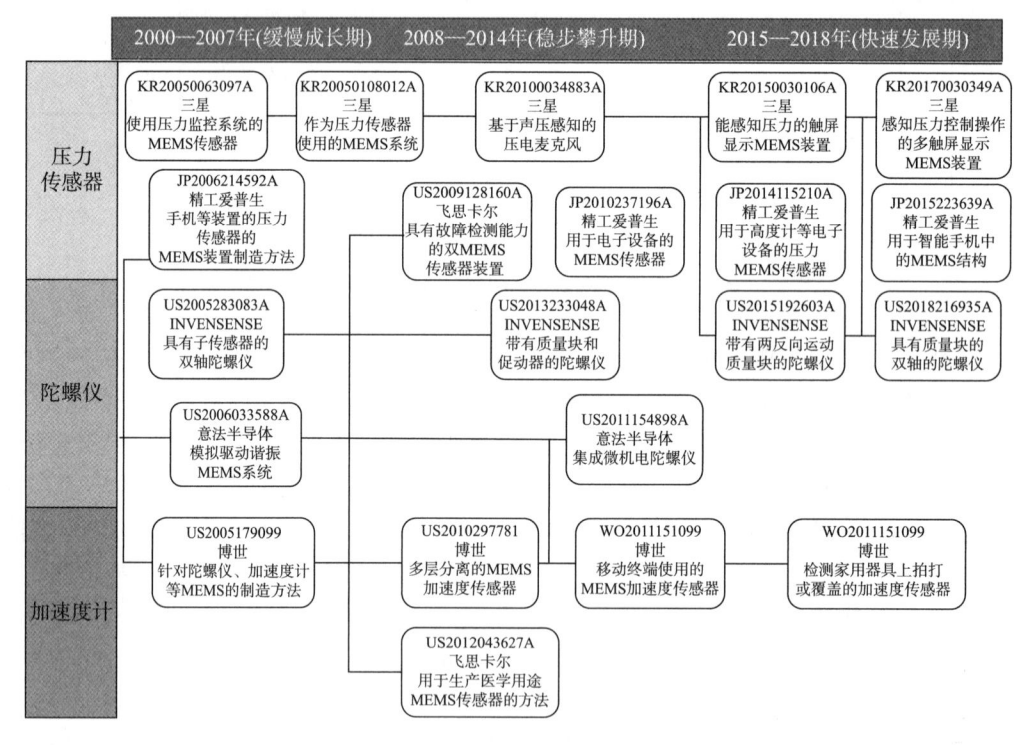

图7-7 MEMS核心专利技术演进路线

从核心专利区域分布来看，中国拥有的核心专利最多，占总体核心专利的56.59%，其次是美国，占总体核心专利的30.89%（见图7-8）。由于MEMS技术竞争越来越激烈，更多的申请人通过区域申请（如EP申请）或国际申请（WO）以更加简单的申请途径获得更多的专利保护地域。因此，区域申请及国际核心专利申请占比增长也较为明显。从申请人排名看，意法半导体、北京航空航天大学、歌尔声学、瑞声声学、博世、NXP股份、霍尼韦尔、高通等拥有MEMS核心专利的申请人排名靠前，其中中国的北京航空航天大学、歌尔声学、瑞声声学凸显了其拥有核心专利的绝对优势，中国与国外拥有核心专利量旗鼓相当。从专利申请总量排名情况来看，中国的专利申请总量排名全球第一，在核心专利申请人排名中，中国的申请人北京航空航天大学、歌尔声学、瑞声声学分别排名第二、第三、第四。这一方面说明中国企业核心技术创新能力已经与世界接轨，另一方面也说明中国企业在国外具有良好的专利布局。

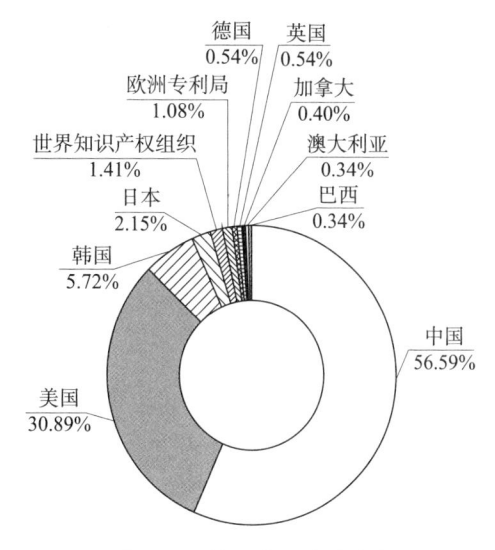

图7-8 核心专利地域分布

通过分析核心专利全球技术构成，可以了解技术的重点发展方向。本书共筛选出国外核心专利659件，中国核心专利841件，其中陀螺仪，微观结构的装置、制造或处理微观结构的装置以及麦克风涉及的核心技术最多，分别达263件、251件和236件。在MEMS细分领域中，陀螺仪、MEMS硅麦克风、压力传感器、加速度传感器、RF MEMS、MEMS惯性传感器等核心专利也较多，这些技术分支可能是本领域国内外研发重点方向。而在中国细分领域中，陀螺仪传感器核心专利布局较多，且遥遥领先，而且麦克风、扬声器、传声器、唱机拾音器或其他声—机电传感器、助听器、扩音系统、加速度计的核心专利布局也很多，因此这些技术分支也是本领域中国研发的重点方向。

在物联网传感器方面，技术领域经历了技术萌芽期、快速发展期、稳定期，2001—2007年是物联网传感器技术产业结构发生变革的时期。2008—2016年反映了全球产业结构的最新调整方向，2001—2007年各分支技术发展迅速，其中电子标签申请量位居各分支技术第一位。随着技术的发展，电子标签和阅读器技术趋于成熟，应用场景成为研发的主要方向和热点方向。表7-2也充分显示了物联网传感器领域产业结构的发展变化，应用场景成为当前主流发展方向。通过分析核心专利可以看出各技术的技术演进路线，如图7-9所示。

表7-2 全球物联网传感器技术热点演进方向　　　　　　　　　单位：件

技术热点	总申请量	2000年	2001—2007年	2008—2016年	2017年至今
电子标签	13113	190	3421	8300	1202
阅读器	5801	109	2101	3325	266
信息安全	9201	130	2383	5804	884
应用场景	21314	224	3377	14689	3024
合计	49429	653	11282	32118	5376

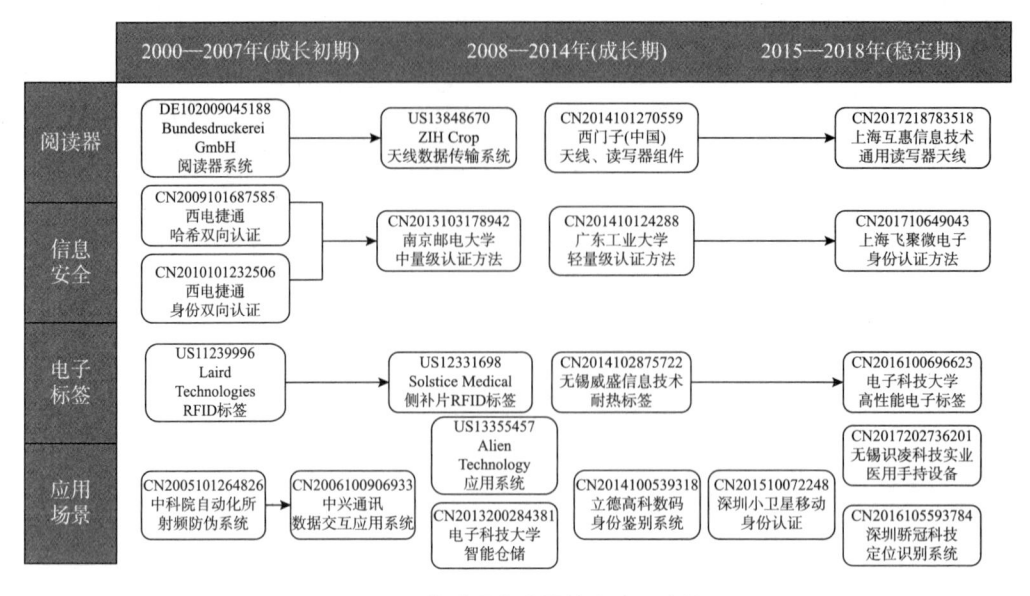

	2000—2007年(成长初期)	2008—2014年(成长期)	2015—2018年(稳定期)
阅读器	DE102009045188 Bundesdruckerei GmbH 阅读器系统	US13848670 ZIH Crop 天线数据传输系统 → CN2014101270559 西门子(中国) 天线、读写器组件	CN2017218783518 上海互惠信息技术 通用读写器天线
信息安全	CN2009101687585 西电捷通 哈希双向认证 / CN2010101232506 西电捷通 身份双向认证	CN2013103178942 南京邮电大学 中量级认证方法 / CN201410124288 广东工业大学 轻量级认证方法	CN201710649043 上海飞聚微电子 身份认证方法
电子标签	US11239996 Laird Technologies RFID标签	US12331698 Solstice Medical 侧补片RFID标签 / CN2014102875722 无锡威盛信息技术 耐热标签	CN2016100696623 电子科技大学 高性能电子标签
应用场景	CN2005101264826 中科院自动化所 射频防伪系统 / CN2006100906933 中兴通讯 数据交互应用系统	US13355457 Alien Technology 应用系统 / CN2014100539318 立德高科数码 身份鉴别系统 / CN2013200284381 电子科技大学 智能仓储 / CN201510072248 深圳小卫星移动 身份认证	CN2017202736201 无锡识凌科技实业 医用手持设备 / CN2016105593784 深圳骄冠科技 定位识别系统

图 7-9 物联网传感器技术演进路线

第三节 核心专利揭示热点技术

核心专利可以通过同族专利数量、引证数量、保护范围、诉讼状态等几个方面予以综合考量。本书参考同族专利数量、被引证数量、引证数量、保护范围等对所有检索出的相关专利进行综合评价，通过对权利要求进行阅读评判，对核心专利的可靠性进一步把关。

索尼生产图像传感器多年，经历了由 CCD 向 CMOS 转变的大潮，也经历了整个行业的波动发展，其在行业的发展势头依旧强劲，领军地位日益凸显。这与其技术路线的发展和调整是密切相关的，本节主要从索尼的核心专利的演进中寻找索尼的技术优势和未来方向。

如图 7-10 所示，索尼的第一代产品技术主要以专利 CN1734778A、JP2005278135A 为代表，CN1734778A 提供了一种固态拾取设备，其模数转换装置设置在每一列中，将由行扫描装置选择性控制的行中的单元像素输出的模拟信号转换为数字信号。最后，通过相加在多个单元像素获得数字信号。这样的结构增加了帧速率，同时防止了灵敏度的降低。第二代产品技术主要以专利 JP2003324189A 为代表，JP2003324189A 提供了一种固态图像拾取设备，其在布线时使用铜线替代铝线。该技术利用了铜线优于铝线的诸多优点，能够减少整体的厚度。这也可以适应高密度设计和缩小尺寸的需要。第三代产品技术主要以专利 JP2005311015A、JP2007184311 为代表，在这两件专利申请中，固态图像拾取设备不仅在布线中使用铜线代替铝线，而且可以实现对厚度和形状的进一步需要。另外，还可以形成铜防扩散膜，以调整因为多线层结构折射率不同而造成的光吸收的差异，减小了铜制布线本身的厚度。第四代产品的技术以专利 JP2006073682 为代

图 7-10 索尼产品迭代示意

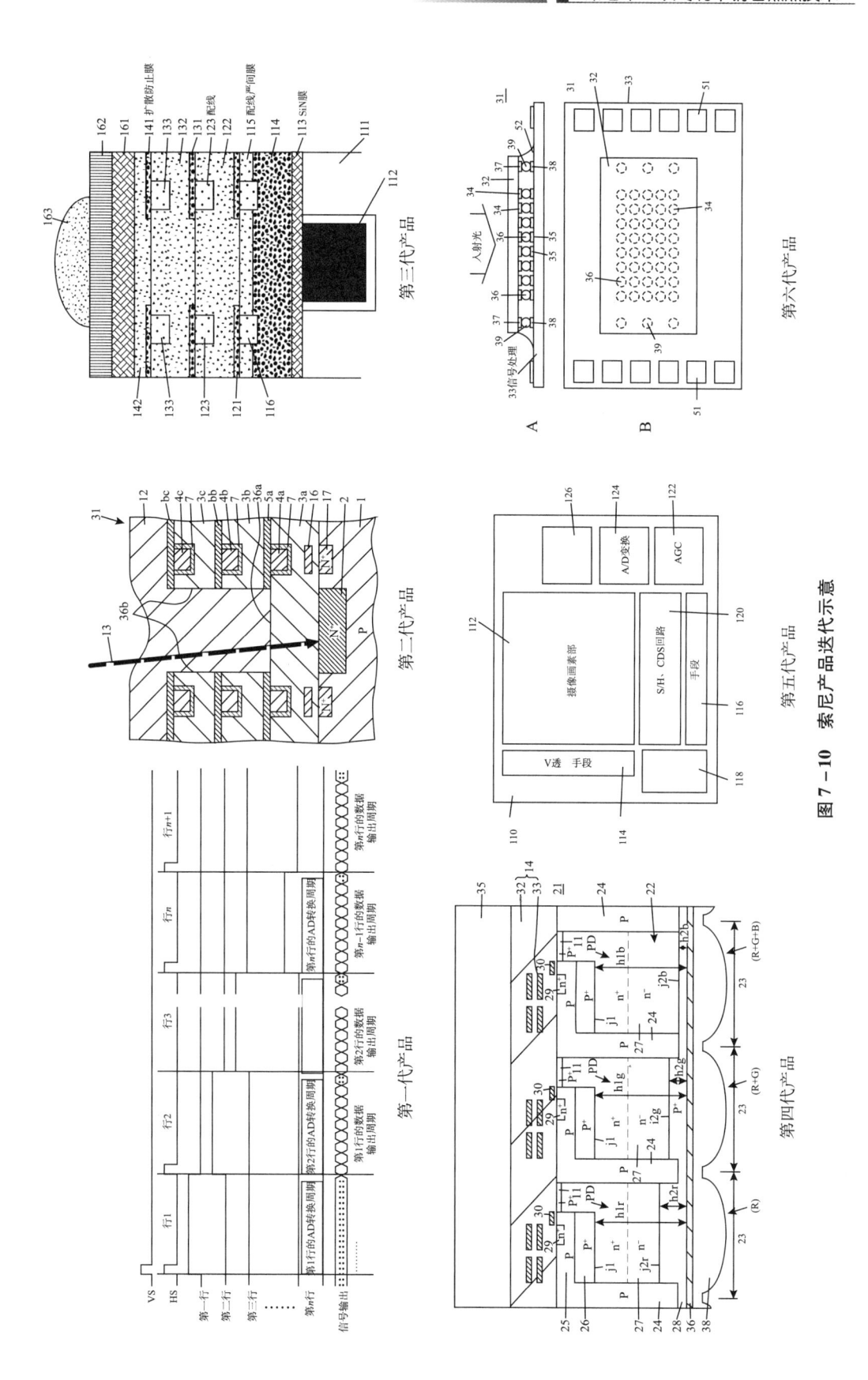

表，JP2006073682 提供了一种背照式固态成像装置，具体公开了改变 PN 结构深度的结构，像素通过调节光电转换元件和在光入射表面一侧上的积累层之间的 PN 结构的深度来使特定波长或更长波长的光被光电转换。这种设计加强了近红外等长波的长光吸收，使得光电转换效率得以改善，拓展了传感器的感光范围，提升了灵敏度。第五代产品的技术以专利 JP2003273343 为代表，JP2003273343 首次提出了背照式的结构，随后索尼持续对背照式技术进行改进。直到 2008 年 6 月，索尼发布了世界首款背照式 CMOS 图像传感器，引起了行业巨大关注，从此，背照式 CMOS 图像传感器迅速发展。第六代产品的技术以专利 JP2006049361 为代表，JP2006049361 中使用有信号处理电路的芯片替代了传统背照式的支持基板，在芯片上重叠形成背照式的像素结构，这样的结构能够实现在较小的芯片尺寸上形成较大量像素点的工艺。另外，像素和处理电路分别独立，能够进行高画质质量和高处理速度的优化。

以上分析可以看出索尼的前瞻性，索尼首次提出申请背照式 CMOS 图像传感器的时间是 2002 年，在随后的 6 年中，其并未推出对应的背照式产品。然而，索尼并没有放弃对背照式的研究，在后续的几年中索尼一直在对背照式图像传感器进行专利布局。直至 2008 年，随着工艺水平的提高，索尼成功推出背照式 CMOS 图像传感器产品，由此可以看出索尼在产品规划时就开始专利布局，在市场中为产品保驾护航。

MEMS 传感器涉及设计、加工、测试、封装、装配等关键技术，在其全球专利申请中，有关压力传感器、加速度计、陀螺仪的专利申请占比较大，是 MEMS 传感器的研究重点及热点。

对 MEMS 压力传感器来说，随着人们对 MEMS 压力传感器微型化的要求越来越高，纳米技术被引入 MEMS 压力传感器中。如江苏大学申请的专利 CN101922984A 提出了一种纳米硅薄膜四岛 - 梁 - 膜传感器芯片及其制备方法，纳米制造概念公司申请的专利 CN103229034A 提出了一种微型压力传感器，通过使用纳米粒子实现了灵敏度高同时体积小的传感器。

微陀螺仪专利申请主要包括结构、信号检测及补偿电路等方面。如中国兵器工业集团第二一四研究所苏州研发中心申请的专利 CN104390637A 提出了一种小型化耐高过载数字式 MEMS 陀螺仪传感器，提高了陀螺仪的调试效率。微陀螺仪的信号检测以及误差补偿是需要重点关注的技术，由于微陀螺仪产生的信号非常弱小，因此如何将有用信号从强噪声背景下提取出来变得十分重要。如北京航空航天大学申请的专利 CN101158588A 提出了一种基于集成神经网络的微小卫星用 MEMS 陀螺仪误差补偿方法，通过对微小卫星 MEMS 陀螺仪直接进行误差补偿，减小了精确标定过程中误差系数间的耦合，有效地提高了标定精度。目前，还出现了仿生陀螺仪的专利申请，这将成为陀螺仪的新技术研究方向。如上海大学申请的专利 CN103963074A 提出了一种基于柔索驱动并联机构的三自由度仿生眼睛平台，可以通过陀螺仪和拉力传感器实现闭环控制，从而获得较高的定位精度，柔索的张力可调节、可测量，整个机构的力分布合理，整体刚度可调。

针对 MEMS 加速度计来说，由于高加速度所引起的过载会对悬臂梁产生损伤，因此如何防止损害是关键技术，如中科院冶金所申请的专利 CN1337581A 提出了一种曲面贴合过载保护的硅微加速度传感器及制造方法。硅微压阻式加速度计在温度范围较大的环境会产生更大的测量误差,因此对硅微加速度传感器温度特性的改善方法非常重要,如中北大学申请的专利 CN101430340A 提出了一种能降低温漂的硅微压阻式加速度传感器。基于上述分析,MEMS 加速度传感器的研究热点主要集中于防止损害、抑制温漂、悬臂梁设计与制作以及提高集成度等。

针对物联网传感器,从技术领域核心专利近 10 年的占比情况看(如表 7-3 所示),国外近 10 年占比最大的是信息安全,其次为电子标签、阅读器、应用系统;而中国近 10 年的占比从大到小依次为信息安全、电子标签、应用系统、阅读器。这说明信息安全可能是本领域研发热点方向。

表 7-3 物联网传感器核心专利技术分布

技术领域	国外主要国家申请现状		中国申请现状	
二级分支	总量/项	近 10 年占比/%	总量/项	近 10 年占比/%
电子标签	910	36	215	33
阅读器	290	11	46	7
信息安全	1132	44	246	38
应用系统	232	9	144	22

综合来看,物联网传感器产业重点技术方向为信息安全,电子标签次之;从研发热点上来看,中国的研发热点在向着应用系统转移。

在电子标签技术方面,2000 年由日本公司申请的 US09639753,为了解决非接触式 RFID 中假负载的设置和复位释放电压涉及外部因素,缺乏通用性,难以保证最大工作电压的范围的缺点,其做出如下改进:通过诸如间歇负载操作之类的装置使用动态阻抗变化来与 ISO 10536 和 ISO 14443 中定义的外部设备通信。该发明有效降低了 RFID 的成本,扩展了其通用性。2015 年,美国提出了一项专利申请:一种具有升压电路结构的 RFID 电子标签,对应于单位升压电路的输出端子或连接到节点的晶体管的栅极的节点通过自举操作提升电压,使得对应于与晶体管的阈值电位基本相同的电位的降低可以防止单元升压电路的输出电位降低,有效扩展了功能。

在阅读器技术方面,排名靠前的山田尖端科技株式会社公开的申请号为 CN201110147712.2 的专利申请,公开了一种 RFID 标签、非接触馈电天线部件制造方法及金属模,通过将天线部树脂封固在固定位置上以防止天线部的变形和外部露出,以此提供高性能的 RFID 标签、非接触馈电天线部件及它们的制造方法。VTT 技术研究中心公开的申请号为 CN201080041365.9 的专利申请,公开了一种用于 RFID 应答器系统的天线结构,通过天线的集成部分、电容式阻抗变换器形成从发射器到微芯片的共轭阻抗匹配,使得能够通过使用电容式阻抗变换器来实现磁偶极子天线与微芯片之间的极好的共轭阻抗匹配。

在信息安全方面,对于专利 CN200780020879.4,韦里斯恩有限公司提出了一种利用复杂性低的装置提供认证和保密的方法和设备。该发明在复杂性低的装置中提供用于安全认证、保密以及匿名的密码协议的方法和设备，采用椭圆曲线密码（EEC）提供认证，更具体的是使用公/私密钥对的椭圆曲线加密过程，使用基于 Diffie – Helman 的机构以得到标签标识符的加密密钥，并利用该密钥加密该标签标识符来完成加密，生成动态的随机数来产生加密密钥。

在应用场景方面，物联网传感器的专利申请量在几个重要分支中占比最高，全球专利申请量占比 48.1%，通过梳理几个阶段物联网传感器技术在应用场景的重点专利来揭示物联网传感器的重点发展方向。中兴通讯股份有限公司申请了一种基于射频识别实现数据交互的血液包装装置及系统，为了对血液采集整个过程进行追溯和防伪，血液包装袋的外包装附着有源标签，用于使用区域内进行射频识别通信，该发明可以对血液采集、运输、存储、使用整个过程的环境进行监测；完成血液的回溯追踪和防伪。该专利被引证 8 次，且被转让给天津中兴智联科技有限公司。物联网传感器在应用方面重点专利侧重物流仓储和医疗领域，通过物联网传感器技术实现追溯、监控和防伪的功能，在物联网的大环境下，向智能化迈进。

第八章 智能传感器重要创新主体

第一节 博世

自 1995 年以来,博世(Bosch)出售的 MEMS 传感器数量达 95 亿颗。博世是智能传感器领域最重要的创新主体之一,全球 3/4 的智能手机用的传感器都来自这家叫博世的德国企业。如今,随着互联网向制造业、家电、汽车等各行各业渗透,博世开始将传感器用于整个物联网世界。

20 世纪 60 年代末,博世开始制造用于燃油喷射系统的机械式压力传感器,并从 70 年代开始制造用于防污染系统的氧含量(LAMBDA)传感器。1987 年,开发下一代更智能的机械式传感器在博世成功立项。当时,出于舒适和安全的考虑,也为了符合北美洲和欧洲等市场对污染的严苛规定,全世界汽车制造商都在寻找将越来越多的电子特性集成至模组中的方式。博世也因此踏上了挑战之路。微机电系统(MEMS)的第一波大规模生产要追溯到 1995 年。当时的传感器尺寸比今天的大得多,主要用于汽车安全和舒适系统,在发动机管理软件的运行中也起着重要的作用,之后用于电源驱动辅助系统,如防抱死系统和电子稳定控制。值得一提的是,MEMS 传感器会告诉车载计算机在发生碰撞时是否打开气囊。被称为"博世工艺"的等离子刻蚀技术的问世,使大规模生产成为可能。汽车工业意外地发现比樱桃核的 1/4 还小、还薄的 MEMS 器件竟然驱动该行业成为科技革命的核心。

20 世纪 90 年代,随着传感器功能越来越强大、尺寸越来更小,市场需求也在增长。精明的工程师萌发了将传感器技术应用到汽车行业之外的想法。一切显得非常完美:SUV 市场繁荣起来了,传感器技术在我们日常生活的方方面面都获得了立足点,包括工作、教育和娱乐。

博世的传感器产品系列包括加速度计、陀螺仪、磁力计和环境传感器。第二波 MEMS 传感器热潮是在 21 世纪初,虽然汽车仍然使用 MEMS 传感器,但在各种各样的消费电子产品中,包括智能手机和平板电脑,也出现了 MEMS 传感器。例如,用于室内导航以提供高精确度的数据。电影《蜘蛛侠:回家》里的"小蜘蛛无人机"配备了博世的惯性测量单元,电影《星球大战》里的绝地武士 Luke Skywalker 的电子光剑使用的是博世的加速度计,Manus VR 手套则采用了博世的磁力计和传感器中枢。如今,博世出货的 MEMS 传感器中,有 3/4 是面向消费电子市场。科技的发展速度如此之快,以至于下一轮演进并未花费太长时间。当前的传感器浪潮出现在 2005 年前后,比起"前辈",传感器变得更小更强大,可以被连接在巨大的物联网(IoT)网络设备中,开始出现在智能城市设备(如博世的气候监测系统)、智能手机、无人机等。当然,传感器还继续应用在汽车领域,而且在可预见的未来还将继续存在。

博世的创新传感器技术项目负责人 Reinhard Neul 称:"在自动驾驶领域,我们目前正在开发新的角速率传感器,结合额外的惯性传感器、激光雷达和卫星导航,全面收集车辆的相关数据。由此,控制系统能实时感知车辆和其他道路使用者的位置和运动,并且可以相应地对这些信息做出反应。"据麦姆斯咨询报道,目前,博世每天制造的传感器大约是 450 万个,随着需要连接物体的数量增长,预计这个数字将继续膨胀。从汽车安全气囊开始,发展到如今的智能手机,MEMS 传感器已经走过很长的道路,如今在办公室、衣服口袋、房间的每一个角落里都有其身影,已成为人类生活中不可或缺的器件之一。

博世 2020 年业绩报告显示,其在华累计销售额为 1173 亿元,同比增长 9.1%,是博世全球业务中增长最快的市场。中国市场的强劲表现正是源自互联技术的应用深度,包括汽车的智能化浪潮、移动互联网的繁荣、智能城市和工业 4.0 的推进等。

博世集团旗下拥有汽车和交通业务、消费品业务、能源与建筑技术业务以及工业技术业务四大板块。虽然业务繁多,但是博世的宗旨十分明确,就是抓住技术壁垒最高的部分。博世于 2017 年 5 月初出售旗下的起动机和发电机子公司,正是因为该市场的竞争激烈,而博世并无核心技术。

但是在未来物联网市场,博世的技术基础和优势则无疑已经奠定。这个基础正是博世的 MEMS 传感器技术。

MEMS 传感器在 1990 年就开始在汽车领域进行应用,但到 2006 年各种 MEMS 传感器才逐渐渗透到消费电子产品,如加速度计、陀螺仪、地磁传感器、气压传感器、环境传感器等。

而博世做 MEMS 传感器的时间节点与这两波潮流基本吻合。1995 年博世首次量产 MEMS 传感器,2005 年成立了 Bosch Sensortec 公司,专注智能手机等消费电子领域。在 MEMS 传感器方面,博世拥有超过 1000 项 MEMS 的相关专利,从 MEMS 的设计到制造,都是博世自有技术。

在未来的物联网项目中,无论是智能城市,还是无人驾驶、智能家居,通信技术只是解决了 IP 地址分配和联网,但是如何让这些产品和硬件围绕用户构建起使用场景,这恰恰是传感器的用武之地。据有关资料显示,自 1995 年以来,博世一直是 MEMS 传感器领域的先驱和全球领导者,迄今为止,已售出超过 150 亿颗 MEMS 传感器。它的应用领域不仅包括目前热门的智能手机市场,而且在可穿戴设备、智能驾驶、智能家居以及工业 4.0 等各个领域也有渗透。

这意味着博世在未来的整个物联网大生态下提前布局了自己的数据入口,而在此之上,博世的软件和服务则开始逐渐聚拢。

据了解,博世已经上线了智能家居的会员体系,以此打通所售家电的数据信息;此外,博世也已经开始在德国的计算中心筹备自己的物联网云计算网络;而在不久前,博世也宣布未来 5 年将投资 3 亿欧元,成立人工智能研究中心,为安保、智能驾驶等行业的计算需求赋能。博世已经让一台一百多年的机床接入了物联网(IoT),目前博世旗下的硬件互联程度已经达到了 50%。

为推动互联战略的发展,博世也是做好了全方位的准备。博世家电全新大中华区研发中心于南京奠基,该研发中心将主要关注互联、智能家电、工业4.0智能制造等核心领域。而为了扩大家电的品牌影响力,博世也与天猫进行了合作,并且正式推出了天猫品牌官方旗舰店。以此为契机,博世与阿里未来也将在物联网、大数据、云计算及人工智能等领域进行合作。

除了注重家电这块消费业务,2017年4月,博世也对汽车电子业务的投入进行了强化,宣布其汽车电子事业部位于武进的新工厂正式投入使用,将为中国市场提供汽车自动驾驶和互联领域的电子产品与服务。2017年5月,博世热力技术与万和集团的合资工厂也在佛山正式开业,致力于推进热水器领域的互联和智能化发展。

在博世2016年的业绩表上,汽车业务毫无悬念占据了最大比重,成为博世业绩增长的主要驱动力之一,仅辅助驾驶业务就为博世带来了10亿欧元的销售额。

但是自动驾驶和新的动力能源也在催动博世的汽车和交通业务进行升级。

在硅谷,博世收购了固态电池公司SEEO,希望在未来的动力技术上占取先机;同时,在共享汽车方面,博世也进行了布局,希望将自家传感器应用到新兴的出行市场。但是能将博世的"传感器、软件和服务"战略进行最全面应用的,则无疑是智能驾驶技术。这方面,博世拥有传统的动力和控制技术沉淀,也在传感器和计算方面进行了明确的部署。

例如,在传感器方面,博世拥有中央预控制器、单双目摄像头、毫米波雷达等;在互联方面,博世已经与国内的通信巨头华为进行合作,推进LTE车联网通信标准的研发;在自动驾驶大脑方面,博世也与英伟达结盟,借助英伟达的Driver PX AI平台加码自动驾驶的计算能力,同时博世也在部署自身的芯片研发;而在自动驾驶的定位方面,博世也推出了"博世道路特征"云平台,用以对接国内的百度、高德和四维图新三大高精度地图厂商,借助博世摄像头和毫米波雷达百万级的装车量,让高精地图实现众包生产。

但是在智能驾驶的落地计划表上,博世则明显表现出了比主机厂和其他友商更保守的态度。博世自动驾驶相关负责人表示,博世计划在2018年实现SAE(美国汽车工程协会)Level 2的商业化应用,2020年实现SAE Level 3的商业化应用,2025年才会实现更高级别的自动驾驶商业化应用。在执行方面,博世通过ESP(车身稳定系统)、EPS(电控转向系统)以及iBooster(电子刹车助力泵)组成冗余设计。但是在传感器的冗余方面,除了摄像头和毫米波雷达,激光雷达也是冗余方案设计之一,而对于目前市面上的量产激光雷达,博世自动驾驶产品相关负责人表示,将要量产和未量产的都不符合车规级以及博世的应用要求。

激光雷达不仅要在温度和震动等指标上满足一定的标准,同时发射的能量与功耗之间也要取得平衡,不能伤害人眼,但也要满足相应的探测需求。鉴于此,博世将主要精力投入自研发当中,目前德国的研发中心已经在着手激光雷达的研发。

除了系统设计,政策环境不同也造成研发节奏脱节。据媒体了解,博世正在德国进行L3的研发,而且与戴姆勒在合作L4-L5的自动驾驶研发,预计在2022年推出。博世在国内主要推动的是L2及以下的研发及应用,目前与百度基于Jeep自由侠进行改装,进行L2.5的自动驾驶技术研发,已经累计测试上万千米。未来面临的难题,很有可能是将国外的技术进行本土化移植和落地。

博世作为一家一级供应商，掌握着产业链上的技术要塞位置，在转型上尚且有诸多课题需要攻克，这对于中国急于寻求跨界创新、模式颠覆的产业大环境来说，或许是一个祛除虚火、脚踏实地的有力启示。

第二节 索尼

过去的 10 年是 CIS（CMOS Image Sensor，CMOS 图像传感器）飞速发展的 10 年，索尼的半导体部门凭借 CIS 而东山再起。根据 Yole 的报告，索尼已经坐稳了全球第一大 CIS 供应商的宝座——就算不考虑刚刚收购的东芝，销售额占比也达到了 35%，出货量占比更是高达 50%，为排在第二名的三星和第三名的 OmniVision 的总和。与此同时，索尼 CIS 依靠 iPhone 和 DXOMark 实现了名利双收。

索尼 CIS 之所以能够全球畅销，与其传感器芯片的技术改进和发展息息相关。2007 年，索尼发布了首款 Exmor 传感器，相比以往 CIS，Exmor 内置了 ADC（Analog‑to‑Digital Converter，模数转换器），如图 8-1 所示。外置 ADC 传感器在传输数据时，先要通过降噪电路对每列像素产生的信号进行处理，汇聚后才通过外部总线传输到单个或多个 ADC 中。而对于 Exmor 传感器，每列像素拥有独立的 ADC，在 CIS 芯片上即可完成模数转换，最后由数字总线传输出去。由于 Exmor 拥有数量庞大的 ADC，并且每个 ADC 能在仅达到 kHz 级别的频率下运行，远远低于外置 ADC 的 MHz 级别，进而显著地减少了噪声，并有助于实现高速读取。此外，由于 Exmor 能够输出数字信号，因而具有更好的抗干扰性，进而易于长距离布线，这样使得 ADC 无须靠近 CIS 布置，大大简化了 PCB 的布局设计。

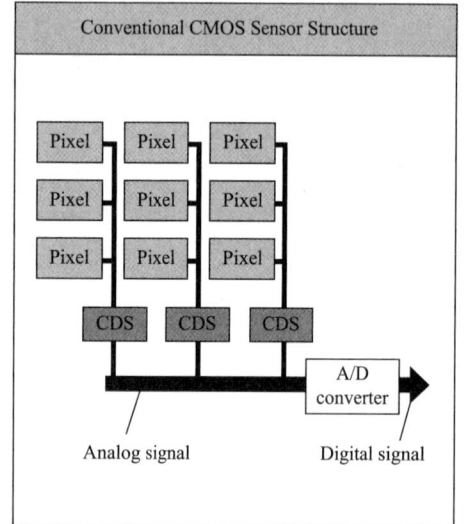

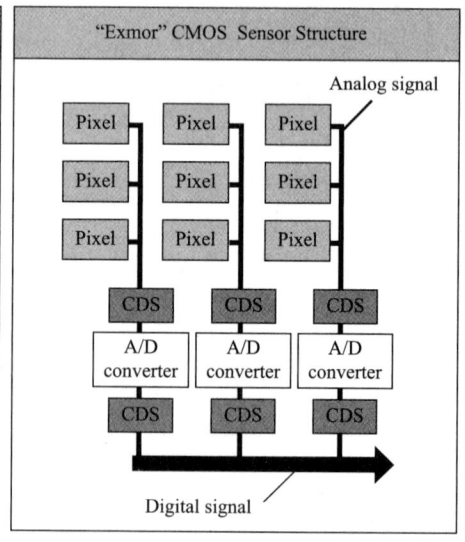

图 8-1 传统 CMOS 图像传感器和 Exmor CMOS 图像传感器结构对比[1]

---

[1] 搜狐网. 索尼 CMOS 图像传感器十年奋斗史［EB/OL］.（2016-08-01）[2021-07-28]. https：//www.sohu.com/a/108527280_119711.

索尼首款 Exmor 传感器——IMX035，尺寸为 1/3 英寸，分辨率为 1328×1024 像素，主要应用于安保领域，全像素输出可达 120fps，能够实现数据的快速传输，这主要归功于内置 ADC。在安保领域获得较好的应用反响后，Exmor 的成果迅速被索尼扩展到其他领域，2008 年推出的单反相机尼康 D3X（如图 8-2 所示）、索尼 A900 均采用了索尼 24MP 全画幅传感器 IMX028。此外，鉴于 IMX028 只能实现 12bit、5fps 全像素拍摄，为了保证画质，尼康额外增加了外置传感器——14bit ADC。

从摄像机的发展历程来看，索尼并不是起步最早的。ARRI 在 2005 年就推出了 D20 摄像机，该相机高达 600 万像素，拥有 Super35 规格 CIS，在 12bit 下峰值输出可达到 150fps；2007 年，RED 公司推出了电影摄像机 Red One Mysterium-X（4K@60fps）（如图 8-3 所示），它的亮相在一定程度上震撼了索尼公司在数字电影拍摄机中的霸主地位；同时期，索尼仅能够在小尺寸传感器下实现内置 ADC，相对还是比较落后的。但凭借 Exmor 的推出，索尼拿到了进入 CIS 市场的"准入证书"，开始逐步地追赶落差。而日本另一家大型 CIS 制造商佳能也未推出更优的产品，长年徘徊在内置 ADC 的门槛之外，导致 2015 年传感器销售额占比大幅度下跌至 16%。

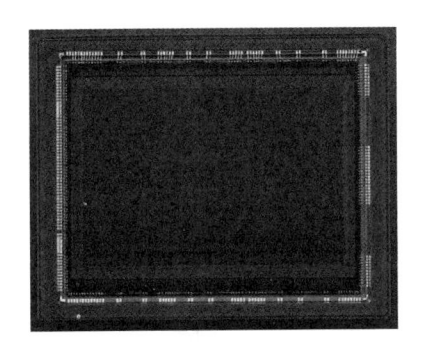

图 8-2 尼康 D3X 上的 IMX028❶   图 8-3 Red One Mysterium-X 上的传感器❷

索尼在实现了内置 ADC 后开始一路高歌猛进，于 2008 年推出了 Exmor R 传感器，Exmor R 采用 BSI（Back-side illuminated，背照式），沿用了 Exmor 套路：先在技术难度较低的小尺寸 CIS 上试验，获得首款产品——IMX055CHL，尺寸为 1/4 英寸，分辨率为 2048×1536 像素，其被应用在 HDR-CX110 等摄像机中，包括索尼自产相机、摄像机以及苹果的 iPhone 4S 摄像机（如图 8-4 所示）。正是在苹果 iPhone 4S 中的应用让 Exmor R 扬名立万。

图 8-4 iPhone 4S 摄像机❸

❶❷❸ 搜狐网. 索尼 CMOS 图像传感器十年奋斗史［EB/OL］.（2016-08-01）［2021-07-28］. https：//www.sohu.com/a/108527280_119711.

iPhone 4 作为一款划时代产品，其意义不凡，在摄像装置方面，iPhone 4 并未采用索尼的 CIS，其采用的是 OmniVision 的 OV5642 背照式传感器，iPhone 4S 才改用索尼 8MP 的 IMX145 背照式传感器（如图 8-5 所示）。由于前照式传感器中，拜尔阵列滤镜与光电二极管（Photo-diode）间需要大量金属连线，严重阻隔了进入传感器表面的光线。为了减小光线阻隔的影响，TowerJazz、松下提出在每个光电二极管前端加入导光管（Front-side via wave guides），但试验证明效果远不如背照式 BSI 明显。在 BSI 结构下，金属连线转移到光电二极管的背面，将不再受光线阻挡的影响，信噪比大幅度提升，由此，基于结构特性还可以采用更加复杂、更大规模的电路来优化传感器读取速度。自 BSI 传感器普及起，手机夜拍不再是难事。自此，便携数码相机开始加速衰落，索尼半导体部门通过损失一个小市场的代价换取了一个具有更大收益的大市场。

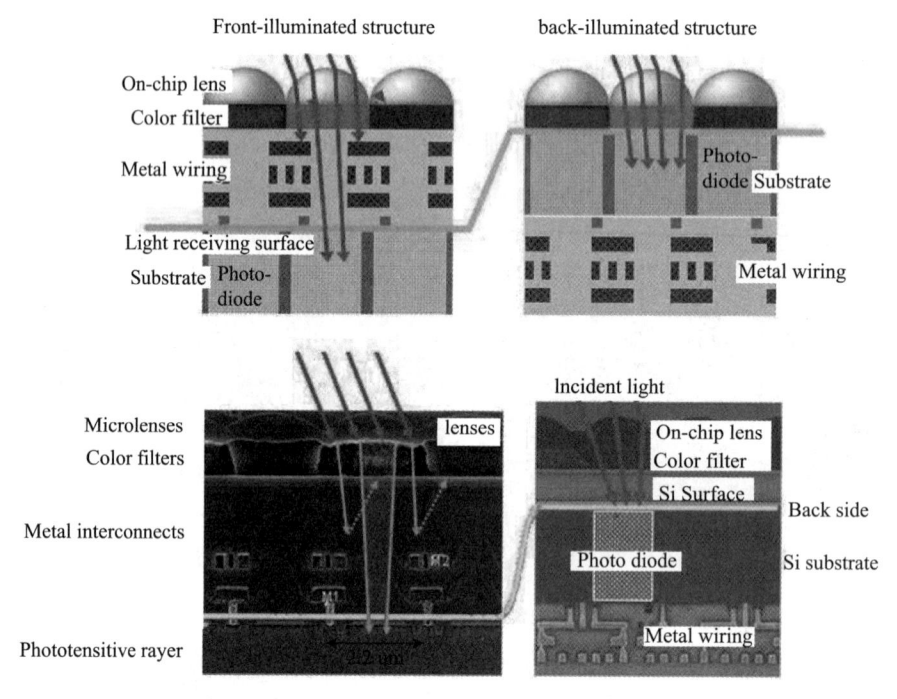

图 8-5　IMX145 背照式传感器[1]

Exmor R 对相机市场造成实质影响是在索尼黑卡二代 RX100 Ⅱ 面世后，RX100 Ⅱ 采用的 IMX183 传感器相对前一代 IMX163 主要指标几乎没有变化（1 英寸、20MP、22fps），但得益于其高感光度表现大幅度飙升，而纷纷被能自主生产传感器的佳能、松下相机采用。

虽然 BSI 效果这么显著，但是将其应用在 APS-C、全画幅相机上还是被索尼质疑。索尼甚至抛出一个背照在大尺寸传感器上的无用论。然而，随着技术的研发进展，2014 年三星发布了全新的采用背照式传感器的旗舰微单相机，具体包括一块 28MP、APS-C

---

[1] 搜狐网. 索尼 CMOS 图像传感器十年奋斗史 [EB/OL].（2016-08-01）[2021-07-28]. https://www.sohu.com/a/108527280_119711.

画幅的背照式传感器（如图 8-6 所示），连拍速度可达 15fps。更加令人震惊的是，三星传感器市场经理 Jay Kelbley 在采访中透露，NX1 的传感器采用 65nm 铜互连工艺制作，其读取速度能够达到 240fps（13bit 下）。然而，令人惋惜的是，自 NX1 发布后，三星在相机市场再没有较大的动作，还传出了要退出相机市场的消息。

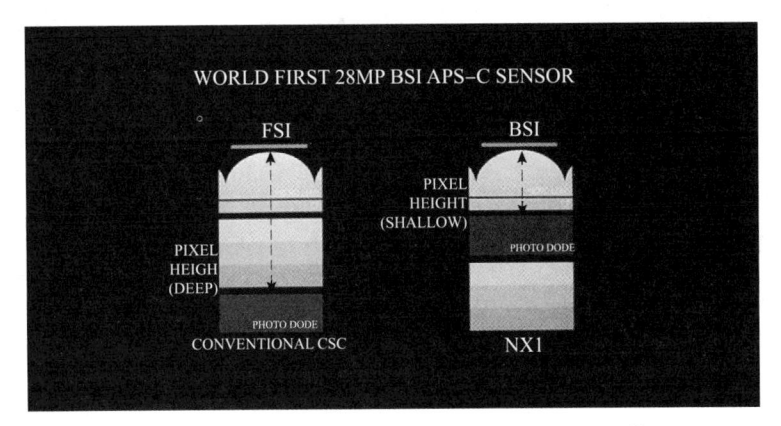

图 8-6　28MP、APS-C 画幅的背照式传感器❶

2015 年，索尼推出了 A7RⅡ相机（如图 8-7 所示），其采用 42MP、全画幅背照式传感器，14bit 下连拍速度达到了 5fps，并能够在不裁切画幅情况下拍摄 4K 视频，最高读取速度并不明确。BSI 的结构特性，能够赋予 A7RⅡ出色的高感光度表现力，然而处理功能非常羸弱，连拍仅 5fps，秉着优化短板的原则，A7RⅡ后续产品会沿用原传感器、改进新处理器。

图 8-7　A7RⅡ相机❷

在连接线方面，在推进 Exmor R 的同时，索尼已经将铝互连提升为铜互连（如图 8-8 所示）。铜互连早就被应用于芯片的互连，在 1997 年，IBM 发布了首款采用铜互连工艺的芯片 PowerPC 750。相比于铝线，铜线的导电电阻约低 40%，进而能够使芯片运行速度提高 15%，获得了高 100 倍的可靠性，并且由于其尺寸可以做得更小，能够为芯片增加更多的互连层数。铜作为互连线也会带来负面影响，主要因为铜原子能够在芯片的绝

❶❷ 搜狐网. 索尼 CMOS 图像传感器十年奋斗史［EB/OL］.（2016-08-01）［2021-07-28］. https：//www.sohu.com/a/108527280_119711.

缘层中漂浮，可能改变硅的电气属性，破坏设备运转。对于此，IBM 采用钨触点、衬垫等一系列创新技术将铜从硅中隔离处理，防止了这些负面影响。

图 8-8 铜互连工艺结构❶

早在 2012 年尼康发布的采用 IMX128 传感器的 D600 全画幅单反相机就已经采用了铜互连，IMX128 传感器能在 14bit 下全像素实现 6.9fps 速度，相较 D3X 采用的传感器 IMX028 有了显著的提升，这种质的变化正是铜互连工艺带来的，而且电影级摄像机 F55、F65 中 CIS 传感器能实现高速读取与铜互连也具有很大关系。可见，在 A7RⅡ 发布时，在 A7RⅡ 上宣传铜互连工艺（如图 8-9 所示）是索尼对 NX1 的一个回应。

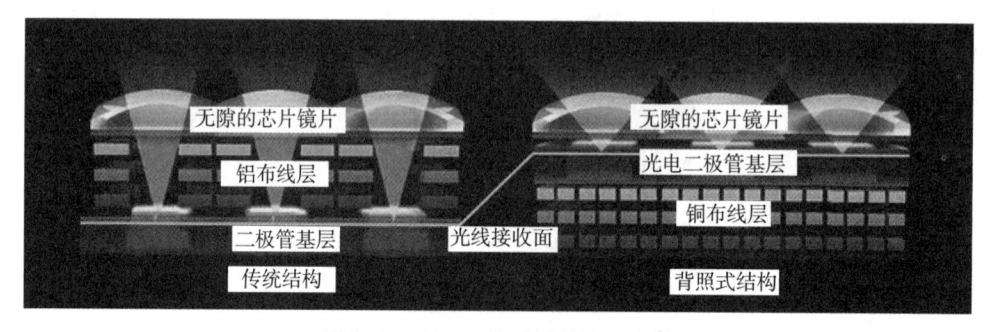

图 8-9 A7RⅡ传感器结构示意❷

在相机领域首次听到全局快门（global shutter），还得追溯到 2011 年尼康发布的尼康 1 系列微单相机，尼康 1 系列微单相机采用的传感器为 1 英寸、10MP（如图 8-10 所示），由 Aptina（现已被 ON Semiconductor 收购）出品，全像素连拍速度高达 60fps，到现在也没有一台相机能打破该纪录。

---

❶❷ 搜狐网. 索尼 CMOS 图像传感器十年奋斗史［EB/OL］.（2016-08-01）［2021-07-28］. https：//www.sohu.com/a/108527280_119711.

图 8-10　Nikon 1 V1 上的 CIS❶

具体来说，全局快门实质是一种电子快门。在全局快门出现前，CIS 传感器采用的是卷帘快门（rolling shutter），传感器上的像素是逐行曝光、传输的，导致拍摄高速运动时容易出现"倾斜""摇摆不定""变形"或"部分曝光"的现象，即果冻效应。为了解决上述问题，全局快门在像素下层增加存储单元（如图 8-11 所示），这样在曝光时能够使所有像素同时曝光，并将相关信息保存到对应的存储单元中，由此即使采用逐行传输的方式也不会产生果冻效应。

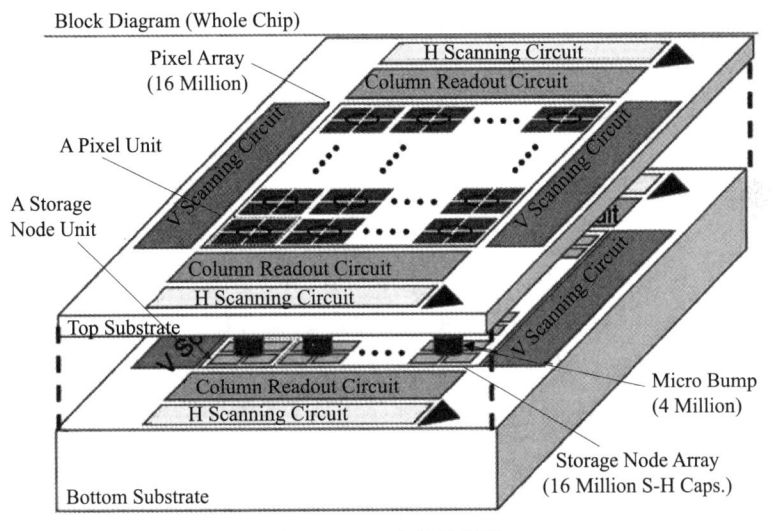

图 8-11　底部基板❷

2012 年索尼推出的电影级摄像机 F55 是最早采用全局快门的产品，F55 上面搭载着一块 Super35 格式、11.6MP 传感器，拍摄 4K 视频速度可达 60fps。在 F55 推出后很长一段时间，索尼没有新的相机、摄像机采用该技术，直到工业用传感器

---

❶❷ 搜狐网. 索尼 CMOS 图像传感器十年奋斗史［EB/OL］.（2016-08-01）［2021-07-28］. https：//www.sohu.com/a/108527280_119711.

IMX250LLR/LQR、IMX252LLR/LQR 等产品推出，全局快门也再次出现，当时索尼为全局快门起了一个具有"东方神秘色彩"的名字——Pregius。不过在2015年，采用全局快门的 CIS 均是 Exmor 级别传感器，并未能与 BSI 结合，主要局限于小尺寸、低像素产品。

2012年8月20日，索尼发布了"堆叠式结构"（stacked structure，也可称为积层型，如图8-12所示）的 CIS，并将其命名为 Exmor RS（如图8-13所示）。"堆叠式结构"主要是将承载背照式像素结构的像素部分堆叠于附着信号处理电路的芯片上方，取代了背照式 CMOS 影像传感器中传统的支撑衬底。

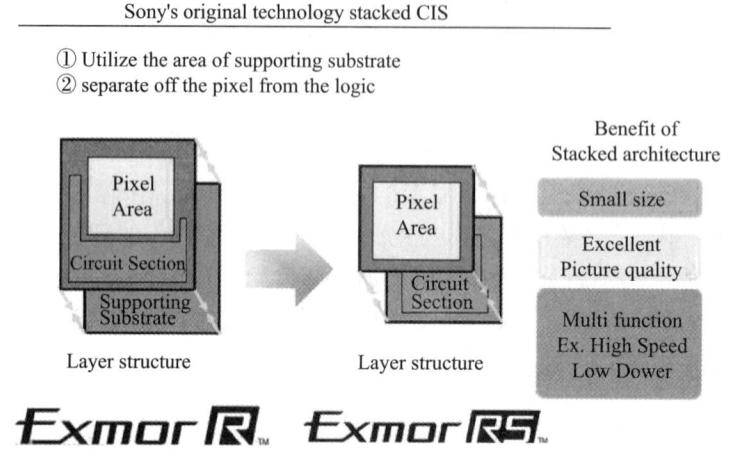

图 8-12 索尼官方的 stacked structure 示意❶

图 8-13 大小通吃的 Exmor RS❷

---

❶❷ 搜狐网. 索尼 CMOS 图像传感器十年奋斗史 [EB/OL]. (2016-08-01) [2021-07-28]. https：//www.sohu.com/a/108527280_119711.

Exmor RS 的推出引起一片哗然，它是世界上第一个集成了独特的、新开发的"堆叠式结构"的影像传感器，索尼发布了 3 个 Exmor RS 型号——IMX135、IMX134、ISX014，其中 1/3.06 型、1313 万有效像素的 IMX135 和 1/4 型、808 万有效像素的 IMX134 均具有"红绿蓝白编码"功能和"高动态范围视频"功能。另一个型号 ISX014 是 1/4 型、808 万有效像素并具备内置的相机信号处理功能。采用"堆叠式结构"除了能够获得更佳画质与先进功能，还能够帮助索尼实现更为紧凑的产品尺寸。

如图 8-14 所示，BSI 将滤镜与光电二极管之间连线设置在光电二极管背面，但光电二极管阵列周边依然存在大量电路，stacked structure 结构能够将这些电路转移到光电二极管背面，并通过 TSV（Through Silicon Via，硅通孔）技术连接到其他芯片。迁移电路的布局方式能够使 CIS 总面积减少，降低制作成本；同时，CIS 属于一种模拟电路，不遵循摩尔定律，如果采用更小的线宽工艺会降低性能，基于上述布局方式，将电路移到背面以及采用 TSV 后，能够很方便地将两块不同工艺、不同类型的芯片贴合在一起，如索尼 RX100IV 上的新 1 英寸 CIS。

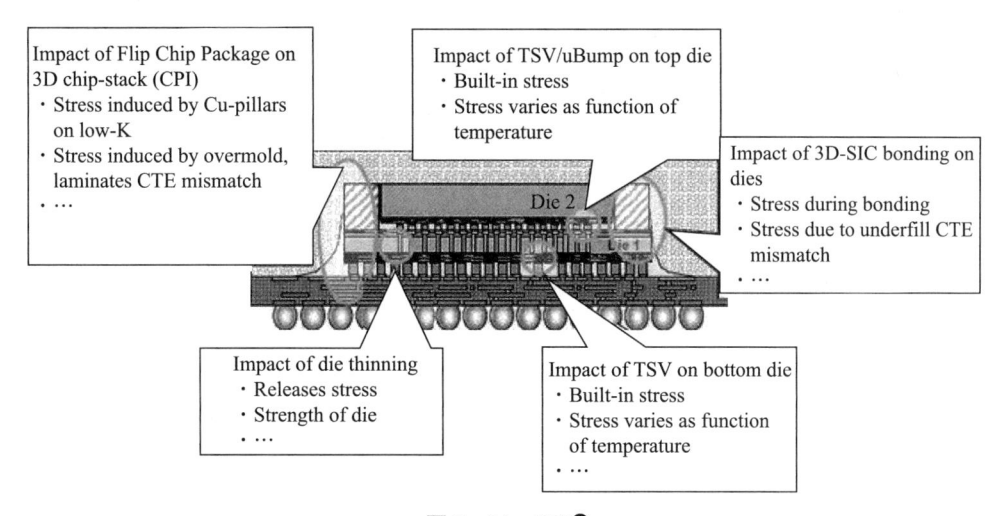

图 8-14 BSI[1]

与 A7RⅡ相似，RX100IV 上的 CIS 也属于一款特供索尼相机部门使用的传感器。该传感器采用 stacked structure，相对 IMX183 增加了一倍的 ADC 芯片，将 DRAM、ISP 附在 CIS 的底部，用于缓存、读取、处理图像信息，实现了相机上前所未有的慢动作视频采集和处理能力（1824×1026@250fps，1676×566@500fps，1136×384@1000fps）。

与 Exmor R 一样，Exmor RS 也迅速地在智能手机上普及开来（如图 8-15 所示），Exmor RS 的使用，让智能手机实现了 4K 视频、1080P 慢动作视频、PDAF 一系列特性功能，其中 iPhone 6S、Galaxy S7 等手机能够将拍摄照片默认设置设定为多帧合成输出，手机与相机之间的差距又进一步缩小。到了"堆叠式结构"（stacked structure）时代，

---

[1] 搜狐网. 索尼 CMOS 图像传感器十年奋斗史［EB/OL］. (2016-08-01)［2021-07-28］. https://www.sohu.com/a/108527280_119711.

索尼对比三星、OmniVision 等主要竞争对手有着不少优势，如滤镜到光电二极管的厚度更薄、画质表现更佳，在庞大的产能下有效分摊了研发和制作成本，并依然能够保持销售额和占有率上的优势。

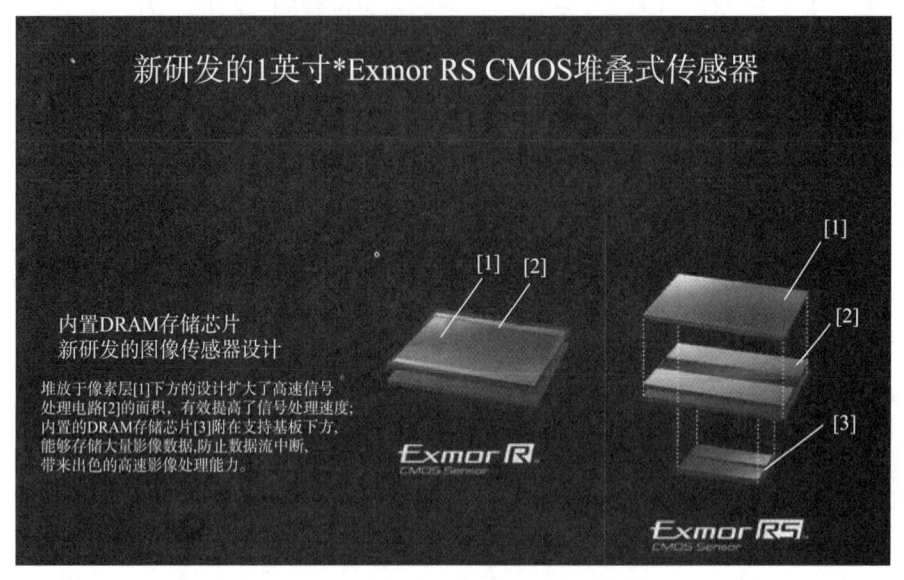

图 8-15　Exmor RS 堆叠式传感器[1]

在 2016 年的全美广播电视展（NAB）上，索尼发布了新款广播级摄像机 HDC-4800，该相机采用了 Super35 CIS。Super35 CIS 是一块结合全局快门和 stacked structure 结构的 CIS 传感器，模拟部分和数字部分分别采用 90nm 制造工艺和 65nm 制造工艺，总线采用了 SLVE-EC（索尼在 ISSCC 2011 上发表），该传感器能以 480fps 速度输出 4K 图像。鉴于 stacked structure 的极佳特性，索尼敢于再次在大尺寸 CIS 上采用全局快门。

内置 ADC、BSI、stacked structure 已经成为 CIS 常规套路，索尼能做到，三星、OmniVision 也能做到，性能方面想要有所超越，就需从常规套路以外的方面下功夫，从一些零碎的信息中可看到索尼在这方面的探索和努力。

ISSCC 2015，索尼披露了新的 CIS 传感器——IMX204（如图 8-16 所示），但该传感器仅在官网产品列表中出现，并未有市售相机采用。在性能指标上，IMX204 并没有优势，Exmor RS，1/1.7 英寸，20MP 像素，全像素读取速度 30fps，其较索尼以往产品的优势在于双 ADC，是索尼提出的首款双 ADC 的 CIS，然而双 ADC 并不是新鲜技术（如图 8-17 所示）。大量影视作品采用了双 ADC 拍摄——如采用 Alexa 拍摄的《唐顿庄园》《权利游戏》《美国队长》《荒野猎人》《地心引力》等，Alexa 是 ARRI 在 2009 年推出的一款电影级摄像机，其搭载的 ALEV Ⅲ 传感器采用了双 ADC 技术。ADC 技术即双增益结构，每个像素拥有 2 个独立的信号通道连接两组不同的ADC，一个通道读取

---

[1] 搜狐网．索尼 CMOS 图像传感器十年奋斗史［EB/OL］．（2016-08-01）［2021-07-28］．https：//www.sohu.com/a/108527280_119711.

14bit 高增益信号，另一个通道读取 14bit 低增益信号，最后通过处理器合成出一个 16bit 高宽度画面。至今，Alexa 的宽容度从未被一款量产相机、摄影机超越，它能在全感光度范围下实现 14stops 宽容度，极限宽容度超过 15stops。基于性能的考量，IMX204 采用双 ADC 可能是为了提高宽容度，以及进一步提高读取速度。

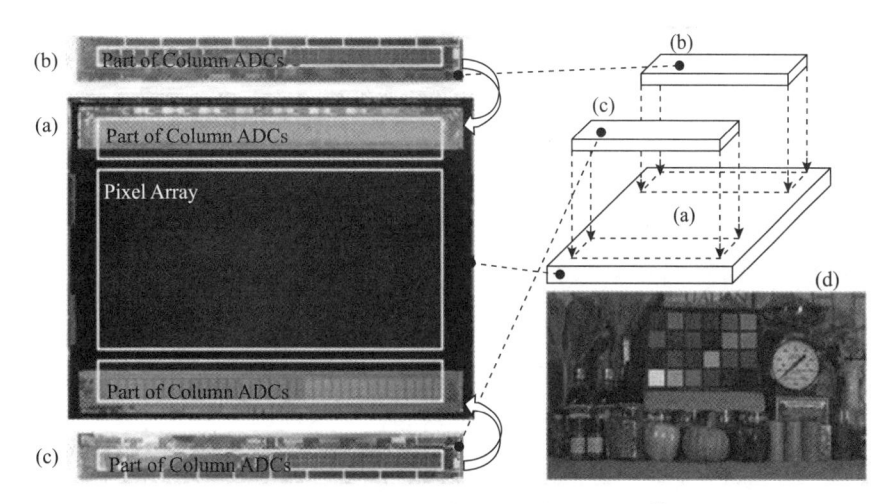

图 8-16 IMX204 传感器芯片及其图像❶

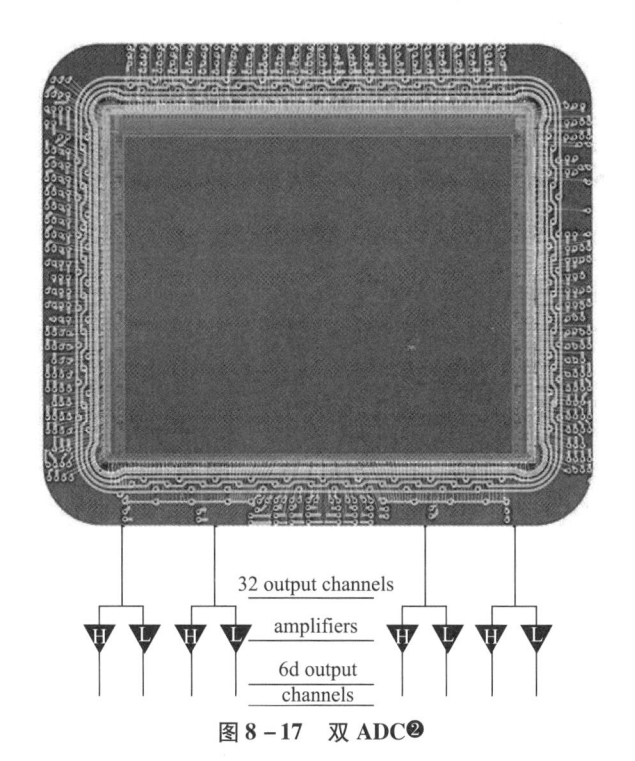

图 8-17 双 ADC❷

---

❶❷ 搜狐网. 索尼 CMOS 图像传感器十年奋斗史 [EB/OL]. (2016-08-01) [2021-07-28]. https://www.sohu.com/a/108527280_119711.

从布莱斯·拜耳申请专利到现在已经过去了40多年时间，CIS 实现捕捉彩色图像的主流方案一直是拜耳阵列。近些年来，出现了不少其他阵列试图取代先前的拜耳阵列，如新滤镜阵列。F65 是索尼公司在 NAB 2011 上亮相的一款电影级摄像机，它的 CIS 是 Super35 格式的，像素达到了 20MP，Q67 为全新的——直观上看着就像拜耳阵列倾斜了 45°。索尼公司认为 Q67 可以对插值采样采用更高效的方法，实现 8K 分辨率只需 20MP 即可，如图 8 – 18 所示。但是 Q67 除去 F65 一家外再无分店，在市场占有率方面 F65 也远远低于后来的 F55。

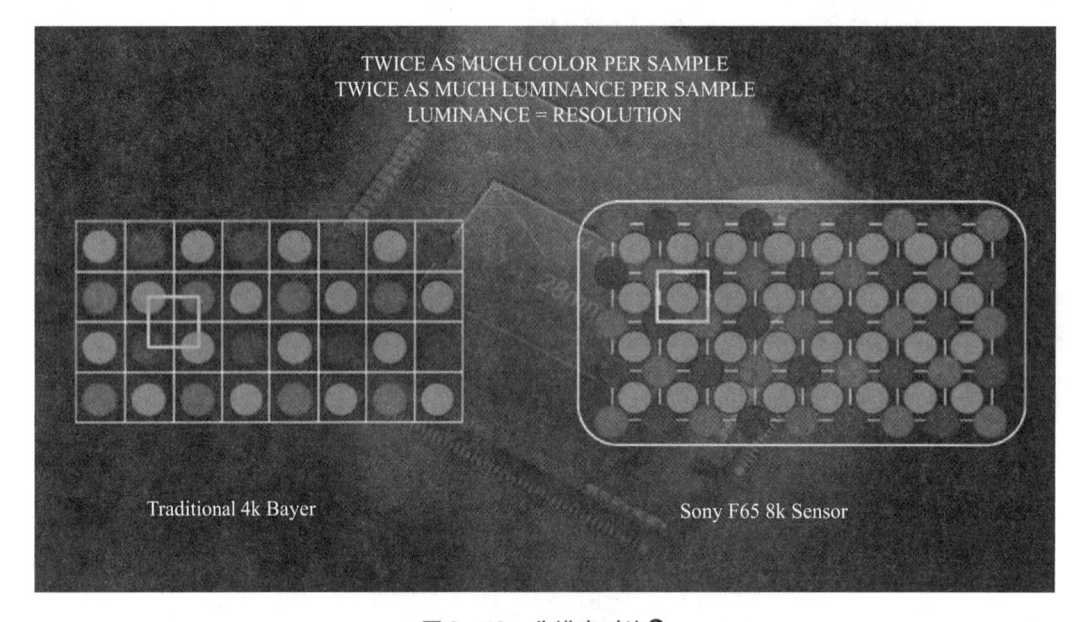

图 8 – 18　分辨率对比❶

华为公司在 2015 年发布了 P8 手机，其上采用的 IMX278 是索尼公司对拜耳阵列实现的又一次改进，通过采用 R、G、B、W 四种滤镜实现在传感器上捕捉彩色图像。与此同时，IMX278 除去 P8 使用外，再无其他手机效仿。仅在技术层面上看，采用何种颜色滤镜实现彩色图像的捕捉其实更多属于软件算法，属于 ISP 问题，对 CIS 制造能力而言，不同颜色滤镜的制造并不存在多大技术难度。

索尼公司历经 10 年发展，总算把主流传感器这项技术应用于大小尺寸的 CMOS 图像传感器，所谓的"黑科技"并未出现，带来了多方面的结果。索尼公司在移动领域目前并不存在不相上下的对手，依赖自己产品的质量及价位，可以在市场上占有一席之位，但是利润方面并不是很理想，同时也存在巨大的挑战——地震导致 CIS 减产，三星等竞争对手会乘虚而入。

在相机应用中，虽然 CIS 销售数量有所下降，但随着瑞萨退出、东芝被收购，即便

---

❶ 搜狐网. 索尼 CMOS 图像传感器十年奋斗史［EB/OL］.（2016 – 08 – 01）［2021 – 07 – 28］. https：//www.sohu.com/a/108527280_119711.

佳能、松下尚在，也已经没有一家日本 CIS 供应商能正面挑战索尼的地位了。对于只用日本传感器、日本处理器的相机厂商来说，这绝对属于一个非常大的冲击。索尼自从占据了从上游影响相机市场的能力，各大厂商只能继续使用 IMX094，时至如今，尼康说不定也在后悔没有把东芝半导体纳为己用。

第三部分

车联网

第九章　车联网概况

第一节　车联网概念的由来

车联网（Internet of Vehicles）是在物联网的基础上提出的概念。根据车联网产业技术创新战略联盟的定义，车联网是以车内网、车际网和车云网为基础，按照约定的体系架构及其通信协议和数据交互标准，在车与X（X：车、路、行人及移动互联网等）之间，进行通信和信息交换的信息物理融合系统。

车联网能够使汽车具备与万物交互的能力，是解决降低交通事故、减少交通拥堵等日益严峻的汽车社会问题的技术手段，也是物联网推广应用的重要组成部分，更是汽车强国战略的核心内容和基础支撑。其产业化推广与普及将有望改变未来的汽车产品形态，进而带动整个产业生态格局的重塑。

根据中国制造强国战略编制的《节能与新能源汽车技术路线图》，中国汽车工程学会对车联网做出定义，认为车联网是指搭载先进的车载传感器、控制器、执行器等装置，并融合现代通信与网络技术，实现车与X（车、路、人、云端等）智能信息交换、共享，具备复杂环境感知、智能决策、协同控制等功能，可实现"安全、高效、舒适、节能"行驶，并最终可实现替代人来操作的新一代汽车。

在网联化层面，按照网联通信内容的不同将其划分为网联辅助信息交互、网联协同感知、网联协同决策与控制三个等级。目前行业内处于网联辅助信息交互阶段，即基于车与路、车与后台通信，实现导航等辅助信息的获取以及车辆行驶与驾驶人操作等数据的上传。因此现阶段车联网主要指基于网联辅助信息交互技术衍生的信息服务等，如导航、娱乐、救援等，但广义车联网除信息服务外，还包含用于实现网联协同感知和控制等功能的V2X相关技术和服务等。

第二节　车联网产业链

车联网产业链条从上游到下游涵盖制造业和服务业两大领域，产业链条相对较长，产业角色较为丰富。整车厂作为制造业的核心具有较大的话语权，在集成终端、软件、服务的同时也开展自身的车载智能信息服务业务。通信芯片和通信模组由于涉及通信技术，门槛较高，主要参与者都是国内外通信行业的领先企业，如华为、大唐、中兴、高通、英特尔等。服务领域主要是以中国移动、中国联通和中国电信为主的通信运营商，同时运营商也在积极拓展其他车联网领域的业务。车联网信息服务提供商方面，包含了传统TSP（Telematics Service Provider，汽车远程服务提供商）供应商（如安吉星等）、主机厂自有 TSP 平台以及新兴车联网创业企业。从整个产业链条看，初创型企业更多地集中在车载终端设备、交通基础设备、软件开发、信息和内容服务等市场刚刚起步或者门槛较低的环节。

车联网产业链的上游包括各类元器件和芯片生产企业。[1] 它们不生产最终产品，而是将中间产品提供给汽车生产商、各类设备生产商等。国内这类企业的特点是数量众多、规模较小、产品性能与国外差距较大，常常受到汽车生产商、设备生产商的制约。

车联网产业链的中游包括汽车生产商、各类设备生产商和软件平台开发商，其中汽车生产商在产业链上具有一定话语权，是因为其直接面向消费者，且可以通过前装方式安装智能车载终端。

车联网产业链的下游包括系统集成商、平台运营商、各类服务提供商等。其中，系统集成商和平台运营商占有突出的位置。系统集成商是车联网应用项目的直接负责者，需要按照系统的规划与设计，采购、开发各类软硬件产品，并进行联合调试，验收通过后交付给运营商，也可自行承担运营商角色；平台运营商是项目投入运转后的直接负责者，需要与汽车生产商、各类服务提供商一起，找到合理的商业模式，推动整个项目良性运作。

一、产业链上游

（一）传感器

传感器是车联网的基础。在汽车传感器方面，目前一辆普通家用轿车上大概会安装几十到近百只传感器，豪华轿车传感器数量可多达 200 余只，种类多达几十种。在道路传感器方面，终端节点可采用地磁、温湿度、光照度、气体检测等传感器来定时搜集区域内车辆的速度、车距、路面状况、能见度及车辆尾气污染等信息。

伴随着中国经济的快速发展，中国汽车工业制造水平持续提升，中国汽车工业市场规模不断扩大，中国汽车传感器行业市场规模由 2014 年的 106.9 亿元人民币上升至 2018 年的 171.1 亿元人民币，年均复合增长率为 12.5%，未来五年，中国汽车传感器行业将保持快速增长的趋势，并于 2023 年突破 340 亿元人民币。目前国内很多企业在设计、材料、工艺等方面有了一定的提高，能够生产出基本的传感器，但是在精度和可靠性方面与国外企业还有很大差距，传感器的新设计原理和核心模块技术等先进技术，还是由国外公司掌握，国内企业自主开发相对较少。我国目前绝大多数用于信息采集的高端传感器，其芯片核心技术并不为国内公司所掌握。随着车联网的快速发展，未来的汽车、交通传感器将向着环保、安全、智能方向发展，本土企业要力争实现突破。

（二）RFID

RFID 感知技术在车联网领域得到了巨大的应用。公安部已经推出一种可安装在汽车挡风玻璃上的电子标签，可以唯一标识车辆身份和位置信息，识别率在 99.9% 以上。国家发改委正在大力推进基于无线射频技术的车辆电子牌照试点工程，重点解决车辆自动识别、动态监控、车牌套用与防伪的问题。RFID 技术已经在南京、厦门、重庆、兰

---

[1] 中国汽车工业信息网. 角逐车联网应用技术，专利数据探究技术实力 [EB/OL]. (2019-12-23) [2021-07-28]. https://www.sohu.com/a/362255278_99994098.

州等政府部门主导的车联网项目中发挥重要作用。

我国已经初步形成了比较完善的 RFID 产业链。从区域来看，北京、上海、广东是 RFID 技术研发和生产较为活跃的地区，其中北京在系统集成、上海在芯片设计、广东在标签制作和应用方面分别具有各自的优势。虽然我国已经初步具备了完整的 RFID 产业结构，但在与车联网密切相关的超高频 RFID 领域，我国还处于落后阶段，其中 UHF 芯片以及相应频段的读写器核心芯片还严重依赖进口，而且 UHF 频段标准的缺失也成为制约产业和市场发展的因素。

（三）通信模块

通信模块主要包括与 3G、4G、Wi-Fi、GPS 公共网络的通信接口，与 DSRC 等交通自主网络实时连接通信的接口，与车辆进行信息交互的蓝牙通信设备等，此外还包括起到桥接作用的网络处理器，主要提供给智能车载设备、交通基础设施等设备生产商。

目前，连接 3G、Wi-Fi、GPS、4G 的产品种类较多，性能也在不断提升，而由于目前国内的 DSRC 通信还在谋划阶段，国内还没有成熟的企业生产相关产品。2011 年，华为与中国电信联合推出了 LGA（触点阵列封装）EVDO 车载模块。该模块支持多操作系统，具备轻、薄、小等特点以及良好的抗震性，非常适合车载移动环境，大大提升了汽车安全和娱乐功能，符合车载质量体系标准和可靠性标准，具备完善的产品认证和准入能力，拥有严格的测试标准和丰富的实验室资源，有助于促进车载行业的导入集成和大规模生产。

（四）定位芯片

定位芯片是智能车载终端的核心元器件。我国目前在卫星导航芯片领域还落后于国外的厂商。SiRF 公司占据了全球 70% 的 GPS 芯片出货量，此外，摩托罗拉、富士通、索尼等厂商也都相继推出自有品牌的 GPS 核心芯片。2005 年 7 月，西安华迅公司推出了国内第一块 GPS 芯片，2006 年中国科学院微电子研究所也成功开发出了两款 GPS 基带 SoC 芯片。

但国内企业和研究机构开发、生产的 GPS 芯片在性能上与国外产品相比还有很大差距。随着我国北斗系统的不断发展，北斗芯片及终端已经全面启动了研制工作，国内已具备北斗 GPS 多模芯片研发能力，具有自主知识产权的北斗 GPS 双模芯片已在车载终端得到了应用。

二、产业链中游

（一）汽车生产商

汽车生产商在车载智能终端前装及相关软硬件产品上具有明显的优势，因此是车联网产业链主导者之一。

一些跨国厂商将国外积累的成功经验移植到国内，在国内联合产业链相关公司开展车联网应用，占据先发优势，如通用旗下的凯迪拉克、别克、雪佛兰的多款车型应用了安吉星车载信息服务系统；丰田旗下的雷克萨斯、皇冠、凯美瑞等车型应用了 G-Book 系统等。国内也有越来越多的车企和车型积极加入车联网产业链，包括长安悦翔 3G 版、荣威 350 和 550 等小汽车，海格、青年等客车，陕汽、重汽等卡车等。车厂希望通过前装智能车载设备提升汽车的整体品质，促进汽车的销售，并为厂商带来新的利润增长点。

（二）智能车载设备生产商

车载终端分为两类——前装终端和后装终端，后装终端又分为车机和便携式智能设备。交通运输部颁布实施道路交通运输行业车联网信息终端强制标准，吸引了全国100多家车载信息终端厂商申报终端测试认证。

总的来说，国内的智能车载终端生产商普遍规模较小，且大部分分布在广东省内。我国车载通信设备的发展依然落后于发达国家。

随着北斗系统的发展和北斗芯片的不断成熟，"北斗"终端的研发在珠三角地区发展较早，一些已经进入路测和跑车阶段，性能已非常稳定。总体来说，我国智能车载设备生产商以组装类为主，技术含量不高，准入门槛较低，市场竞争激烈，利润较为低下，多受车企、平台软件开发商、平台运营商等的牵制，处于整个车联网价值链的低端。但是随着国家对车联网的不断重视和智能车载设备在各类小汽车、客车、货车等的普及，未来该领域总体市场前景良好。

（三）交通基础设施生产商

交通基础设施生产商主要包括视频设备、卡口设备、交通信号机、诱导屏、标志牌等交通基础设施的生产商。我国自20世纪90年代以来，城市智能交通发展加快，在各级城市开展了一系列的智能交通工程项目。目前，我国的智能交通基础设施主要是由智能交通系统集成企业牵头采购相关信号机、视频设备、地感线圈等硬件设备，并根据项目实际需要进行设计、安装、调试、运维等一系列过程。

国内主要的智能交通系统集成企业有中控、银江、四通等，此外，海康威视、大华等视频设备龙头企业也逐渐向该领域拓展。视频设备在交通基础设施中应用非常广泛，且我国产业链发展较为完备，本土化水平不断提高。国内主要的视频监控产品生产企业有海康威视、浙江大华、中威电子、英飞拓、大立、CSST等300余家，占国内市场的50%以上，主要的国外品牌有松下、索尼、泰科、三星、LG、博世、霍尼韦尔等。

（四）软件平台开发商

软件平台开发商主要包括车联网统一后台中心的开发商以及城市交通管理、特殊行业管理、交通信息服务、综合信息服务等相关子平台、软件的开发商。

在国内的汽车嵌入式支撑软件领域，华东电脑旗下普华基础软件于2010年5月发布兼容国际最新标准的"核高基"专项国产汽车电子基础软件平台v1.0，迅速进入该领域和国外产品同台竞技，2011年，以此为平台的整套系统在"荣威"车型上应用；东软集团则与德国哈曼国际工业集团建立战略合作伙伴关系，共同开发汽车与消费电子等领域的先进技术。此外，提供公路信息化平台的有宝信软件、川大智胜、中控集团、银江股份、交技发展、皖通科技、亿阳信通等；提供车载端信息系统的有合众思壮、启明信息、北斗星通、四维图新等；提供自助缴费系统的有新国都、新北洋等。

（五）网络设备生产商

网络设备生产商包括各类服务器、交换机、路由器等的生产厂商。得益于国家对信息化建设的大力投入，国内网络市场非常繁荣，目前市场中有着数量众多的网络设备提供商，常见的厂商包括华三通信（H3C）、Force10、博科（Brocade）、Extreme、

HP Procurve、华为、中兴、迈普、博达、神州数码、锐捷、D‑LINK、TP‑LINK、联想、NetGear、华硕、TCL、腾达、金星等。

三、产业链下游

（一）系统集成商

受政府部门或其他车联网主导者的委托，系统集成商负责整个车联网系统的相关软硬件的采购、搭建、调试，直至交付给平台运营商。

目前，国内 Telematics 模式的车联网项目一般都没有系统集成商，而是由平台运营商负责整个项目的建设和运行。而国内 RFID 模式的车联网项目一般采用系统集成商的模式，由政府部门通过招投标或者按照合同与系统集成商进行合作。南京环保标签电子卡项目的系统集成商是南京三宝，重庆电子标签项目的系统集成商是中兴通讯。

（二）通信服务商

通信服务商受系统集成商和平台运营商的委托，负责对车联网系统中的专网和公网进行搭建和运维服务。除了车企以外，电信运营商也是目前车联网应用，特别是 Telematics 应用项目的主角之一。

中国移动为长安"3G 汽车"提供通信网络；中国电信为 G‑Book 和安吉星提供通信网络和呼叫中心；中国联通为上汽荣威 350 智能网络行车系统 InkaNet 等提供通信网络和呼叫中心。在本轮车联网 3G 网络竞争中，中国联通最为抢眼，中国联通的 WCDMA3G 网络将是最重要的支撑平台，上汽、东风等均以 3G 为技术平台，中国联通的智能公交系统也在部分城市试用。

除了上述 3G、4G、Wi‑Fi 等公用网络，车联网发展还需要建立起自己的专用网络，用于车辆与车辆之间、车路与路侧设备之间的短程快速通信，因此未来也必将涌现出新的车联网专网运营商。

（三）平台运营商

平台运营商汇聚和利用各方提供的数据和服务，通过移动通信网络为车载终端用户提供车联网服务，还可以通过互联网、交通专网等为各类用户提供信息发布、获取和管理等功能。平台运营商是整个产业链的核心环节，上接汽车、车载设备制造商、网络运营商，下接内容提供商。可以说，谁掌控了平台运营权，谁就能掌握车联网产业的控制权，因此，平台运营商的角色也成了汽车制造商、电信运营商、GPS 运营商及汽车影音导航厂商力争的角色。

（四）内容服务提供商

内容服务提供商是车联网系统相关服务的提供者，是直接与用户接触的环节，其所提供的服务好坏直接影响最终用户对服务的使用，这也就要求该环节必须按照最终用户的需要为最终用户提供服务。

（五）地图提供商

地图提供商为车联网服务提供专用的电子地图。专用电子地图不但记录着各条道路自身的位置信息，还会考虑各条道路之间的相互关系、拓扑结构等。我国业内通用做法是自行制造地理信息系统引擎和电子地图。中国目前有北京四维图新、高德软件等 11

家导航电子地图甲级测绘资质机构。由于中国正在对基础设施和道路进行大规模的升级改造，所以需要经常对地图进行更新，从而造成了电子地图的制造和更新成本居高不下。另外，地图有缺陷、数据不全、更新不及时、无统一标准、价格高等也都是制约汽车导航产业发展的消极因素。消费者十分看好的谷歌地图牌照还未获准通过。

（六）实时导航服务商

目前，我国已有北京、上海、广州、深圳等十多个中心城市开通了实时交通信息服务，点点通、新科、朗玛导航等都开始提供实时导航的服务。以新科导航平台为例，用户开机后，导航器自动连接到新科"互动导航"信息平台，实时交通信息就能显示在用户终端上，在用户设定目的地时，帮助用户规划出更合理的路线。

（七）定位服务商

目前国内的定位服务大多通过美国的 GPS 系统，而 GPS 系统平台对民众是免费的，因此，目前在车联网产业链中，定位服务商的地位尚不突出。我国自己建造的北斗定位平台主要面向行业用户和安全部门，商用系统应用部署已经提上日程。

未来，随着车联网产业链的不断完善和商业模式不断成熟，城市交通管理者、保险商、4S店、电子商务服务商等都将会加入车联网内容和服务的队伍中来。

第三节　车联网产业的前世今生

美、欧、日等发达国家和地区普遍重视车联网发展，通过车联网的国家战略、法律、规划、标准等多个层面布局，已抢占本轮产业发展的全球制高点。美国是以企业为主体、政府搭平台，通过市场力量发展车联网，政府则从立法、政策、标准等方面着力营造良好发展环境；欧盟重视顶层设计和新技术研发，在关键领域通过大量资金引导产业发展，其中，车辆安全救援、自动驾驶等是其政策引导的重点方向；日本政府关注主要产业发展，大力推动新技术应用，重点聚焦在智能交通与自动驾驶领域。

中国的车联网研发起步相对较晚，但产业发展迅速。信息通信技术（ICT）与智能汽车的结合是近年来车联网得到快速发展的重要原因。通过现代通信与网络技术，汽车、道路、行人等交通参与者都已经不再是"孤岛"，而是成了智能交通系统中的信息节点。在国内，互联网技术与汽车行业互融，科技型公司如百度、腾讯、阿里等均开始涉足无人驾驶领域，且跨越程度快于传统整车厂商。科技型公司在数据融合、高精度地图方面具有技术优势；通过实现无人驾驶可以真正地将汽车变成下一个"互联网入口"。

一、全球产业现状

如表9-1所示，从第一台概念车出现到现在，车联网已经有近80年的历史，并依次经历了产品概念、基础性研究、研发测试三个发展阶段。在上述三个发展阶段，整车企业始终是车联网产业发展推进的主体之一，目前在可行性和实用化方面都取得了突破性进展。随着产业的逐步成熟，车联网将进入产业化和市场化阶段。

表 9-1 车联网发展历程梳理

年代	简 述
1939—1970 年	• 1939 年，美国通用汽车公司在纽约世博会首次展出无人驾驶概念车——Futurama，但当时汽车无法处理行驶中将要面临的复杂数据，因此，无人驾驶只停留在概念阶段。 • 1970 年前，一些车企尝试使用射频和磁钉的方式来引导车辆实现自动驾驶
1971—2008 年	• 随着计算机技术突破，欧、美、日等国家和地区的企业和高校逐步开展一些试验和开放项目，如 EUREKA Prometheus、CMU NAVLAB、AHS Demo 等。 • 1978 年，戴姆勒集团在欧洲启动了"尤里卡·普罗米修斯计划"（EUREKA Prometheus Project），旨在联合研发无人驾驶技术，项目在 1995 年结束。 • 1995 年，美国卡耐基梅隆大学（CMU）研制的一辆无人驾驶汽车 Navlab2V 在全长 5000 千米的州际高速公路上完成了横穿美国东西部的无人驾驶试验并获得成功。尽管在试验中，Navlab2V 仅仅完成方向控制，而不进行速度控制，但整个试验 96% 以上的路程是车辆自主驾驶的，车速高达 50~60km/h。 • 自 1994 年开始，日本建设省（2001 年并入国土交通省）组织以丰田公司为首的 25 家公司进行自动高速公路 AHS（无人驾驶系统）的研究与开发。1996 年 9 月在正式投入使用的高速公路上进行了往返 11km 的 AHS 系统试验，试验内容包括连续自动驾驶和防撞、防脱线等。 • 1997 年，美国全国高速公路自动化协会在位于圣地亚哥市中心以北 16km 的 15 号州际公路上演示别克的 XP2000 概念车，并使汽车在埋入地下的道路传感器的引导下高速行驶。 • 2005 年，美国斯坦福大学人工智能实验室主任巴斯蒂安·特龙领导的一个由学生和教师组成的团队设计出无人驾驶汽车，并在沙漠中行驶超过 212.43km
2009—2015 年	• 2009 年，谷歌推出无人驾驶汽车计划，目前谷歌无人驾驶汽车已经发展到第三代。第一代是在丰田普锐斯的基础上进行改装；第二代是基于雷克萨斯 SUV 改装；2015 年 6 月推出的第三代无人驾驶汽车是谷歌自主设计生产的车型。谷歌无人驾驶汽车已经获得大量路试数据。 • 2010 年，通用汽车在上海世博会展示电动网联化概念车 EN-V。 • 2011 年，宝马发布车辆智能自动超车技术，名为 CDC（Connected Drive Connect）。 • 2013 年，奔驰将一辆 S500 改装为 Intelligent Drive 自动驾驶测试车，并在德国完成了约 100 千米的路测。 • 2014 年 10 月，梅赛德斯-奔驰在德国"IAA 商用车博览会"中展示了重型自动驾驶概念卡车 Future Truck 2025。 • 2015 年 1 月，奔驰和奥迪分别在国际消费类电子产品展览会（CES）上展出各自的自动驾驶概念车。 • 2015 年 5 月，内华达州向戴姆勒 18 轮集卡 Freightliner Inspiration 车型颁发上路许可，这是全球首次发放长途自动驾驶运输卡车牌照。 • 2015 年 12 月，福特获得美国加州的自动驾驶车辆测试许可
2015 年以后	• 2016 年 3 月，联合国欧洲经济委员会宣布《国际道路交通公约（维也纳）》中对于自动驾驶汽车的修正案正式生效。新修正案规定：在全面符合《联合国车辆管理条例》或者驾驶员可以人工选择关闭该功能的情况下，将驾驶的职责交给车辆的自动驾驶技术可以明确地被应用到交通运输当中。至此，全球车联网进入市场化和产业化推广阶段

（一）产业基础数据

在全球范围内，根据 Strategy Analytics 的报告，2015 年全球搭载前装车联网设备的汽车数量为 1750 万辆，预计到 2023 年将达到 7500 万辆。在渗透率方面，2016 年估计为 27%，预计到 2023 年将达到 67%。其中，中国市场 2016 年的渗透率为 19%，预计到 2023 年将达到 67%，成为全球最大的车联网前装市场。

车联网硬件市场规模将从 2013 年的 16.89 亿欧元增长到 2018 年的 69.42 亿欧元，复合年均增长率为 32.67%，增速非常强劲；TSP 远程服务的复合年均增长率为 15.94%；通信的复合年均增长率为 29.28%。2015 年全球车联网硬件、TSP 远程服务、通信的市场规模已经分别达到 34.31 亿欧元、29.71 亿欧元、15.13 亿欧元，这已经是一个非常大的市场。

在具体的动作方面，不仅传统的汽车厂商如宝马、福特、通用等加快车联网产品的开发和推广，IT 科技公司如谷歌、苹果、微软、英伟达也在快速布局。而且互联网公司纷纷选择与汽车厂商合作，将合力研发的系统打入前装市场，从而更好地占领制高点。

车联网产业链主体分为端、管、云三大板块。端，即汽车与车、路、人（V2X）交互的智能展示方式，负责采集与获取车辆的智能信息，感知行车状态与环境，衍生品包括智能手机、车载导航机、车载中控大屏等。管，即将车辆行为等情况通过数据传输给云平台的通道，解决车与车（V2V）、车与基础设施（V2I）、车与人（V2P）等互联互通问题，主要通过网络运营商进行传输，衍生品包括网络通信源、移动数据信号等。云，即通过云平台，为车辆的调度、监控、管理、数据汇聚等提供云服务功能，如通用 OnStar、丰田 G–Book、苹果 CarPlay、百度 CarLife 以及车载 OBD 盒子等。大数据平台，即通过整合、计算、应用数据，将云平台与 4S 店、整车厂、保险公司以及互联网公司进行连接，为其提供基于数据的用户画像、营销策略等支持服务。

车联网产业链较长，从上游到下游，参与者众多，主要分为软硬件提供商、设备提供商、网络运营商、内容提供商、汽车厂商以及服务提供商。其中，车联网信息服务商（TSP）在产业链中居于核心位置，向上连接软硬件提供商、设备提供商、电信运营商，负责整合资源；通过第三方数据平台，向下连接 4S 店、整车厂、保险公司等为客户提供服务，起到生产者与消费者间桥梁的作用，形成车联网整体服务体系。

对于车联网参与者，汽车前装市场是车联网的关键阵地，目前市场上 BAT 等高科技企业均争先恐后抢占 TSP 位置，如苹果 CarPlay、百度 CarLife、阿里 YunOS 等，而由于车企对信息的保护以及汽车前装市场 CAN（控制器局域网络）总线难以切入等技术难点，BAT 等高科技企业选择以合作的方式介入。目前来看，产业链的协同发展尚处于起步阶段。

（二）产业转移趋势

在移动互联网、无线网络和人工智能等技术升级的推动下，汽车智能化正迎来新的发展阶段。各国政府和科技巨头纷纷加码智能驾驶技术研究，抢占新的市场和技术制高点。

预计到 2022 年，车联网将覆盖 90% 的乘用车。车载娱乐内容销售额从 2016 年的

13.96 亿美元增长至 2020 年的 65.39 亿美元，实时导航支出从 2016 年的 24.68 亿美元增长至 2020 年的 71.55 亿美元。而从各大车企与互联网巨头公布的计划看，2020 年将成为无人驾驶车辆商业化元年，并从此进入爆发式增长期。

据埃森哲预计，我国车联网市场规模有望在 2025 年达到 2162 亿美元，占全球市场的四分之一。

在技术标准方面，考虑通信安全和国内企业未来发展，我国重点推广 LTE－V。为推动国内 LTE－V 的发展，自 2015 年 9 月开始，工信部先后与浙江省政府、京津冀三地政府、重庆市政府签署合作协议，华为、千方、北汽、长安等几十家大型企业参与，推动"宽带移动互联网技术"在智慧汽车和智慧交通领域的应用。2020—2025 年，V2X 新增市场可达 2000 亿元。

车联网商业模式多元化发展。现阶段抢占入口是未来车联网变现的关键，高精度地图和电子车牌是重要入口。未来商业模式一是基于 LBS 的数据变现，二是汽车后市场服务的拓展。

产业链协同发展将成为车联网的重要生态。车企、通信厂商和互联网企业共同参与研发，硬件制造商、软件服务商、内容提供商合作增多，未来有望与车企实现更深层次的合作。

（三）优势国家和地区产业政策

美、欧、日等发达国家和地区普遍重视车联网发展，美国是以企业为主体、政府搭平台，通过市场力量发展车联网，政府则从立法、政策、标准等方面着力营造良好发展环境；欧盟重视顶层设计和新技术研发，在关键领域通过大量资金引导产业发展，其中，车辆安全救援、自动驾驶等是其政策引导的重点方向；日本政府关注主要产业发展，大力推动新技术应用，重点聚焦在智能交通与自动驾驶领域。总体上，美、欧、日的政策呈现三大特点：一是高度重视车联网相关产业发展，将其视为战略性新兴产业，在国家层面开展顶层设计；二是强制立法对部分重点领域大力推动和强力引领；三是政策主要聚焦于汽车的智能化和网联化，并逐步相互融合，高度自动化车辆已经成为各国产业热点。因此，美、欧、日通过在车联网的国家战略、法律、规划、标准等多个层面布局，抢占本轮产业发展的全球制高点。

车联网要解决的核心关键是通信标准的制定，技术已逐渐被突破。目前世界各国都在这一通信标准的制定上做了许多工作。美国交通部及欧洲都成立了车辆间通信联盟；2004 年，日本便推出了 Smartway 计划，以 DSRC 为主要技术对车联网及产业链进行规划；在中国，LG、高通与华为大力推广 LTE－V，工信部批准国内首个国家车联网（上海）试点。这些工作的持续推进，加速了车联网技术的日益成熟。

美国交通部在 1995 年提出了国家智能交通系统项目规划，规定了智能交通系统（ITS）的七大领域和 29 个用户服务功能，涵盖了出行和交通管理、出行需求管理、电子收费、应急管理、先进的车辆控制和安全保证等方面，开始了对车辆的联网联控的进程。目前，美国的智能交通系统已广泛应用，并且相关产品也较为先进，2010 年美国交通部研究和创新技术管理局发布了《ITS 战略研究计划（2010—2014）》，致力于建立全国性质的多模式地面交通系统。该系统的主要特征是：通过车辆、道路设施、手持设备之间互联的交通环境，发挥无线通信技术的作用，使交通安全、交通移动性和环境三方面的性能最大化；在改善交通机动性方面，提供一种互联的、数据丰富的出行环境，通过收集实时数据传输至管理中心，使交通管理达到最优性能；在改善交通安全方面，通过 V2V 和 V2I 数据传输，使系统支持向司机进行提示、警告以及实现车辆控制和道路设施控制以减少碰撞。2015 年，美国交通部发布了《美国智能交通系统（ITS）战略规划（2015—2019）》，不但明确了未来美国智能交通系统发展的两大重点、五大主题以及六大项目类别，而且将车联网作为美国发展智能交通系统的重点，该战略规划的出台标志着发展车联网产业已上升至国家战略层面高度。

日本是全球车联网最发达的国家之一，对汽车用户生活和习惯的影响最广泛、改造最深入，非常值得我们学习和借鉴。日本的车载导航和音响有七大巨头，丰田汽车系的松下、富士通天，本田系的阿尔派、先锋电子和三菱电机，日产系的歌乐以及一般市场的 JVC 健伍。除日本汽车厂商以外，松下还是奔驰、阿尔派还是宝马和戴姆勒、歌乐还是福特汽车公司的车载导航的供应商，长年的密切合作关系也使他们成了车联网的重要参与者。车载导航早已不是传统意义的导航仪，而是一个承载汽车电子信息的终端。导航厂商也早已不是单纯的硬件供应商，而是一个提供解决方案的软硬件集成商，日本的车联网服务正是由于车载导航厂商的参与而飞速发展，如阿尔派不仅向本田汽车公司提供导航，也与本田汽车公司一起共同研发构筑了车联网 Internavi 的整体框架。日本的电子元器件产业依旧保持着很强的国际竞争力和很高的市场份额，日本企业一直在中小型液晶面板中保持着很高的技术优势。日本电子元器件厂商具备优秀的创新能力、快速响应下游和卓越的大批量制造工艺和管理能力，这些优势形成了很高的进入壁垒，且产品是诸多细分产业链龙头企业的必备关键零部件。产业链的下游对其形成一定的依赖性，而且可以跟随下游新产品周期的扩张而实现利润率的稳定。

欧盟高度重视汽车智能化。2010 年，欧盟委员会发布《欧盟 2020 战略》，提出数字社会的增长计划。2013 年，欧盟委员会推出地平线 2020 科研计划，加速推进车联网的研发。2015 年 7 月，由欧洲道路交通研究咨询委员会发布自动驾驶路线图，规划 2030 年前乘用车依次从 level 0 过渡到 level 5，从而实现完全无人驾驶。欧盟及各成员国纷纷出台相关政策法规支持无人驾驶汽车发展。2014 年 2 月，欧盟推出 Adaptive 项目（Automated Driving Applications & Technologies for Intelligent Vehicles，智能车辆自动驾驶应用和技术），欧盟提供 2500 万欧元资金，支持开发能在城市道路和高速公路上行驶的部分或完全自动化汽车。为参与无人驾驶技术全球产业竞争，英国政府近期陆续出台多项支持措施，并于 2017 年 4 月 11 日宣布为多个无人驾驶和低碳汽车技术研发项目提供总额高达 1.09 亿英镑的资助。英国"自动驾驶"项目组织已经开始在考文垂市的公共道路上开展车联网以及自动驾驶技术测试，以便收集更多数据以提高技术的安全性和实用性。据新华社 2017 年 11 月 18 日消息，这个组织获英国政府支持，整合了福特、捷豹路虎等车企以及英国多个研究机构的研发能力，主要目的是结合科研和产业力量推动车联网和自动驾驶技术发展。车联网即汽车移动物联网，核心是交通网络控制平台通过装在每辆汽车上的传感终端来监控车辆，并提供综合服务。考文垂的路测将主要测试联网交通信号灯系统、车辆紧急报警系统以及紧急制动报警系统等。此外，捷豹路虎和塔塔等车企还会测试与自动驾驶相关的技术。"自动驾驶"项目组织的项目总监蒂姆·阿米蒂奇说，此前这些技术的测试都是在封闭场地进行，但只有在实际道路上测试才能真正验证新技术能为公众带来多大效益。如果进展顺利，该组织将在考文垂和米尔顿凯恩斯进行下一阶段测试。

根据美国 IHS 公司预测，2025 年，全球无人驾驶汽车销量将达到 23 万辆，2035 年将达到 1180 万辆，届时无人驾驶汽车保有量将达到 5400 万辆，中国市场占全球无人驾驶市场的份额将达到 24%、北美市场的份额为 29%、西欧市场的份额为 20%。未来 10~15 年，欧、美、日等发达国家和地区的无人驾驶汽车技术将陆续从以高级驾驶辅助系统（ADAS）为基础的智能单车向融入智慧交通系统中的完全自动驾驶汽车过渡。根据世界各国智能交通发展战略规划，2025—2030 年将成为欧、美、日等发达国家和地区完全自动驾驶汽车市场化的初始时间。在此期间，自主式和网联式两种技术解决方案将加速融合，自主式和网联式优势互补，使无人驾驶汽车的使用成本更低、安全性更好、自动化程度更高。

二、我国产业现状

中国的车联网研发起步相对较晚，但产业发展迅速。在工业制造智能化和互联网模式多元化的双引擎驱动下，电子信息、移动通信、人工智能等技术与汽车产业加速融合。信息通信技术与智能汽车的结合是近年来车联网得到快速发展的重要原因。通过现代通信与网络技术，汽车、道路、行人等交通参与者都已经不再是"孤岛"，而是成了智能交通系统中的信息节点。在国内，互联网技术与汽车行业互融。科技型公司如百度、腾讯、阿里等均开始涉足无人驾驶领域，且跨越程度快于传统整车厂商。科技型公司在数据融合、高精度地图方面具有技术优势；通过实现无人驾驶可以真正地将汽车变成下一个互联网入口。2017 年 7 月，东风悦达起亚首次搭载百度 DuerOS 智能车联解决方案；2017 年 10 月，阿里携手斑马网络与神龙汽车就未来汽车智能化达成战略合作；2017 年 11 月，腾讯发布 AI in Car 生态系统，联合广汽发布 iSPACE 智联电动概念车。

（一）产业基础数据

1. 产业规模

无人驾驶是车联网发展的最终目标。无人驾驶产业是一个效益巨大的产业，由汽车、人工智能、新能源、IT 通信、交通运输 5 个十万亿元人民币产业组成。当前，国内外企业都在争相布局，如软银花 2200 亿元人民币收购了 ARM 公司，英特尔花 1055 亿元人民币收购了 Mobileye，百度投资 200 亿元人民币、长安投资 200 亿元人民币进军无人驾驶，腾讯用 100 亿元人民币收购特斯拉 5% 的股权，业界剑拔弩张，直指无人驾驶王者之席。从各大车企与互联网巨头公布的计划看，2020 年成为无人驾驶车辆商业化元年，并从此进入爆发增长。据 IHS 预测，2025 年全球无人驾驶汽车销量将达到 23 万辆，2035 年将达到 1180 万辆，届时无人驾驶汽车保有量将达到 5400 万辆，其中，中国市场的份额将达到 24%。

中国市场的发展滞后于全球无人驾驶市场的发展 1.5~3 年时间，但随着研发进度加快、技术累积、硬件成本下降、市场对无人驾驶的接受程度逐步升高、法律逐渐规范,2025年后中国乘用无人驾驶市场的发展将迎来快速增长时期,届时中国将成为全球最主要市场,如图9-1和图9-2所示。

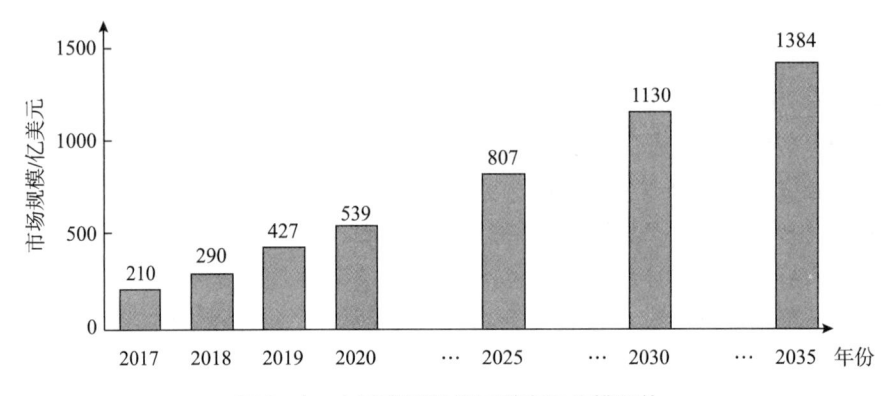

图9-1 中国商用智能网联市场规模预估

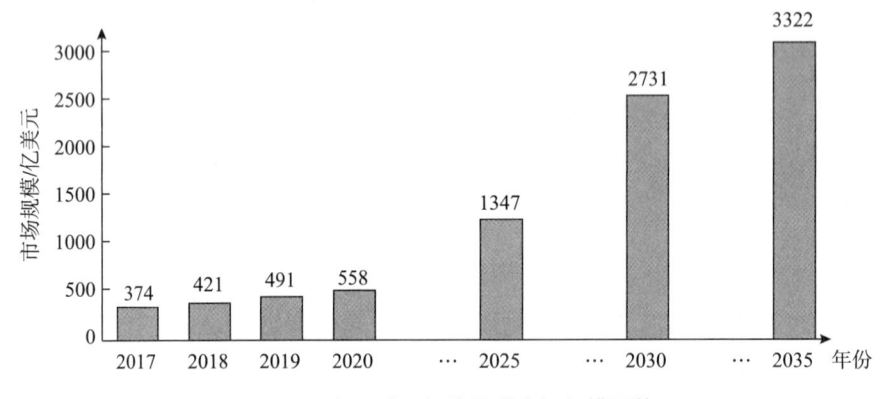

图9-2 中国乘用智能网联市场规模预估

ADAS(高级辅助驾驶系统)是最可能先实现、也是最基础的组成部分。目前中国的汽车销量占全球总销量的三成以上,但我国的ADAS市场份额在全球的占比却显著低于30%。目前,我国ADAS市场渗透率在3%~6%,其中盲区监测、疲劳预警、自动紧急制动系统的渗透率最高;与此同时,欧美国家ADAS的市场渗透率已达8%~10%。相比之下,ADAS在我国的渗透情况与我国汽车产业在全球的市场地位极不相符,国内ADAS渗透率还有非常大的提升空间。预计未来3年中国汽车市场对ADAS的需求量将保持持续增长的态势,年均复合增长率将达到30%~35%,激光雷达、双目摄像头等传感器系统将受到业内的持续关注。

在工业和信息化部、国家发改委、科技部印发的《汽车产业中长期发展规划》中提出,到2020年,汽车DA(驾驶辅助)、PA(部分自动驾驶)、CA(有条件自动驾驶)系统新车装配率超过50%。到2025年,汽车DA、PA、CA新车装配率达80%,其中PA、CA级新车装配率达25%,高度和完全自动驾驶汽车开始进入市场。基于我国年汽车销量平均增速为6%的预测,2020年我国汽车销量达3000万辆左右。综上,以2020年智能网联新车市场DA、PA、CA系统渗透率为50%,网联式驾驶辅助系统渗透率为10%，假设市场充分竞争后，相关配件价格下降，智能网联产品单车配套价格低至5000元，则未来市场规模将近900亿元，市场潜力巨大。

2. 产业结构

车联网集中运用了计算机、现代传感、信息融合、模式识别、通信网络、大数据及自动控制等技术，是一个集环境感知、规划决策和多等级驾驶辅助等于一体的高新技术综合体，拥有相互依存的技术链和产业链体系。

(1) 车联网的技术链，主要包括以下几个方面。

①功能与应用：包括车载信息处理、路径规划、决策控制技术、自动驾驶等技术。

②网络与传输：包括车内网和车际网，包括汽车之间信息共享与协同控制所必需的通信保障技术、移动自组织网络技术，重点是V2X、5G。

③设备与终端：包括利用雷达（激光、毫米波、超声波）和视觉传感器的环境检测技术以及路边单元。

(2) 车联网的产业链，主要包括以下几个方面。

①端：包括整车企业，提出产品需求，提供智能汽车平台，开放车辆信息接口，进行集成测试；汽车电子供应商，能够提供智能驾驶技术研发和集成供应的企业，如自动紧急制动（AEB）、自适应巡航（ACC）等；先进传感器厂商，开发和供应先进的传感器系统，包括机器视觉系统、雷达系统（激光、毫米波、超声波）等。

②管：包括通信设备制造厂商、通信服务商。

③云：包括车联网相关软件和数据供应商以及服务提供商，包括通信服务商、平台运营商以及内容、数据、软件提供商等。

3. 重点企业分布

无人驾驶的发展遵循着"军事应用与高校研发—传统车企布局—互联网巨头加入"的发展过程，在国内，虽然有车企已经和高校联合研发辅助驾驶，但是只有个别车企开始了全自动无人驾驶技术的研发。

从总体分布来看，车联网企业主要分布在东部沿海地区，尤其是汽车电子和零部件产业集聚的珠三角和长三角地区。从各省（直辖市、自治区）来看，广东、江苏、浙江、山东和上海拥有的车联网企业数量排名前五，企业数量基本都超过1000家，远远超出其他省份；而湖南、四川、重庆等中西部省市总体表现也较为优秀。

车联网重点企业主要集中在东部沿海地区，以珠三角和长三角地区为主。对注册资本超过2000万元以上的重点企业分布进行分析，根据统计，广东企业数量达到24%，是全国最主要车联网产业基地。江苏、浙江、上海分布较为平均，凭借长三角地区雄厚的汽车产业链基础，合计份额超过23%。同时北京凭借互联网产业基础和高新技术企业基础，占比为7%，结合产业资源分布，可以看出北京的企业数量虽少，但是企业规模普遍较大。

车联网通信离不开通信运营商的网络服务以及其拥有的公用移动通信基站。中国移动、中国联通和中国电信均成立了下属的车联网部门与子公司，力图从网络运营和基站建设着手，协同制定车联网应用标准，引领行业发展。通信芯片同样具有较高的进入门槛，国内以华为、大唐、中兴为主，开展LTE-V2X芯片和5G通信芯片的研发。在通信运营和芯片等领域，国内市场基本被行业巨头占领。

在高校方面，长安大学、吉林大学、浙江大学、清华大学、上海交通大学、江苏大学、北京理工大学与车企合作，为网联汽车提供技术支撑；在车企方面，比亚迪、奇瑞汽车、浙江吉利控股、北汽福田通用、长安汽车等整车汽车厂商进驻布局；在互联网和通信方面，百度、腾讯、阿里等科技型公司已经涉足无人驾驶领域，且跨越程度快于传统整车厂商，其中百度无人驾驶车辆的亮相标志着我国无人驾驶技术开启商业化进程；在运营商和通信方面，中国移动、中国联通、中国电信提供运营服务，华为推动 LTE-V 发展，携手助力网联汽车产业。

随着产业发展，新鲜血液不断加入，巨星科技、高德红外、保千里、欧菲光致力传感器研发；四维图新、超图软件关注地图导航；小鹏汽车进驻自动驾驶，为我国产业长期发展助力。

（二）产业转移趋势

车联网的发展分三步走[1]：第一阶段是基于自车感知与控制的高级驾驶辅助系统（ADAS），这是车联网发展的基础阶段；第二阶段是应用信息通信（ICT）技术实现车与X之间的信息共享与控制协同，即网联化技术的应用；第三阶段是自动驾驶和无人驾驶的实现，这是车联网发展的最终目标。目前，基于 ADAS 技术的产品已经开始大规模产业化，网联化技术的应用已经进入大规模测试和产业化前期准备阶段，而自动驾驶正处于样车开发与小规模测试阶段。

在工业和信息化部、国家发改委、科技部印发的《汽车产业中长期发展规划》中提出，到 2020 年，汽车 DA（驾驶辅助）、PA（部分自动驾驶）、CA（有条件自动驾驶）系统新车装配率超过 50%。到 2025 年，汽车 DA、PA、CA 新车装配率达 80%，其中 PA、CA 级新车装配率达 25%，高度和完全自动驾驶汽车开始进入市场，如图 9-3 所示。

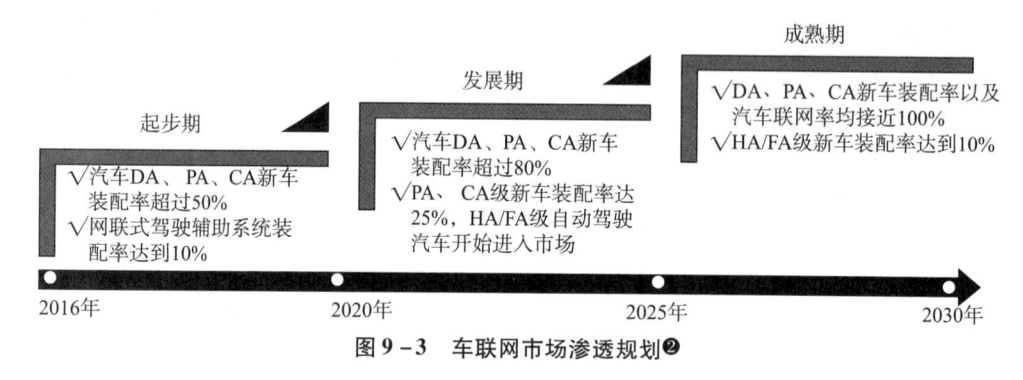

图 9-3 车联网市场渗透规划[2]

ADAS 技术是汽车智能化的基础性技术，也是目前已经得到大规模产业化发展的技术，主要可分为预警技术与控制技术两类。从产业发展角度，目前 ADAS 核心技术与产品仍掌握在国外公司手中，尤其是在基础的车载传感器与执行器领域，博世、德尔福、TRW、法雷奥等企业垄断了大部分国内市场，一些台资企业也有一定市场份额。近年

---

[1][2] 百度文库. 2017 年智能网联汽车发展七大趋势 [EB/OL].（2017-12-31）[2021-07-28]. https://wenku.baidu.com/view/2a6b2e2050e79b89680203d8ce2f0066f5336487.html.

来，国内也涌现了一批 ADAS 领域的自主企业，在某些方面与国外品牌形成了一定竞争，但总体仍有较大差距。而就市场而言，当前 ADAS 市场渗透率较低，行业发展确定性高、市值空间大。

在自动驾驶领域，传感器与地图导航作为无人驾驶的核心技术，在我国市场仍没有成熟产品，关键技术进口替代是趋势所在，率先布局实现技术积累或与国际巨头合作的公司将赢得卡位优势。

传感器是未来无人驾驶的感知入口。在物联网发展与无人驾驶技术双驱动下，我们预计未来 3 年车载传感器市场将保持 8% 增速，其中以激光雷达、毫米波雷达与立体视觉摄像头三大传感器受益确定性最高。其中，成本下降将开拓激光传感器增量市场；图像识别技术的提升将开拓车载摄像头存量、增量市场；雷达传感器则为重要补充。

多传感器融合是实现无人驾驶环境感知的必然趋势，在不同天气条件下满足无人驾驶对图像识别精度和智能判断可靠性的要求，一个重要的趋势是将不同传感器专用功能集成到更加综合性的系统中进行筛选融合，使传感器之间能够优势互补，最终达到提升精确性的目的，而组合感知模块的开发必将带来强有力的市场竞争。

高精地图与导航是未来无人驾驶的必备关键技术。厘米级高精地图将重塑现有地图市场格局，北斗导航提供的高精度定位服务将助推我国无人驾驶技术发展，其中在高附加值运营服务环节中有研发优势的企业能够率先占据市场份额。多种定位方式融合是定位导航技术发展的趋势。定位方法有多种，卫星定位、地面基站定位、视觉或激光定位以及惯导定位等，每一种定位方式都有其局限性，定位方式融合是总趋势。

在数据分析共享方面，建设车联网基础数据交互平台是重点。目前网联汽车并未实现真正"互联"，各类企业级平台以及政府监管平台数据互不联通。基础数据交互平台通过标准的数据交互方式，与各企业级平台以及行业管理平台实现互联互通，实现大数据共享，提供基础数据服务，有利于优化资源配置，推动行业发展。

在通信方面，重点进行基于 LTE 的车联网通信系统发展。加强车载 LTE 通信芯片、模组及设备的研发，实现与高精度车载定位芯片的集成。支持 LTE-V 等车联网专用通信系统产业化，使其成为智能汽车中国标准体系的重要组成，掌握标准主导权。尽快确定我国车联网通信频谱资源，扶持 LTE-V 芯片、设备与应用相关产业发展，打造完善的基于 LTE 的车联网产业链。

在标准建设方面，加快车联网标准与规范建设。产业发展标准先行，尤其是"网联化"技术的发展要求车与车、车与路、车与人之间交互时必须有标准的数据格式与协议。应加快研究确定我国车联网专用短距离通信频段以及相关协议标准，规范车辆与平台之间的数据交互格式与协议，制定车载智能设备与车辆间的接口标准，研究制定车辆信息安全相关标准。

（三）产业政策

1. 国家层面

2011 年 12 月，《物联网"十二五"发展规划》中规定智能交通、智能物流将作为物联网产业的优先发展方向，开展面向基础设施和安全保障领域的应用示范，重点支持交通、电力、环保等领域的物联网应用示范工程。

2015年5月，国务院发布《中国制造2025》，提出到2020年，掌握智能辅助驾驶总体技术及各项关键技术，初步建立车联网自主研发体系及生产配套体系。

2015年12月，工业和信息化部出台《车联网发展创新行动计划（2015—2020）》，推动车联网技术研发和标准制定，组织开展车联网试点，基于5G技术的车联网示范。

2016年10月，工业和信息化部发布《车联网技术路线图》，为车联网行业提供指导性意见。

2017年4月，工业和信息化部、国家发改委、科技部印发《汽车产业中长期发展规划》，开展车联网推进工程，推进车联网技术创新，重点支持传感器、北斗高精度定位、车载终端、操作系统等核心技术研发及产业化。到2020年，汽车DA（驾驶辅助）、PA（部分自动驾驶）、CA（有条件自动驾驶）系统新车装配率超过50%。到2025年，汽车DA、PA、CA新车装配率达80%，其中PA、CA级新车装配率达25%，高度和完全自动驾驶汽车开始进入市场。

2017年6月，工业和信息化部网站推出《国家车联网产业标准体系建设指南（智能网联汽车）（2017年）》。到2020年，初步建立能够支撑驾驶辅助及低级别自动驾驶的车联网标准体系。制定30项以上车联网重点标准，涵盖功能安全、信息安全、人机界面等通用技术以及信息感知与交互、决策预警、辅助控制等核心功能相关的技术要求和试验方法，促进智能化产品的全面普及与网联化技术的逐步应用；到2025年，系统形成能够支撑高级别自动驾驶的车联网标准体系。制定100项以上车联网标准，涵盖智能化自动控制、网联化协同决策技术以及典型场景下自动驾驶功能与性能相关的技术要求和评价方法，促进车联网"智能化+网联化"融合发展，以及技术和产品的全面推广普及。

2017年9月7日，国家制造强国建设领导小组召开车联网产业发展专项委员会第一次会议，提出发展LTE－V2X。2018年1月5日，国家发改委《智能汽车创新发展战略》（征求意见稿）公开征求意见。2018年4月3日，工业和信息化部、公安部、交通运输部印发了《智能网联汽车道路测试管理规范（试行）》的通知。2018年6月27日，工业和信息化部无线电管理局研究起草了《车联网（智能网联汽车）直连通信使用5905—5925MHz频段的管理规定（征求意见稿）》。2018年10月21日，《车联网（智能网联汽车）直连通信使用5905—5925MHz频段的管理规定》发布。2018年11月17日，国家制造强国建设领导小组召开车联网产业发展专项委员会第二次会议，提出加快LTE－V2X部署。2018年12月27日，工业和信息化部印发了《车联网（智能网联汽车）产业发展行动计划》的通知。2019年4月16日，工业和信息化部发布《基于LTE的车联网无线通信技术安全认证技术要求》等35项行业标准修订计划征求意见稿和《商用车辆车道保持辅助系统性能要求及试验方法》等19项国家标准修订计划征求意见稿。2019年5月15日，工业和信息化部装备工业司组织全国汽标委编制了2019年车联网标准化工作要点，进一步贯彻顶层设计，加快ADAS和自动驾驶等重点标准建设，加强国际合作交流。2019年6月20日，国家发改委和财政部联合发布《关于降低部分行政事业性收费标准的通知》，对5905—5925MHz频段车联网直连通信系统频率占用费标准实行"头三年免收"的优惠政策。

2. 地方层面

北京：2016 年，工业和信息化部、北京市、河北省签署了基于宽带移动互联网的智能汽车与智慧交通示范应用合作框架，同年，在北京市经济和信息化委员会指导下，由北京千方科技股份有限公司牵头成立了北京智能车联产业创新中心。2017 年 8 月 18 日，京冀试验区在北京市首条车联网专用道路落地，对于联网的测试车辆针对盲区提醒、紧急车辆接近、行人闯入、绿灯通过速度提示、优先级车辆让行等十多种预警和提醒上线测试。

上海：包括赛格导航、航盛电子、东软公司在内的 46 家来自产学研各方的单位正式加盟上海车联网与车载信息服务产业联盟，在引爆市场需求式的新扶持政策下，已形成国内车联网及汽车电子产业链中门类齐全、配套完整的产业基地，以及在涵盖关键芯片、智能终端、总线网络、通信运营、高端软件、移动互联、标准检测等方面完整的全产业链研发和布局，具备了发展车联网产业的基础条件。

重庆：2014 年在重庆经开区建设了重庆车联网科技产业园，并将车联网产业上升为市级战略，已聚集了一批国家级平台和 40 余家车联网企业，产业规模已超 30 亿元，入网车辆和用户超过 1200 万。2015 年由中国保监会下属的中国保险信息技术管理有限责任公司与重庆市南岸区签订了全面战略合作协议，双方共同建立国家级车联网产业示范基地。

武汉：2016 年 8 月，武汉市交管局与当地互联网企业合作打造的"车联网＋交管服务平台"正式上线，依托于车辆智能后视镜，与交管部门的八大智慧交通系统互联，为市民提供便民服务。

广州：从 2013 年开始车联网平台的应用与开发，由雄兵汽车电器有限公司与中国电信广州分公司签订了省内首个车联网应用战略合作协议。目前聚集了一批从事汽车智能装备系统集成的公司，已形成一定的产业规模。

天津：推出《目标区域市智慧城市建设规划》，规划提出，建设综合智能交通信息系统，打造"互联网＋城市交通"。推进北斗车联网试点建设，开展智能泊车、公共交通行驶信息引导试点应用。通过交通云计算和大数据应用，实现行业整体运行状况的全面感知、交通突发应急事件的协调指挥、交通运输管理运营的科学决策。

（四）产业应用

车联网是实现自动驾驶乃至无人驾驶的重要组成部分，也是未来智能交通系统的核心信息通信平台，将在以下五个方面发挥越来越重要的作用。

（1）车辆安全方面：车联网可以通过提前预警、超速警告、紧急制动、逆行警告、禁止疲劳驾驶、红灯预警、行人预警等相关手段提醒驾驶员，从而有效降低交通事故的发生率，保障车辆安全，并在发生情况时及时实施相应措施。

（2）交通控制方面：将车端和交通信息及时发送到云端，进行智能交通管理，从而实时播报交通及事故情况，缓解交通堵塞，提高道路使用率。

（3）信息服务方面：车联网为企业和个人提供方便快捷的信息服务，如提供高精度电子地图和准确的道路导航。车企也可以通过收集和分析车辆行驶信息，了解车辆的使用状况和问题，确保用户行车安全。其他企业还可通过相关特定信息服务了解用户需求和兴趣，挖掘营利点。

（4）智慧城市与智能交通方面：以车联网为通信管理平台可以实现智能交通。例如，交通信号灯智能控制、智慧停车、智能停车场管理、交通事故处理、公交车智能调度等方面都可以通过车联网实现。交通的信息化和智能化，必然有助于智慧城市的构建。

（5）导航精确化方面：在灵敏导航系统的运行下，车辆将能够即时获得系统指示，并会依据驾驶员的既往经验对导航路径实施精准计算，以此为驾驶员提供精准的导航指导。

从应用来看，我国车联网系统主要包括5种模式。

一是乘用整车厂主导型。越来越多的汽车生产厂商推出了各具特色的智能车载系统，并以此作为市场竞争的重要手段。合资品牌有通用的OnStar、丰田的G-Book以及日产的CarWings和智行；自主品牌有上汽荣威的InKaNet、一汽奔腾的D-Partner、长安汽车的InCall、吉利的G-NetLink等。

二是商业车队管理主导型。一些规模较大的工程车、校车、班车等营运车辆经营业户，为更好地对所属车辆开展统一管理，在车队范围内推广智能车载终端和相应的信息系统。

三是公共交通主导型。国内大部分大中型城市，都在其公交车、出租车内配置了智能车载终端，并基于该设备开展智能调度、精细化管理等应用。

四是消费电子主导型。国内一些后装的导航设备生产企业，如深圳掌讯通信等，把业务扩大到互动式车载终端生产以及实时信息服务领域。

五是地方政府主导型。由地方政府牵头推进的车辆电子标签及应用，代表城市为兰州、重庆、南京等，但是目前尚未形成统一的框架体系和技术标准。

（五）行业标准

车联网的通信标准主要有两类：①以移动蜂窝通信技术为基础的 C-V2X（Celluar-V2X, Vehicle to Everything）；②以 IEEE 802.11 系列协议为基础的 IEEE802.11p（Dedicated Short Range Communication，DSRC）。

1. DSRC vs C-V2X

DSRC 占据先机，C-V2X 后程发力。在车联网无线技术中，DSRC 起步较早，ETC 等基础设施已在全球得到广泛应用，与车辆安全相关的 IEEE 802.11p 协议在 2010 年已经完成标准化，并已经在美国和欧盟分别展开相关技术实验项目 Safety-Pilot 和 Drive。C-V2X 则起步相对较晚，2015 年由传统电信企业在 3GPP（3rd Generation Partnership Project）启动标准化工作。C-V2X 是基于传统蜂窝移动网络（4G/5G）的车联通信标准，也是5G诸多应用中最重要的商用场景之一。

DSRC 在车联网领域是专用短距通信（Dedicated Short Range Communication）技术的统称，实现车辆、人、交通路侧基础设施之间的通信，ETC、IEEE 802.11p 等都包含在内。其主要的标准化组织是 IEEE 和 SAE，经过了十多年的前期发展，产业链相对成熟，价格相对低廉。

C-V2X 在一般意义上包含 LTE-V（4G V2X）和 NR-V（5G V2X），基于传统的

蜂窝网络支持 V2V（车与车）、V2I（车与基础设施）、V2P（车与人）、V2N（车与网）。C-V2X 里的 C 是指蜂窝（Cellular），其包含了两种通信方式：一种是通过独特的设计来支持车辆移动下的场景，通过基站转发实现了车辆、人、交通路侧基础设施的信息互联互通；另一种是车辆、人、交通路侧基础设施之间的直接通信方式，可以保障无网络信号覆盖环境下的车车互联互通，可用于更多应用场景。由于起步较晚，C-V2X 产业链需加强协同，商业模式尚有待探索。C-V2X 的参与企业包含了诸多传统通信企业，如爱立信、高通、华为等，也有全球各大运营商的支持，近期受益于产业政策，越来越多全球领先车企加入这一阵营。

2. 从 4G V2X 到 5G V2X，C-V2X 具备长期演进适应能力

5G V2X 标准化即将完成。3GPP 在 2015 年即开始了针对 C-V2X 的标准讨论，和 DSRC 不同的是，伴随着电信网络的演进，4G C-V2X 也持续向 5G C-V2X 演进。在 3GPP Release15 中，LTE-V2X 已于 2018 年 Q2 完成，同步展开的 NR-V2X 在 2019 年 Q1 已完成研究阶段的潜在技术方案评估，并于 2020 年 7 月正式完成 5G V2X 的第一个版本所有技术标准化工作。

5G V2X 对于业务具有良好的适应性。5G V2X 继承了 4G V2X 的通信机制，同时致力于提升可靠性和时延敏感度，以进一步适应各种应用场景。业务对于数据时延和可靠性的要求不断攀升，4G V2X 性能可以满足辅助自动驾驶及部分高要求的辅助驾驶应用需求，对于更低时延、更高可靠性要求的无人驾驶应用需求，5G V2X 的到来恰逢其时。

第十章 车联网技术专利分析

第一节 车联网专利整体布局趋势

一、创新趋势分析

截至 2018 年 12 月 1 日，经检索式检索与简单人工筛选，最终确定与车联网技术相关的全球专利申请共计 19580 项，专利活跃度为 1.96，其中中国市场内与车联网相关的专利共申请 10734 项，专利活跃度为 2.22。

从图 10-1 可以看出，全球专利申请现在处于快速增长的状态，从图 10-2 可以看出，中国与全球专利申请同步增长，专利占比稳中有升。随着国内申请人专利申请量的增加，中国申请量在 2013 年出现大幅增长，国内申请人逐渐成为中国专利申请的中流砥柱。车联网技术全球专利在 2011 年开始爆发式增长，主要原因在于通信企业开始介入车联网领域，并同时申请了大量专利，其他传统汽车企业也随即加大了车联网技术的相关研究。

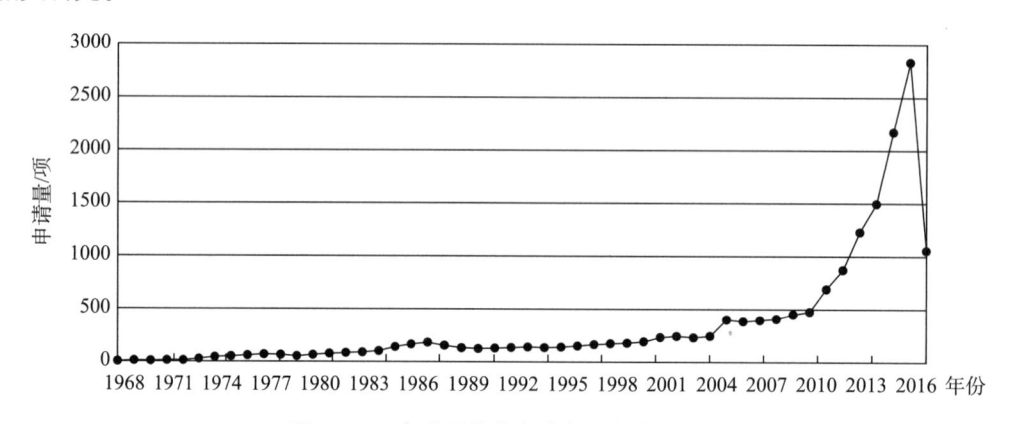

图 10-1 车联网技术全球专利申请量趋势

国外专利申请较早，并从 2005 年开始大幅增长。中国专利申请直到 1985 年才开始有所布局，中国专利申请前期主要依靠国外申请人拉动，2009 年，中国专利申请开始大幅增长，并且保持了较高的活跃度，加速追赶态势明显，国内专利申请成为中国专利申请的主力军。

图 10-2 车联网技术中国专利申请量趋势

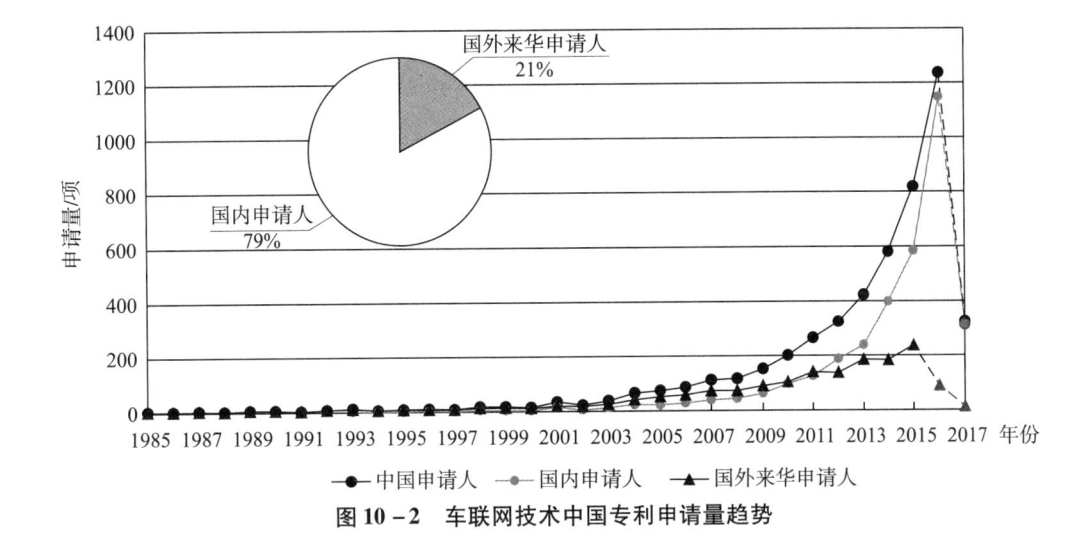

二、创新地域分析

从地域看（如图 10-3 所示），中国、欧洲、日本、美国、韩国是全球车联网技术的主要技术来源地，也是车联网专利布局的重点区域，80% 以上专利申请来源和布局在上述区域；中国申请人以 6683 项的专利申请量排名第一，占全球专利申请总量的 43%，成为最主要的技术来源国。从目标市场分析（如图 10-4 所示），有 8733 件专利在中国布局，占全球专利总量的 23%，仅次于欧洲 25% 的专利布局量。值得注意的是，相比其他区域，美国、日本、韩国的活跃度也明显更高，充分显示了上述区域在车联网技术中的重要性。

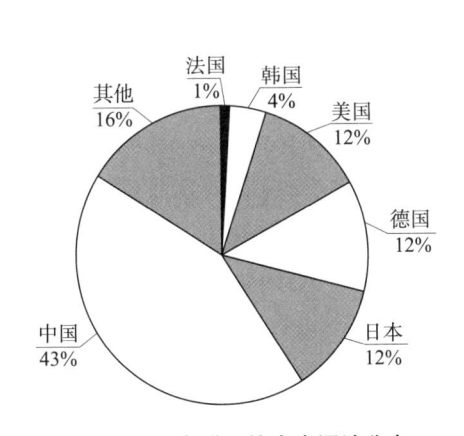

图 10-3 车联网技术来源地分布

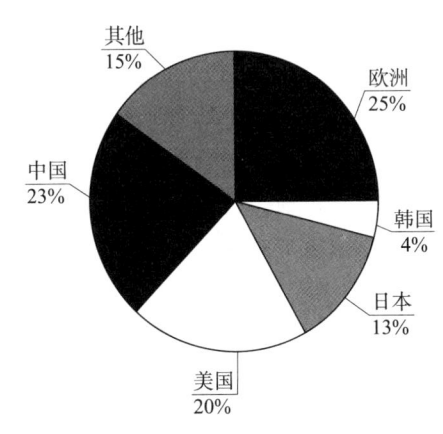

图 10-4 车联网技术目标市场分布

三、申请人分析

表 10-1 展示了全球及中国在车联网技术领域专利的主要申请人及其专利申请情况。从中可以看出，国外大型车企和零部件专利技术先发，已抢占车联网领域专利高地。国内申请人在相关领域的研发虽然起步较晚，但研发热度高涨，十分活跃。

汽车制造产业链正由纵向单一结构变为网状协同创新，传统车企在自动驾驶、驾驶辅助领域技术积累深厚，互联网企业以车联技术、人工智能技术为切入点进入产业，爆发力强，车联网产业生态正在构建。

表 10-1　全球及中国在车联网技术领域主要专利申请人

全球			中国					
申请人	专利量/项	专利占比/%	活跃度	国内申请人			国外来华申请人		
^	^	^	^	申请人	专利量/项	专利占比/%	活跃度	申请人	专利量/项	专利占比/%	活跃度
丰田	751	4.53	**1.82**	奇瑞汽车	110	0.66	**2.79**	丰田	281	1.69	1.19
博世	522	3.15	0.94	百度	103	0.62	**3.25**	博世	203	1.22	0.81
日产	305	1.84	1.25	江苏大学	86	0.52	1.85	福特	105	0.63	**2.14**
戴姆勒	289	1.74	1.04	乐卡汽车	80	0.48	**3.05**	通用	85	0.51	1.30
本田	275	1.66	**2.63**	同济大学	64	0.39	2.59	大众	72	0.43	1.69
大众	251	1.51	1.4	北京航空航天大学	63	0.38	2.04	日本电装	63	0.38	1.52
日本电装	244	1.47	1.75	中兴通讯	59	0.36	2.01	日产	58	0.35	1.18
现代	217	1.31	1.42	长安大学	50	0.30	1.39	本田	55	0.33	1.11
LG	212	1.28	**2.62**	北京理工大学	49	0.30	1.41	现代	44	0.27	**1.88**
宝马	143	0.86	1.65	清华大学	48	0.29	1.71	LG	39	0.24	**2.43**
合计	3209	19.4		合计	712	4.3		合计	1005	6.06	

注：表中标黑数据为活跃度的前三名。

丰田、日产、博世、大众等依托数据积累和渠道优势，仍占据主导地位。在全球申请量前十位的申请人中，国际知名汽车生产厂商和零部件厂商占据了 9 个席位。在中国申请中，国外来华前十位的申请人与全球申请人分布情况大致相似，申请人以汽车生产厂商和零部件厂商为主，与国外来华申请人不同，国内申请人以互联网企业、通信企业、科研院所为主，国内汽车生产厂商中仅有奇瑞汽车、乐卡汽车跻身前十的行列，一方面说明了国内车企的技术研发能力与国外车企相比仍存在较大的差距，另一方面也说明国内车企如果想要在车联网领域实现弯道超车则需要联合江苏大学、同济大学等国内的科研院所、高校，走产学研结合之路，弥补自身研发能力的不足。

第二节 车联网重点技术专利趋势

一、全球申请趋势分析

车联网中的车辆控制系统、车载终端、交通设施、外接设备等按照不同的用途，通过不同的网络通道、软件或平台对采集或接收到的信息进行传输、处理和执行，从而实现了不同的功能或应用。下面，对车联网的几个重要技术分支进行分析。

从图 10-5 可以看出，功能和应用、网络和传输与设备和终端三个技术分支中设备和终端的专利申请量最大，是目前车联网技术专利布局的重点。此外，三个技术分支当前均呈快速增长的状态，发展趋势基本一致，大致经历了以下三个时期。

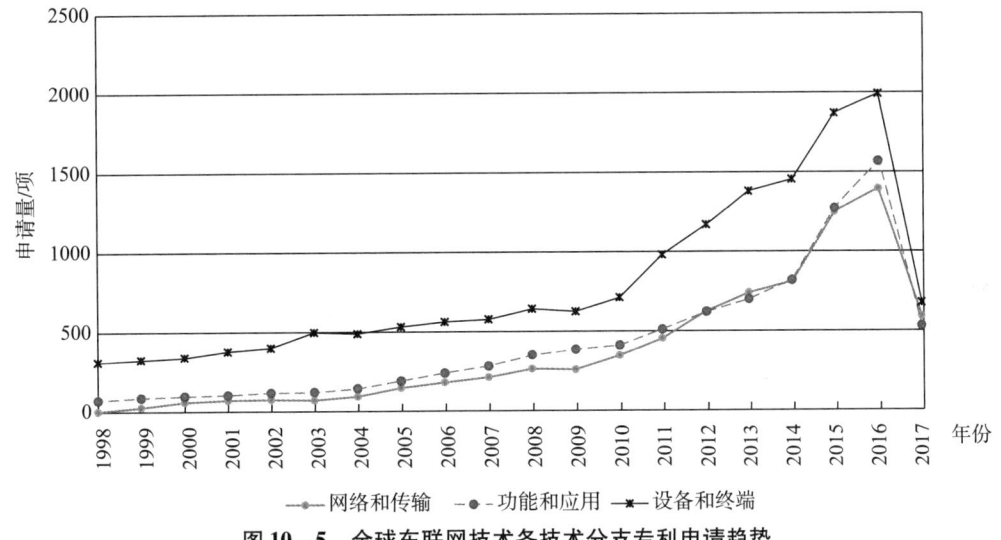

图 10-5 全球车联网技术各技术分支专利申请趋势

（1）起步期：从 1998 年到 2001 年。在这几年时间里，有关于车联网的专利申请开始涌现，并逐年增加，但专利总量在几百项左右，数量较少。由于物联网的发展，传感器等硬件设备的技术发展较快，因此在该时期，有关车联网设备和终端的专利申请量较多，而其他技术专利申请量较少。这主要是因为在该时期，许多技术处于原理和基础技术的研究探索阶段，发展较为缓慢。

（2）稳定增长期：从 2002 年到 2009 年。在这 7 年左右的时间里，车联网技术专利申请量处于平稳发展状态。这主要是因为对车联网的研究处于攻坚阶段，虽然在不断进步，但未能有重大突破。随着更多数量的专利申请出现，车联网有待于进一步广泛普及。

（3）快速增长期：2010 年至今。2010 年后，车联网飞速发展，各个技术分支的专利申请数量迅速增长。各大公司加入其中，尤其是一些传统汽车企业作为重要的科技力量投入其中：丰田与微软联手开发车联网技术、谷歌表示推进无人驾驶汽车项目、HTC携手福特进军车联网市场，甚至高通也推出了针对智能互联汽车的参照平台，"杀"进了车联网，这些无疑为车联网带来了更强的生命力。其中，云、大数据的飞速发展让人们在软件和平台方面有了新的重大突破，由此也带动了车联网的飞速发展；而网络和传输技术、设备和终端技术以及功能和应用等方面也都体现了更加繁盛的面貌。

二、中国申请趋势分析

自2010年车联网第一次在中国提出以来，车联网就以不可抵挡的气势发展起来。到现在"互联网+"大背景下的智能车、网联车、互联网汽车、自动驾驶层出不穷，无论是小型科技公司还是各大汽车厂商、互联网巨头，无不扬言于此，进而纷纷布局，为车联网的发展奠定了雄厚的基础。

2016年更是中国车联网具有重大突破的一年，腾讯发布安全硬件"神眼"，支持疲劳监测、偏离车道提醒和寻车功能；长安汽车成功完成2000km超级无人驾驶；搜狗地图推出智能车联网解决方案；阿里上汽联合发布互联网汽车；华为与启明信息联合搭建车联网平台；甚至连格力也加入新能源车联网大军。可以知晓，未来的相关专利申请会更上一个台阶，未来将是中国车联网发展的新时代。

从图10-6可以看出，中国申请趋势与全球申请趋势基本一致，其中，设备和终端作为车辆与外界信息交互的载体以及连接"人"和"系统"的载体，依赖当前成熟的传感器技术，专利申请量始终位居第一，并在近几年有了突飞猛进的发展。

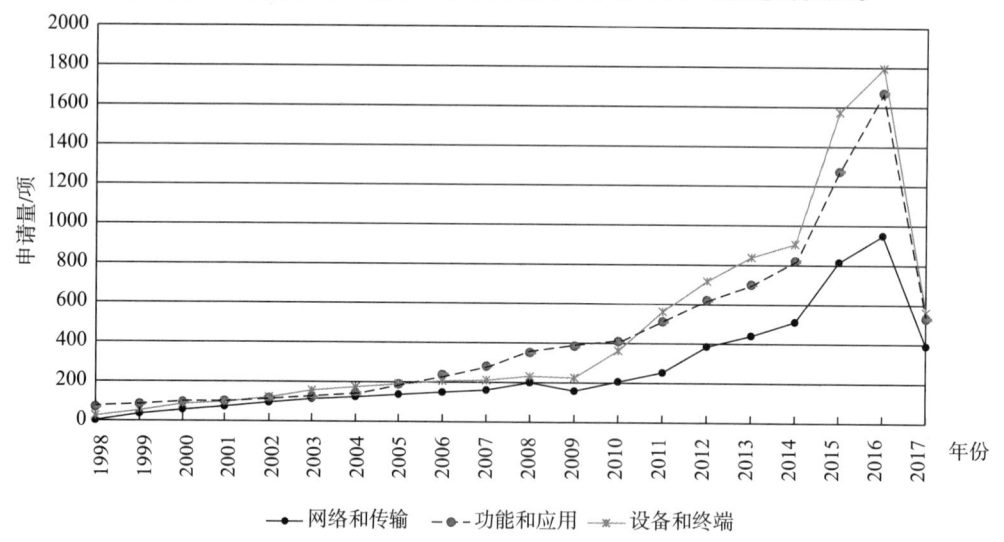

图10-6 中国车联网技术各技术分支专利申请趋势

由表10-2可知，在车联网领域各技术分支研究重点上，中国与全球表现基本一致，均将自动驾驶技术作为研究重点，自动驾驶技术全球专利申请量和中国专利申请量分别为7665项和3207项，活跃度分别为1.94和2.33，其在全球和中国无论是申请量方面还是活跃度方面均高于其他技术分支。作为车联网发展的最终目标，自动驾驶技术将会成为国内外各大传统汽车厂商和互联网企业竞相争逐的技术，并在今后继续保持快速增长的势头。此外，路径规划技术是为了寻找一条从起始状态包括位置和姿态到达目标状态的无碰撞路径，局部路径规划是在全局路径规划生成的可行驶区域指导下，依据传感器感知到的局部环境信息来控制无人平台的行驶轨迹；决策控制是智能交通运输的一个重要子系统，旨在通过智能通信系统实现高效的信息交互，由车辆位置、速度、路线等信息构成一个巨大的交互网络，最大限度地提升道路交通系统的安全畅通。路径规划与决策控制是构建智慧交通、实现自动驾驶方案的最关键技术，活跃度仅次于自动驾驶技术。

表 10 – 2　全球及中国在车联网重点技术分支中专利申请量

技术领域		全球			中国		
		专利量/项	占比/%	活跃度	专利量/项	占比/%	活跃度
功能和应用	车载信息	1908	2.89	1.53	1126	2.85	1.67
	路径规划	1933	3.11	1.63	1458	3.68	1.72
	决策控制	2482	1.76	1.19	726	1.83	1.8
	自动驾驶	7665	11.63	1.94	3207	8.10	2.33
网络和传输	车内网	2712	4.11	1.50	1595	4.03	1.05
	车际网	6385	9.69	1.70	2816	7.12	1.97
设备和终端	毫米波雷达	1948	2.96	1.78	1278	3.23	3.33
	超声波雷达	5240	7.95	1.52	2992	7.56	1.84
	视觉传感器	4398	6.67	1.49	2316	5.85	1.91
	激光雷达	3115	4.73	1.77	1420	3.59	2.12
	路侧设备	2119	3.22	1.57	1185	2.99	1.95

车联网以车内网、车际网和车载移动互联网为基础，在车与 X（X：车、路、行人及互联网等）之间，进行无线通信和信息交换，其中车际网传输技术作为信息交互的基础，其专利申请量也具有较大规模，其全球专利申请量和中国专利申请量分别为 6385 项和 2816 项。中国专利申请量较全球专利申请量有一定差距，主要是因为 V2X 通信的主要阵营之一的专用短程通信技术 DSRC，在美国、日本、欧洲等国家和地区发展相对成熟，占据全球专利申请量的大部分阵地，导致中国专利申请量相对较少，但是中国专利申请的活跃度相对全球专利申请的活跃度较高。其原因在于由中国企业推动的 LTE – V 技术逐渐发展起来，虽然起步较晚，但近几年的发展势头迅猛，将逐渐占据全球车际网通信技术专利申请量的大部分阵地。

就终端设备的产业结构来看，中国与全球的产业技术创新重点保持一致，均为视觉传感器和超声波雷达，而产业技术创新热点也均向毫米波雷达和激光雷达转变。在全球和中国范围内，超声波雷达和视觉传感器的专利申请量占比遥遥领先，但是活跃度较低，这是由于超声波雷达和视觉传感器技术研发较早，已经由爆发期向平稳期过渡；毫米波雷达和激光雷达活跃度高居前两位，这是由于此项技术正处于研发大力投入、技术飞速发展期，具备广阔的发展前景，目前，国内外均在加紧专利布局，抢占专利高地。

第十一章　从专利申请看车联网热点技术

根据《国家车联网产业标准体系建设指南（2017年）》，将车联网按其产品物理架构主要分为3个技术分支，分别为功能和应用层、网络和传输层、设备和终端层。

功能和应用层根据产品形态、功能类型和应用场景，分为车载信息类、路径规划类、决策控制类以及自动驾驶类等，涵盖与车联网相关的各类产品所应具备的基本功能；网络和传输层根据通信的不同应用范围，分为短程通信和广域通信等，是信息传递的"管道"；设备和终端层按照不同的功能或用途，分为车辆控制系统、车载终端、交通设施终端、外接终端，各类设备和终端是车辆与外界进行信息交互的载体，同时也作为人机交互界面，成为连接"人"和"系统"的载体。

本章节将针对各分支中的热点技术进行详细分析，如激光雷达技术、车际网技术、路径规划技术等。

第一节　设备和终端热点技术——激光雷达

在车联网中，传感器负责采集所需要的信息，包括感知车辆自身的状态信息和车辆行驶的周围环境信息，为车辆的安全行驶提供及时、准确、可靠的决策依据。车联网中获取环境信息的传感器主要包括激光雷达、毫米波雷达、超声波雷达、视觉传感器、路侧单元。本节将针对目前发展最热门的激光雷达技术进行详细分析。

一、激光雷达技术简介

激光雷达（Light Laser Detection and Ranging，LiDAR）是最近研究中较为热点的技术，其由激光器产生并发射一束激光脉冲或者连续的激光束，发射出去的激光脉冲和激光束在遇到物体后会产生一个回波信号，接收器接收这个回波信号，然后准确测量激光从发射到接收回波信号的传播时间。由于激光是以光速在介质中传播，根据光速，可以据此计算出物体与测量点之间的距离。

常见的车载激光雷达可以分为一维激光雷达、二维激光雷达和三维激光雷达。一维激光雷达利用激光测距原理，在一维方向上测量距离，从而获得目标的方位信息；二维激光雷达，也称为单层激光雷达或单线激光雷达，即当一条激光束以一定角度绕中心点进行连续的旋转测量，就会形成一定的扫描范围，形成一个扫描线层次的检测；三维激光雷达，也称为多层激光雷达或多线激光雷达，即一个激光雷达具有几条激光扫描线同时进行扫描测量。

二、激光雷达技术分解

为了更好地对激光雷达技术专利进行分析，现有的激光雷达技术专利申请可划分为如下 4 个三级技术分支。

(1) 结构优化：对各部件的位置、角度设置。
(2) 决策优化：设置阈值等实现障碍物判定。
(3) 控制方式：对扫描方式、电磁波的调整等。
(4) 算法优化：距离测量、三维建模等算法。

三、激光雷达技术发展态势

如图 11 - 1、图 11 - 2 所示，激光雷达各分支的全球专利申请趋势与中国专利申请趋势基本保持一致，在 2014 年之前发展稳中有升，2014 年后发展较为迅速；就不同分支来说，控制方式、算法优化发展速度最快，申请量较大。

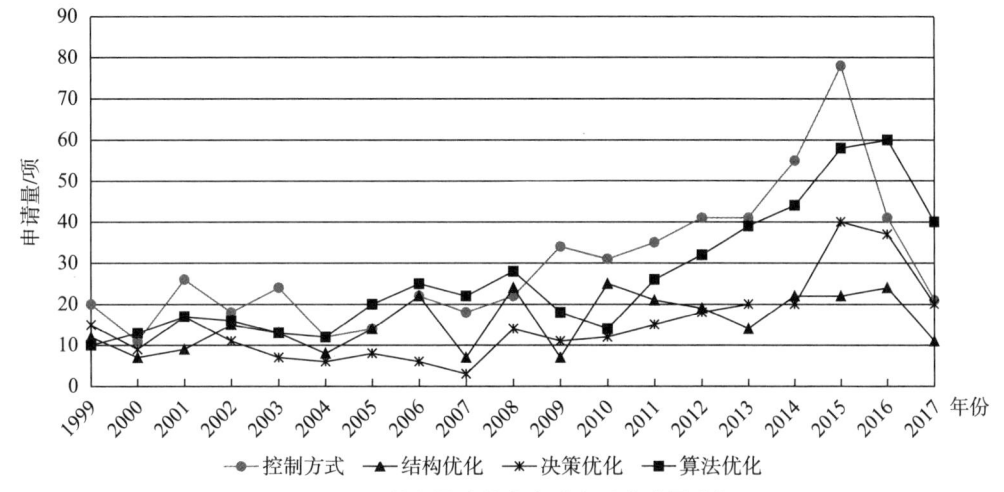

图 11 - 1 激光雷达技术全球专利申请量分析

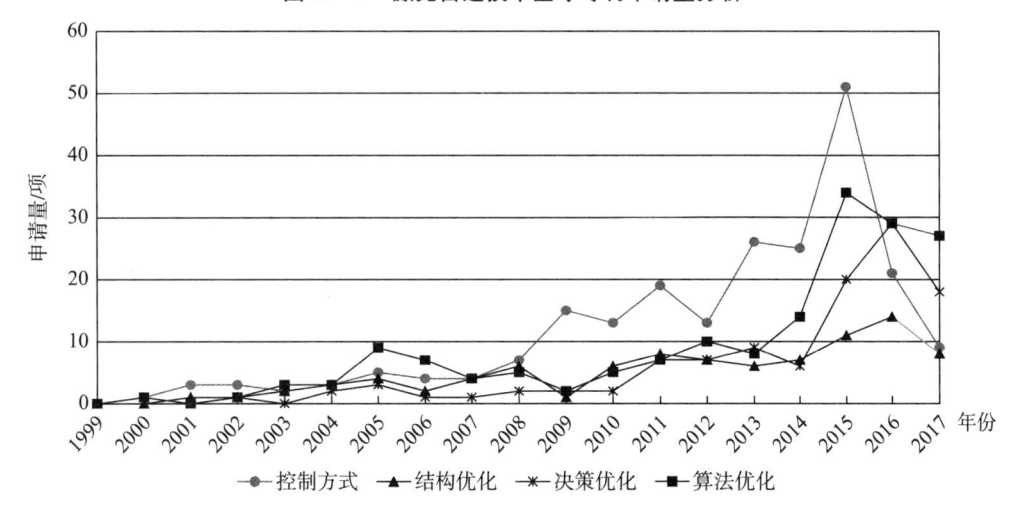

图 11 - 2 激光雷达技术中国专利申请量分析

四、激光雷达技术发展路线

如图11-3所示,激光雷达按技术角度可以划分为结构优化、决策优化、控制方式、算法优化四个方面。结构优化指的是激光雷达的内部元件构造、位置设置等的优化,其经历了反射镜、激光束等的优化调整;决策优化指在车距保持、障碍检测、环境感知等方面分析提供辅助分析结果,其经历了从路径、距离的判断,障碍物及数量的确定,碰撞预判等的优化调整;控制方式是指根据现有测量结果,反馈调整各部件的动作,优化测量结果,其经历了激光器角度控制、电磁波调整等的优化;算法优化是指对得到测量结果所必需的计算步骤的优化改进,其经历了相对位置、角速度计算,参考面、凹陷角度校正、视场交叠处理等的优化。从技术通道可以看出,激光雷达的技术发展向着控制方式侧重,其中,扫描方式、脉冲发射的调整成为热点。在地区的企业培育过程中,可以针对遇到的技术壁垒、技术难题,参考借鉴领先技术,以及寻求与核心技术掌握者的合作,核心技术团队的引进。

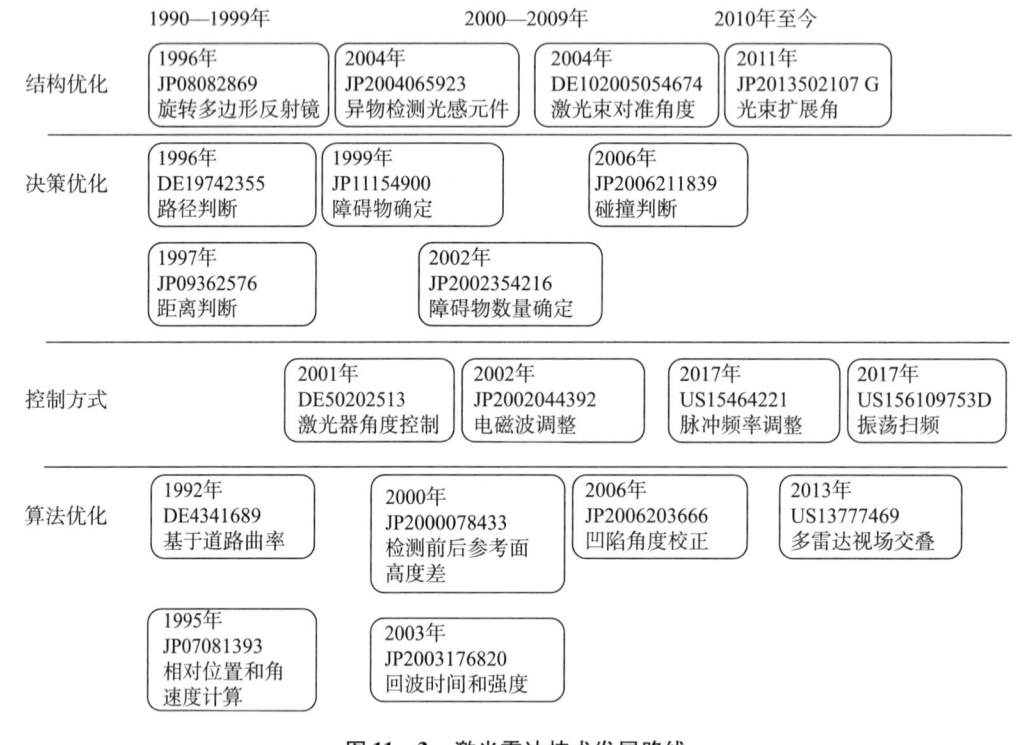

	1990—1999年	2000—2009年	2010年至今
结构优化	1996年 JP08082869 旋转多边形反射镜	2004年 JP2004065923 异物检测光感元件	2004年 DE102005054674 激光束对准角度 / 2011年 JP2013502107 G 光束扩展角
决策优化	1996年 DE19742355 路径判断 / 1997年 JP09362576 距离判断	1999年 JP11154900 障碍物确定 / 2002年 JP2002354216 障碍物数量确定	2006年 JP2006211839 碰撞判断
控制方式		2001年 DE50202513 激光器角度控制 / 2002年 JP2002044392 电磁波调整	2017年 US15464221 脉冲频率调整 / 2017年 US156109753D 振荡扫频
算法优化	1992年 DE4341689 基于道路曲率 / 1995年 JP07081393 相对位置和角速度计算	2000年 JP2000078433 检测前后参考面高度差 / 2003年 JP2003176820 回波时间和强度	2006年 JP2006203666 凹陷角度校正 / 2013年 US13777469 多雷达视场交叠

图11-3 激光雷达技术发展路线

五、激光雷达技术功效

如图11-4所示,从技术方面可以看出,结构优化、决策优化、控制方式、算法优化四大分支的专利布局较为均匀,而从功能方面来看,障碍检测是激光雷达最重要的应用,是目前激光雷达技术的布局热点。另外,通过结构优化和控制方式优化实现激光雷达的精度改善也是激光雷达技术的布局重点。

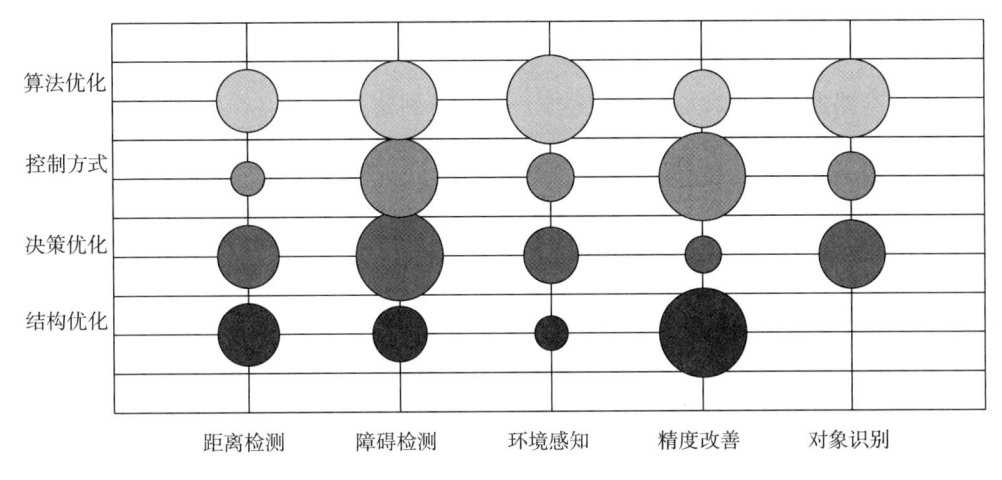

图 11 - 4　激光雷达技术功效

距离检测是激光雷达最初期的重要应用，随着激光雷达技术的发展，该方向的专利布局逐渐减少；而目前激光雷达应用于环境感知和对象识别的专利布局也较少，表明研发成果较少，这是由于激光雷达技术正处于从起步期向爆发期过渡阶段，环境感知和对象识别等应用的发展需要一定的技术积累，存在着技术攻关难度。

第二节　网络和传输热点技术——车际网

车联网以车内网、车际网和车载移动互联网为基础，在车与 X（X：车、路、行人及互联网等）之间进行无线通信和信息交换，其中车际网传输技术作为信息交互的基础，专利申请数量规模较大，国内企业虽然起步较晚，但凭借 LTE - V 技术的逐渐成熟，近几年发展势头迅猛。下面对车际网技术进行详细分析。

一、车际网技术简介

在车联网领域，端、管、云中的"管"就是指网络和传输技术，其分为车内网和车际网，车内网是位于汽车内部的网络通信，主要负责采集与获取车辆的智能信息，如车载诊断系统等，而车际网就是车与任何其他事物之间的双向数据交换与共享，包括车与车通信（V2V）、车与路通信（V2I）和车与人通信（V2P）。随着自动驾驶和辅助驾驶的发展，以及人们对于智慧交通、智慧城市的需求，车际网技术逐渐成为研发的热点。

二、车际网技术分解

车际网技术可分为三个技术分支，分别为车与车通信、车与路通信和车与人通信。

（1）车与车通信（V2V）：通过车载终端进行的车与车之间的通信，主要用于车辆之间的双向数据传输，采用的通信技术包括微波、红外技术、专用短程通信（DSRC）、LTE - V 等，具有安全性、实时性要求高的特点。车载终端可实时采集周边车辆的速度、位置方向、车辆运行告警等信息，车与车之间通过无线通信技术构成了一个车与车通信通道。

（2）车与路通信（V2I）：指车载电子设备与周边道路设备，如交通摄像头、红绿灯、路边单元等进行的通信，通过周边道路设施可以感知获取车辆周边的车辆信息，并发布实时的交通或求助信息，实现车辆和基础设施之间智能协同与配合。车与路通信主要应用于实时的信息服务、车辆的运行监控、电子收费的管理等，通信特点是距离较短、高速移动，主要通信技术包括微波通信、红外通信、专用短程通信（DSRC）、LTE-V等。

（3）车与人通信（V2P）：指人使用移动电子设备，如便携式电脑、智能手机或其他手持设备（如多功能读卡器、电子钥匙等）与车载电子设备之间进行的通信，采用的通信技术包括RFID、BlueTooth、LTE-V等，主要应用于车辆信息管理、信息服务、行人避让及智能钥匙等。

三、车际网技术发展态势

如图11-5和图11-6所示的车际网各技术分支全球和中国专利申请趋势，可以看出，三个分支几乎同时起步，并在初期发展较为缓慢，在2011年后出现了大幅增长，在2016年出现高峰期，这与近年来人们对车联网的关注有关。车与人通信的专利申请趋势在近20年间相对稳定，专利申请量相对较少，因为用于车与人通信的蓝牙、射频等技术已较为成熟，对于通信技术的研究处于成熟期，但对于行人检测及避免碰撞等技术还在逐步发展中；车与路通信的专利申请在2011年后涨幅较大，随着车联网逐渐被人们熟知，路侧设备与车辆的通信开始被人们重视，无论是从交通监管还是辅助驾驶，车与路的通信都是最基础的保障；车与车通信的专利申请量要高于其他两个分支，并且出现了多次高峰期，这是由于用于车与车通信的DSRC技术早在1992年就被提出，在2002年通过了DSRC标准，并在随后的数年间，美、日、欧洲等国家和地区将其大力发展，目前已发展得较为成熟，中国虽然没有将其确定为车与车通信的主要标准，但其专利申请量也是相当可观的。而国内专利申请趋势与全球保持一致，早期的申请人主要是国外申请人，在2011年以后中国申请人的专利申请量逐渐增加，并且慢慢超过了国外申请人的申请量，随着LTE-V技术的成熟以及5G的到来，车际网的专利申请量将会持续攀升。

四、车际网技术发展路线

从图11-7所示的技术发展路线可以看出，在车与车通信方面，早期的研发主要在通信技术和通信模块。随着通信技术的发展，2002年提出了车队跟随技术；2005—2007年提出了车辆间防碰撞提醒技术，以及车辆自动响应技术；2008年提出了车辆间对交通视频的共享技术，使车辆可以获取其他车辆拍摄的路段视频；2011年提出了超车辅助技术；2015年提出了多车协同换道技术，其研发重点在于提高通信效率、避免碰撞及变道超车技术。

在车与路通信方面，早期的研发主要在车辆违章检测和ETC收费方面，并且在相

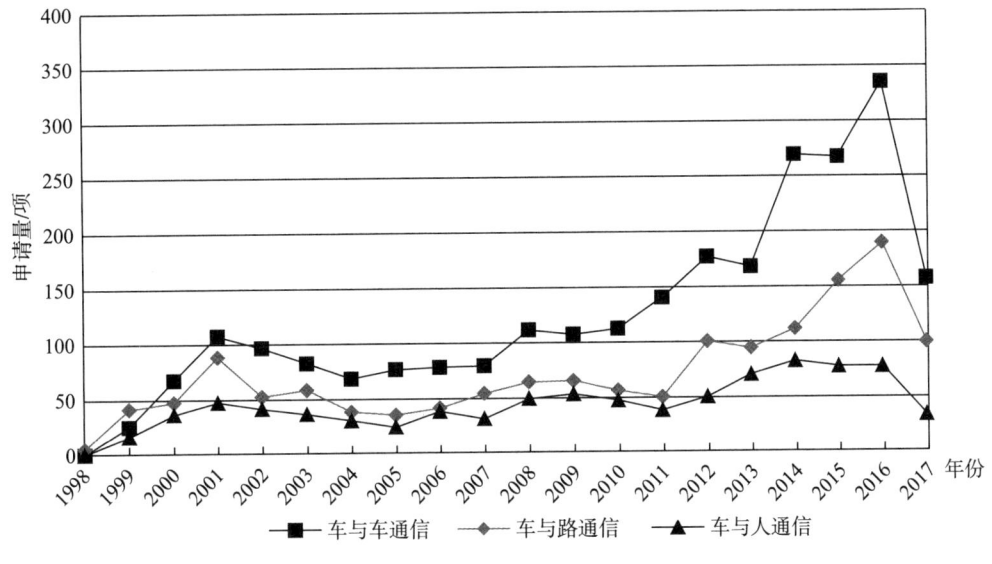

图 11-5 车际网技术分支全球专利申请趋势

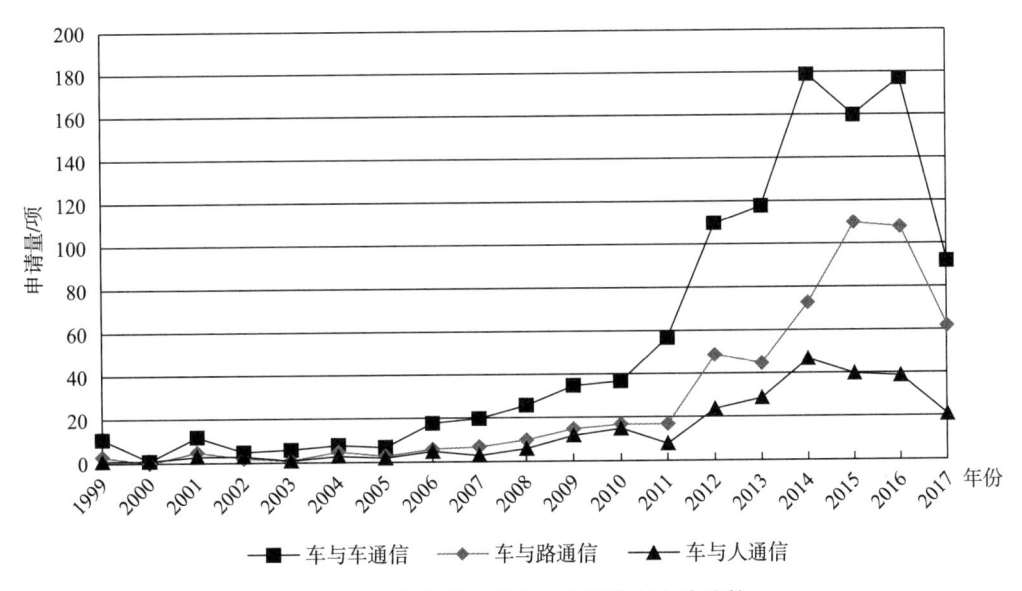

图 11-6 车际网技术分支中国专利申请趋势

当一段时间内,研发重点在于通信保障方面。2010 年提出了路侧设备将路段的汽车尾气污染情况传输给车辆,并由车载终端导航一条污染较小路径。2013 年提出了弯道预警功能,采用超视距及自动限速的方式保障转弯安全。2015 年提出了根据路侧设备采集的信号灯信息进行车速引导,车辆可以以适合的车速通过路口,保障通行安全,其研发重点在于通信保障、交叉口安全及提高 ETC 收费效率。

在车与人通信方面,早期的应用主要是汽车租赁和出租车预约,随着通信技术的发展,逐渐步入智能遥控领域。在 2009 年提出了事故车辆主动呼叫救援人员,将车与人的通信应用于交通安全方面;在 2013—2014 年提出了车辆对于行人的检测,避免车与人的碰撞；2016年提出的自动驾驶避让移动障碍物，将车与人的通信用于自动驾驶领域，其研发重点在于通信技术和行人防碰撞技术。

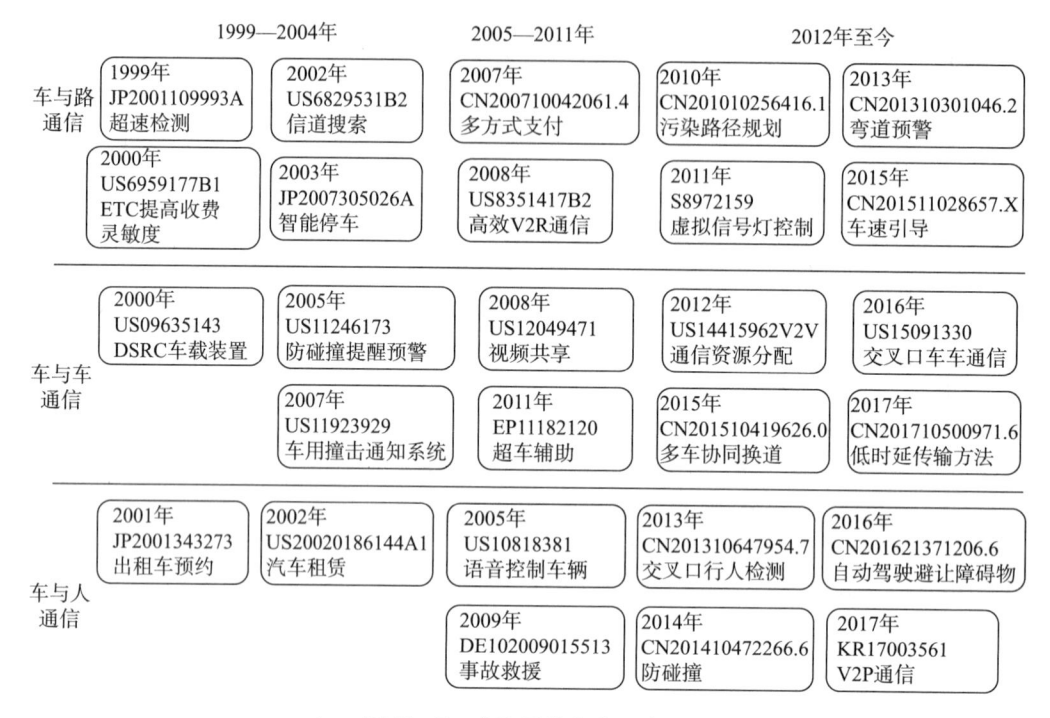

	1999—2004年	2005—2011年	2012年至今
车与路通信	1999年 JP2001109993A 超速检测 / 2000年 US6959177B1 ETC提高收费灵敏度	2002年 US6829531B2 信道搜索 / 2003年 JP2007305026A 智能停车	2007年 CN200710042061.4 多方式支付 / 2008年 US8351417B2 高效V2R通信	2010年 CN201010256416.1 污染路径规划 / 2011年 S8972159 虚拟信号灯控制	2013年 CN201310301046.2 弯道预警 / 2015年 CN201511028657.X 车速引导
车与车通信	2000年 US09635143 DSRC车载装置	2005年 US11246173 防碰撞提醒预警 / 2007年 US11923929 车用撞击通知系统	2008年 US12049471 视频共享 / 2011年 EP11182120 超车辅助	2012年 US14415962V2V 通信资源分配 / 2015年 CN201510419626.0 多车协同换道	2016年 US15091330 交叉口车车通信 / 2017年 CN201710500971.6 低时延传输方法
车与人通信	2001年 JP2001343273 出租车预约	2002年 US20020186144A1 汽车租赁	2005年 US10818381 语音控制车辆 / 2009年 DE102009015513 事故救援	2013年 CN201310647954.7 交叉口行人检测 / 2014年 CN201410472266.6 防碰撞	2016年 CN201621371206.6 自动驾驶避让障碍物 / 2017年 KR17003561 V2P通信

图 11-7　车际网技术发展路线

五、车际网技术功效

由图11-8可以看出，在车与车通信方面，通信保障一直是研发的重点。通信技术不断成熟，在车与车防碰撞领域有着广泛的应用，包括对于远程车辆信息的获取及判断是否会发生碰撞，并发出警告，或者当其他车辆发生碰撞后，会向其他车辆发出警告信息，避免二次碰撞，以及超车时的防碰撞技术；同时在车与车异常情况检查方面，也有一定的申请量，包括车距检测、车辆行驶方向检测以及车速检测等，当检测结果超过预定范围时向车辆发出报警；车队跟随控制是自动驾驶的早期应用，车辆间进行信息交互，保证车辆间合理的距离和行驶速度，实现车队的安全行驶；在交叉口通行时，通过车与车之间信息的交互，调整车辆行驶速度，达到高效通过路口的效果。

在车与路通信方面，获取的路侧信息主要用于交叉口的安全通行，包括对信号灯和车辆的控制，如自适应变时间间隔（灯适应车流）、信号灯转变预警和提示，以及车速控制（车适应灯）、路况检测、车辆预警等；同时在ETC收费以及智能停车方面也有着比较成熟的应用，通过与路侧设备交互，保证不停车收费的效率和准确度，以及根据停车场路侧设备的信息反馈，保证准确地获得车位信息以及准确停车；在路径规划、导航方面，路侧设备将车流量、能见度、环境污染状况、路面等信息反馈给车载终端，进而为用户规划出一条最优路线；同时，在车辆违章检测方面，路侧设备对逆行、违规停车、占道、超载、超速、限行、闯红灯的车辆进行检测,为智能交通监管奠定了基础。

在车与人通信方面,避免车与人的碰撞是主要的研发方向,包括行人检测以及紧急避让等技术。随着人们对车辆控制需求的不断增长,远程控制以及语音控制车辆操作等技术也有了一定的发展。

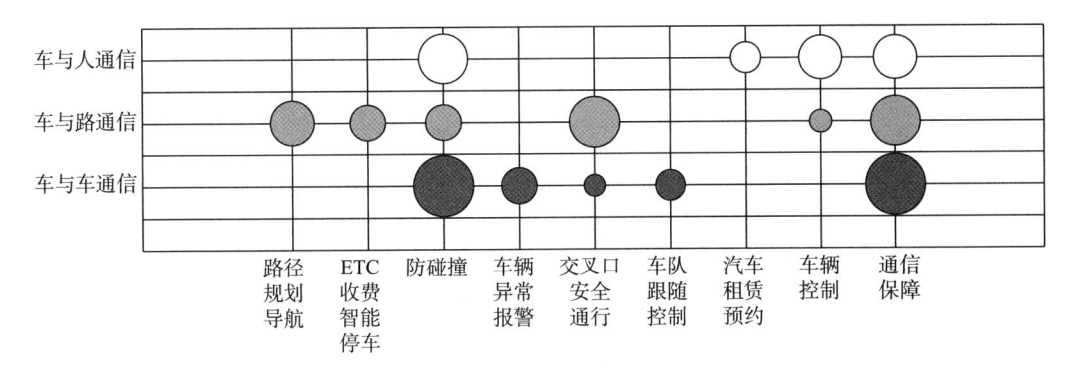

图 11-8 车际网技术功效

第三节 功能和应用热点技术——路径规划

在车联网中,功能和应用领域主要包括车载信息处理、路径规划、决策控制技术、自动驾驶等技术,其中路径规划与决策控制是构建智慧交通、实现自动驾驶方案最关键的技术,全球和中国在该技术分支领域的专利申请量和活跃度均较高。下面将以路径规划技术为例进行详细分析。

一、路径规划技术简介

路径规划是在道路结构网格中利用最短路径算法求解路网中两点间或有序多点间最佳的行驶路线。基于高精度地图的自动驾驶汽车的路径规划,在功能上与传统车辆导航系统相近,主要是根据高精度地图为车辆在路网中行驶提供方向指示。

路径规划分为全局路径规划和局部路径规划,对于自动驾驶来说,更关键更具特点的技术在于局部路径规划。本节对局部路径规划的专利数据进行分析。

二、路径规划技术分解

为了更好地对局部路径规划技术专利进行分析,本课题组对现有的局部路径规划技术专利申请按照实际驾驶中的场景分为车道、十字路口、交会路口、交通因素、障碍物、天气因素 6 个三级技术分支。

(一) 车道

自动驾驶汽车的路径规划,需要达到车道级。车道级的意义在于,该路径规划不仅能识别对向的车道,还需要识别同一行驶方向上不同的单条车道,基于该单条车道进行路径规划,实现在车道内行驶、车道变换等驾驶行为。

（二）十字路口

车辆在道路上行驶，十字路口的交通情况是较为复杂的，要准确地识别十字路口的交通规则、交通信号、各向来车、参与交通的行人和非机动车，并根据实际情况进行行为判断和决策。

（三）交会路口

交会路口一般涉及城市道路的快速路、封闭环路和高速公路中同一行驶方向车辆的出口或入口，即车辆交会的路口。

（四）交通因素

交通因素主要是指交通状况，在考虑交通因素时会更多地结合地图信息，在识别到交通拥堵、车流量时，对行驶道路的改变进行预判及修正，从而避免遭遇拥堵；或者在临近拥堵车道时，进行车道变换等行为。

（五）障碍物

在行驶过程中，难免出现一些意外的障碍物，包括移动中的前后左右及对向车道行驶的车辆、突然出现的非机动车或行人、相对静止的物体等，而自动驾驶汽车安全行驶的前提是对道路障碍物的准确识别、跟踪，做出相应动作避开障碍物行驶，需要实现的是紧急避障，此时需要车辆根据道路信息识别进行快速判断，并做出紧急变道等行为。

（六）天气因素

对于大雾、雨雪等特殊天气的路径规划。

三、路径规划技术发展态势

路径规划技术全球和中国专利申请趋势如图 11-9、图 11-10 所示。

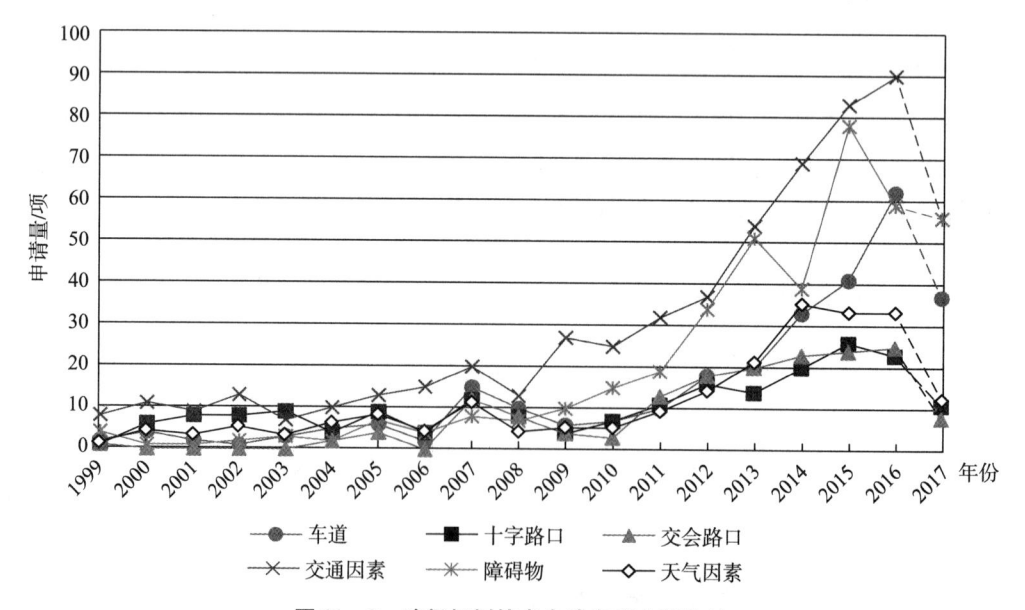

图 11-9 路径规划技术全球专利申请趋势

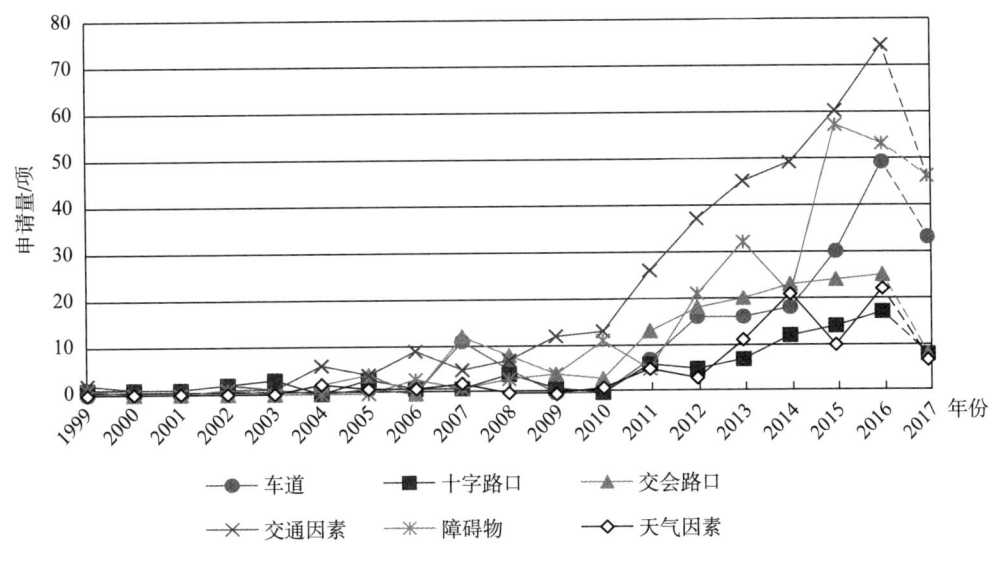

图 11-10 路径规划技术中国专利申请趋势

（一）车道

截至 2017 年 12 月 31 日，经检索式检索与简单人工筛选，最终确定与车道因素相关的全球专利申请共计 409 项，同族合并后共 319 项。其中，中国市场内与车道因素相关的专利申请共 162 项。

由图 11-9 和图 11-10 可以看出，国内与全球的专利申请态势基本保持同步，总体发展趋势呈现先平稳后快速的增长状态。而对于国内专利申请，申请人多为国内申请人，且申请趋势与中国专利申请总量趋势一致。

从全球及中国数据来看，1999—2011 年增速缓慢，而 2011—2016 年处于高速发展阶段，专利申请量呈爆发性增长态势，表明该领域技术活跃度非常高。2009 年，美国交通运输部发布《智能交通战略研究计划：2010—2014》，目标是利用无线通信建立一个全国性、多模式的地面交通系统，形成车辆、道路基础设施和乘客便携式设备间相互连接的交通环境，之后，交通信息频道网络快速建设，车、路开始全面整合，此后的大规模研发，也是 2011—2016 年专利申请量呈爆发性增长态势的原因。自 2011 年起，我国车联网产业进入快速增长期，与北斗导航系统的商用进程一路相伴，专利申请量快速增长。

（二）十字路口与交会路口

2000—2011 年，针对简单路面情况的路径规划处于稳定增长期，随着智慧城市指挥交通的研究热情高涨，各大企业开始针对十字路口、交会路口等相对复杂的情况进行路径规划。

（三）交通因素

截至 2017 年 12 月 31 日，经检索式检索与简单人工筛选，最终确定与交通因素相关的全球专利申请共计 848 项，同族合并后共 653 项。其中，中国市场内与车道因素相关的专利申请共 330 项。

从全球数据来看，1999—2003 年专利申请量较少；而 2003—2006 年处于平稳增长阶段；从 2006 年开始，专利申请量呈快速增长态势，表明该领域技术活跃度非常高。从 2005 年起，日本围绕车与车间协同系统和车与路间协同系统的发展展开研究，结合利用了无线通信技术和传感技术，缓解驾驶中的拥堵状况。此后，全球关于交通因素的专利申请量也飞速增长。

从国内数据来看，2003 年之前，国内研究该领域的专利几乎为零；2003—2010 年，国内关于该领域的研究才慢慢开始；2009 年，随着车联网的研究步入"汽车远程服务提供商基于移动互联网提供智能交通系统以及基于位置的服务"阶段后，2010 年中国专利申请量开始飞速增长。

（四）障碍物

随着对驾驶安全的关注度越来越高，对障碍物躲避的研发热度在 2010 年出现激增。对障碍物进行检测，并通过高精度算法实现障碍物躲避的路径规划，实现在驾驶过程中驾驶员无法快速反应的情况下大大提高驾驶安全性。

（五）天气因素

自 2012 年起，关于恶劣天气下的路径规划的研究逐渐走入各大企业视线，随着通信领域快速发展与高精度传感器的成熟，应对各种各样的天气因素已不再是难题。

从活跃度来看，无论是全球还是中国，对于十字路口和交会路口的路径规划研究热度逐渐褪去，而对于车道保持和变道辅助技术、障碍物躲避的路径规划研究热度持续高涨，尤其在国内，虽然起步较晚，但追赶态势明显。这也与自动驾驶技术首要解决的安全性问题，以及自动驾驶目前整体水平提升的需求是一致的。

四、路径规划技术发展路线

从图 11-11 可以看出，针对车道的路径规划技术起步最早，由于其是路径规划基础技术，因此申请量较大，主要涉及 GPS 导航技术、地图改进、车道级路由规划等方面的技术。

十字路口路径规划技术起步较晚，2009 年后申请量大幅提高。起初技术的发展主要集中在与导航定位相结合，利用 GPS 导航仪；从 2012 年开始，通过路径模型提高路径规划的准确性，同时结合传感器技术，如图像识别，人工测距；从 2016 年开始，对路径的规划和优化的算法研究得到了很大程度的改进，主要在精确度上有了很大的技术发展。

在交叉路口和交通因素路径规划方面，首先，针对路口拥堵的核心问题，2012 年提出通过标注全部交叉口和路段的拥堵程度，在行驶过程中实时选取顺畅路线的方法；接下来，2013 年公开了不断地从网页、微博、实时上报的交通信息以及历史规律性信息等多个数据源中挖掘出路口拥堵信息产品，规划出一条具有规避功能的快速导航线路；2015 年提出向车辆广播发送本车信息并接收邻近车辆的运动状态等参数，协调车辆组成目的地相同的车辆群体，统一规划车辆群体运动的方法。其次，针对路口识别的核心问题，2001 年提出事先将所有路口转弯信息和名称存入导航用数字地图，通过 GPS 定位实时获取本车需经过的路口信息从而提醒驾驶员注意；2013 年公开了将行驶路径

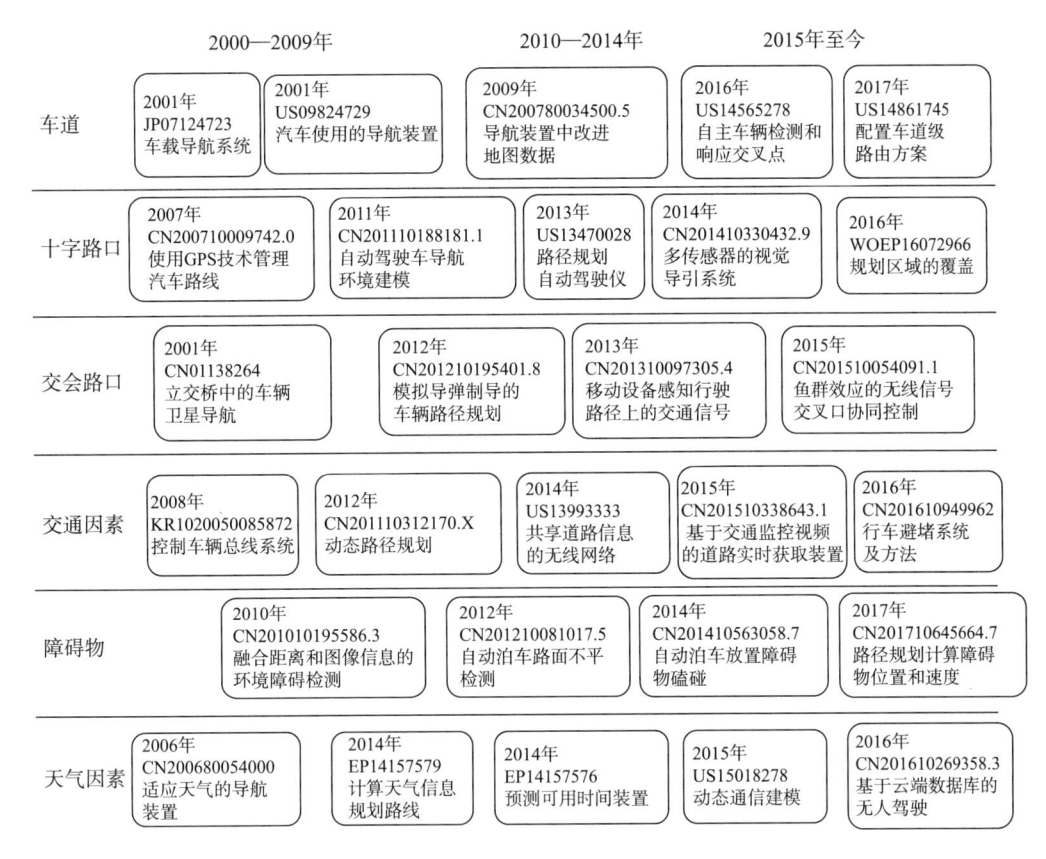

图 11-11 路径规划技术发展路线

	2000—2009年		2010—2014年		2015年至今	
车道	2001年 JP07124723 车载导航系统	2001年 US09824729 汽车使用的导航装置	2009年 CN200780034500.5 导航装置中改进地图数据		2016年 US14565278 自主车辆检测和响应交叉点	2017年 US14861745 配置车道级路由方案
十字路口	2007年 CN200710009742.0 使用GPS技术管理汽车路线		2011年 CN201110188181.1 自动驾驶车导航环境建模	2013年 US13470028 路径规划自动驾驶仪	2014年 CN201410330432.9 多传感器的视觉导引系统	2016年 WOEP16072966 规划区域的覆盖
交会路口	2001年 CN01138264 立交桥中的车辆卫星导航		2012年 CN201210195401.8 模拟导弹制导的车辆路径规划	2013年 CN201310097305.4 移动设备感知行驶路径上的交通信号	2015年 CN201510054091.1 鱼群效应的无线信号交叉口协同控制	
交通因素	2008年 KR1020050085872 控制车辆总线系统		2012年 CN201110312170.X 动态路径规划	2014年 US13993333 共享道路信息的无线网络	2015年 CN201510338643.1 基于交通监控视频的道路实时获取装置	2016年 CN201610949962 行车避堵系统及方法
障碍物	2010年 CN201010195586.3 融合距离和图像信息的环境障碍检测		2012年 CN201210081017.5 自动泊车路面不平检测	2014年 CN201410563058.7 自动泊车放置障碍物磕碰	2017年 CN201710645664.7 路径规划计算障碍物位置和速度	
天气因素	2006年 CN200680054000 适应天气的导航装置		2014年 EP14157579 计算天气信息规划路线	2014年 EP14157576 预测可用时间装置	2015年 US15018278 动态通信建模	2016年 CN201610269358.3 基于云端数据库的无人驾驶

上的行进方向标记、电子罗盘和空间定位技术进行结合以准确地向所述移动设备推送交通信号信息的方法；2014 年结合图像处理技术，实时判断当前所处道路模式是直线道路、转弯道路、十字路口或三岔路口。

在存在障碍物的路径规划方面，针对车辆与障碍物之间测距的核心问题，2010 年提出采用激光雷达与光学图像结合对野外环境中的障碍物进行识别；紧接着，2011 年提出通过计算引力以及障碍物信息和道路边沿信息计算斥力，通过引力和斥力计算出无人驾驶汽车所受合力方向，从而规划出无人驾驶车将行驶的路径的方法；接下来，2012 年提出通过超声波传感器动态捕捉目标车辆和已停车辆的相对距离，并将其用于制定合理的泊车路径；2014 年提出，根据超声波雷达和红外广角摄像头分别采集的车辆与周围障碍物的距离数据和车辆周围的图像信息，进行全面的泊车路径的规划；2017 年，利用 SLAM 算法根据三维激光雷达数据实时构建汽车周围环境的三维地图，计算周围障碍物的位置和运行速度，做出相应的规划。

在天气因素路径规划方面，从 2012 年开始专利申请量大幅度提升；2012—2014 年，路径规划只是将天气因素作为一个因素；从 2015 年开始将天气与路况相结合，对路径规划做建模，从而多方面地考虑天气因素对路径规划的影响；2016 年利用云服务信息考虑多种天气因素的变量，更加全面分析路径规划。

第十二章 车联网重要创新主体

汽车制造产业链正由纵向单一结构变为网状协同创新，传统车企在自动驾驶、驾驶辅助领域技术积累深厚，互联网企业以车联技术、人工智能技术为切入点进入产业，爆发力强，车联网产业生态正在构建。整车厂如丰田、日产、博世、大众等依托数据积累和渠道优势，仍占据主导地位。在全球申请量前十的申请人中，国际知名汽车生产厂商和零部件厂商占据了9个席位。与国外来华申请人不同，国内申请人以互联网企业、通信企业、科研院所为主，国内汽车生产厂商中仅有奇瑞汽车、乐卡汽车跻身前十的行列，一方面说明了国内车企的技术研发能力与国外车企相比仍存在较大的差距；另一方面说明国内车企如果想要在车联网领域实现弯道超车，则需要联合江苏大学、同济大学等国内的科研院所、高校，走产学研结合之路，弥补自身研发能力的不足。

第一节 传统车企

一、通用汽车公司

在车际网通信方面，无论是车与车、车与路或车与人的通信，车辆都是最主要的载体，而在众多研发车际网的专利申请人中，从专利申请量的角度来看，通用汽车公司有着绝对的领先优势。

通用汽车公司（General Motors Corporation，GM）成立于1908年9月16日。早在1996年，通用汽车公司就在芝加哥车展上正式宣布推出OnStar服务，这是世界上第一个汽车行业的信息服务产品，Telematics一词由此而来。最初的OnStar就是以呼叫中心服务为主，可提供紧急呼叫功能，为车主解决出行中的各类问题。因此从那时起，通用汽车公司就率先开始了车载导航与通信技术的研发进程。在辅助驾驶和自动驾驶方面，通用汽车公司也起步较早，而在车际网方面，通用汽车公司已拥有较为成熟的基于DSRC的V2X通信技术，美国可能最早从2019年起要求所有汽车配备V2X技术，通用汽车公司在其2017款凯迪拉克CTS上使用这一技术。相比之下，中国目前还没有全国性的标准。

（一）专利布局

如图12-1所示，通用汽车公司从2005年开始有车际网相关的专利申请，从初期就保持着持续增长的态势，表明通用汽车公司在车际网方向的投入和决心；在2009—2011年间专利申请量出现爆发式增长，基于DSRC的V2X技术在此期间得到快速发展；2013年和2016年分别出现两次高峰期，这两年超车变道和车与车通信的自动驾驶技术发展较快，通用汽车公司表示要将该 V2X 技术带入中国，到时将进一步带动中国专利的申请量。

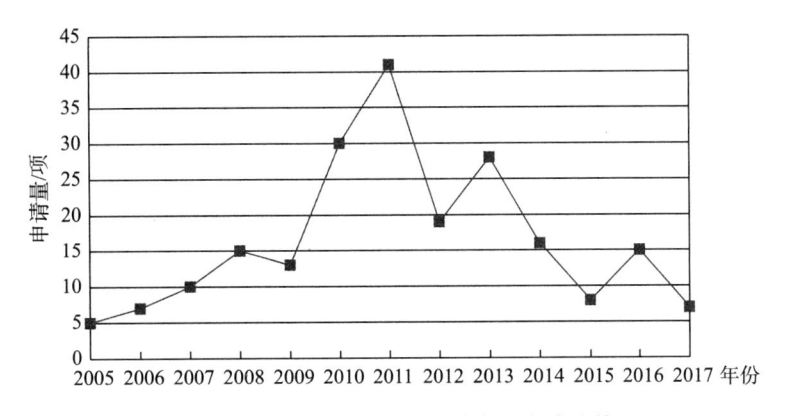

图 12-1　通用汽车公司全球专利申请趋势

如图 12-2 所示，通用汽车公司主要的研发重点在于车与车的防碰撞以及通信保障方面，同时在交叉口安全通行和车辆控制方面的申请量也很可观，在车与车通信的各方面覆盖比较全面，而且逐步走向自动驾驶，所以在车与车通信方面有着很大的优势。虽然通用汽车公司在车与路和车与人的通信方面也有一定的研究，但车与车通信的专利申请量明显高于其他分支。

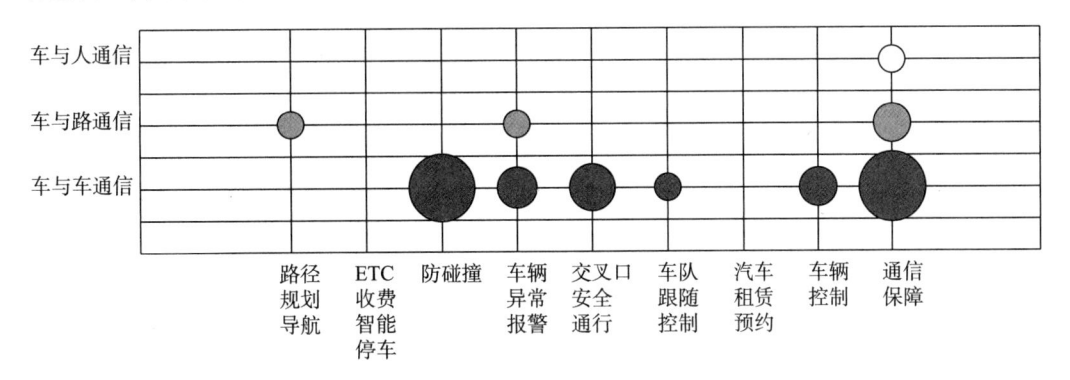

图 12-2　通用汽车公司车际网技术功效

（二）技术路线

如图 12-3 所示，2005—2009 年，通用汽车公司开始车际网的研究，初期的申请主要涉及通信技术研发及路况检测：DSRC 通信技术和系统的研发、车与路通信中的危险道路预警等。随后 2010—2012 年是爆发式增长期，研发重点主要在于通信安全：车与车通信中的数据交互、车与车网络中的威胁缓解、车与车安全认证等。2013—2014 年，研发重点倾向于车辆检测：变道超车技术、车辆运动检测分类、车辆逼近检测等。2015年，研发重点开始逐渐转向自动驾驶（基于自动驾驶的车与车通信、交叉口驾驶员意图判断、车距测量及防碰撞等方面），为自动驾驶的发展奠定了基础。

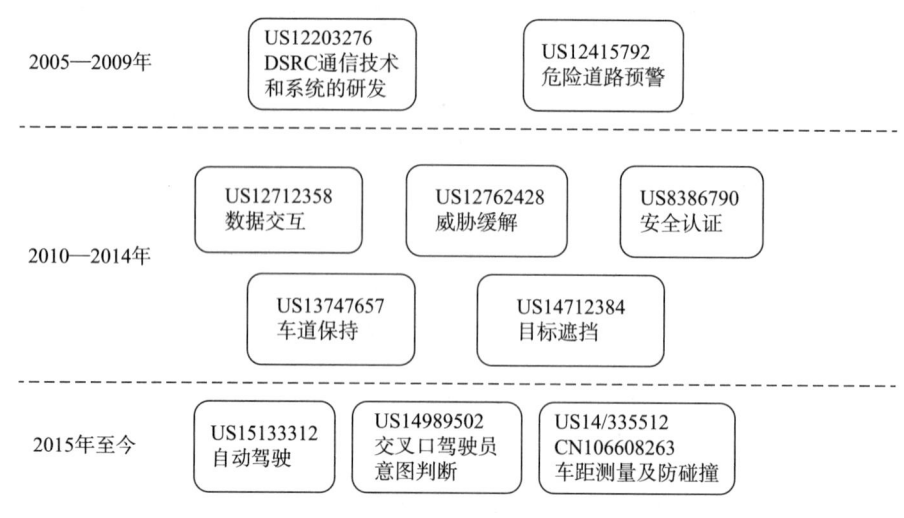

```
2005—2009年   US12203276              US12415792
              DSRC通信技术             危险道路预警
              和系统的研发

2010—2014年   US12712358   US12762428   US8386790
              数据交互     威胁缓解     安全认证

              US13747657   US14712384
              车道保持     目标遮挡

2015年至今    US15133312   US14989502   US14/335512
              自动驾驶     交叉口驾驶员  CN106608263
                          意图判断     车距测量及防碰撞
```

图 12-3　通用汽车公司车际网技术发展路线

(三) 研发团队

选取车际网技术领域专利申请量在 15 项以上的发明人共 3 位，如图 12-4 所示。这 3 位发明人参与专利申请 61 项，占通用汽车公司相关专利申请的 30% 左右，可见这 3 位发明人在研发团队中有一定地位。

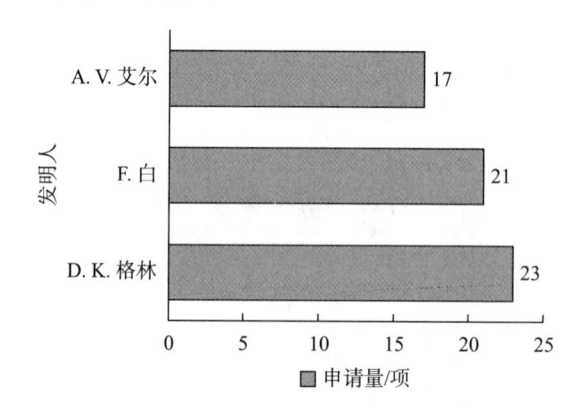

```
发明人
  A. V. 艾尔  ████████████████  17
  F. 白       ████████████████████  21
  D. K. 格林  ██████████████████████  23
             0    5    10   15   20   25
                    ■ 申请量/项
```

图 12-4　通用汽车公司主要发明人专利申请量

由表 12-1 可知 D. K. 格林、F. 白、A. V. 艾尔的主要研发方向都在车与车通信方面，在小分支的研发侧重各不相同，但整体在防碰撞技术和通信保障方面要优于其他分支。

表 12-1　通用汽车公司主要发明人专利申请技术领域分布　　　单位：项

发明人	防碰撞	交叉口安全通行	车辆控制	通信保障
D. K. 格林	18	2	0	1
F. 白	4	0	2	13
A. V. 艾尔	5	9	1	0

二、丰田汽车公司

丰田汽车公司，是目前全世界排名第一的汽车生产公司。丰田汽车公司最注重的还是让人类的出行更加安全，从 1990 年开始，丰田汽车公司就致力于开发研究以"交通事故零伤亡"为终极目标的自动驾驶技术。2015 年底，丰田汽车公司斥资 10 亿美元在美国加州硅谷成立丰田研究所（Toyota Research Institute Inc.，TRI），开始针对自动驾驶汽车、家用机器人助手开发 AI 技术。其中，自动驾驶汽车项目包括自动驾驶技术和安全技术，目前 TRI 在硅谷、马萨诸塞州和密歇根州均开展了测试项目。

（一）专利布局

从 1990 年开始，丰田汽车公司迈入自动驾驶技术研发行列。如图 12-5 所示，丰田汽车公司自 1993 年开始申请该领域专利。2014—2016 年，专利数量激增。

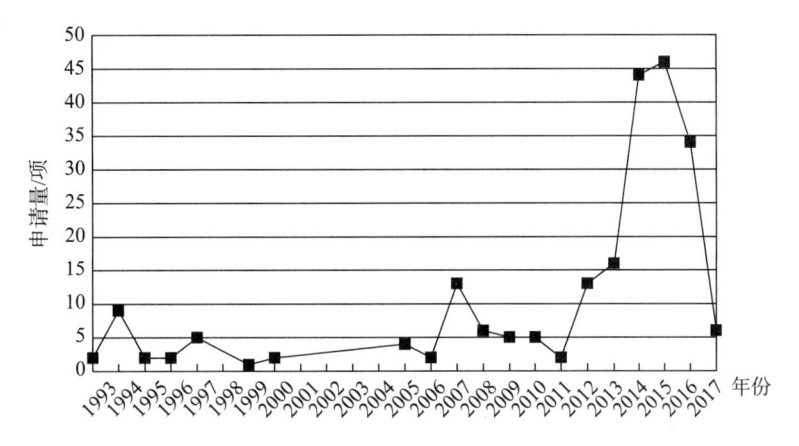

图 12-5 丰田汽车公司路径规划技术全球专利申请趋势

如图 12-6 所示，丰田汽车公司的研发重点在于利用传感器以及摄像机等装置实现对于障碍物的检测，进而对行车路线进行规划；利用广播信息共享等互联网手段实现交通信息的共享，合理规划路线，有效避开拥堵以及事故发生地段，提高驾驶效率；识别十字路口路径规划等诸多方面。

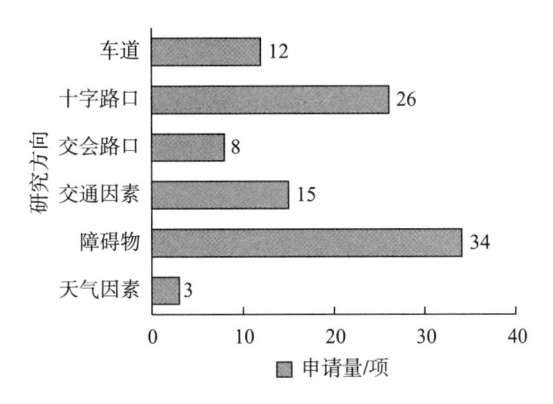

图 12-6 丰田汽车公司路径规划技术分布

（二）技术路线

如图 12-7 所示，2000—2003 年，丰田汽车公司进入自动驾驶的萌芽阶段，涉及将导航系统安装在一车辆用于进行路由搜索和显示所搜索到的路由；2010 年，路径规划日渐成熟，开始对轨迹生成进行研究；从 2014 年起，随着自动驾驶技术热度激增，丰田汽车公司在路径规划方面也进入研究高峰期，涉及运动支撑装置、机芯架的方法和驾驶支援系统、产生旅行行程规划和控制的目标控制值宽度、检测车辆周围区域相关的信息和电子控制单元，用于控制车辆自动驾驶。

1994—2010年
- EP638887A2 交通拥堵信息作为驱动条件
- JP2011238054A 轨迹生成

2014年至今
- JP2015157569A 驾驶支援系统
- US201603114431A1 旅行行程目标规划
- US20170235310A1 检测车辆周围区域控制车辆自动驾驶

图 12-7　丰田汽车公司路径规划技术发展路线

（三）研发团队

选取路径规划专利申请量在 5 项以上（含 5 项）的发明人共 5 位，如图 12-8 所示。这 5 位发明人参与专利申请 59 项，占丰田汽车公司相关专利申请的 60% 以上。其中，Ogawa Yuki 和 Morisaki Keisuke 参与的专利申请共达到 37 项，可见这 2 位发明人处于研发团队中的核心地位。

发明人	申请量/项
田口康治	7
森琦启介	7
小川友希	8
Morisaki Keisuke	9
Ogawa Yuki	28

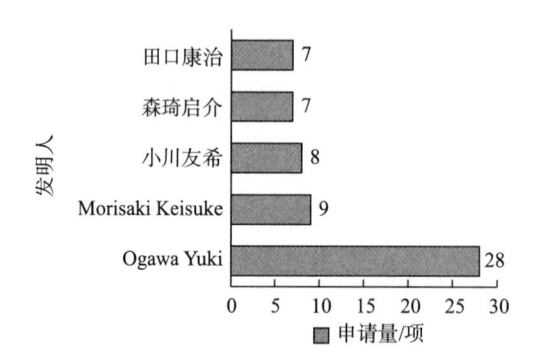

图 12-8　丰田汽车公司主要发明人专利申请量

由表 12-2 可知，Ogawa Yuki、Morisaki Keisuke、小川友希的主要研发方向都在障碍物识别与避让方面。同时，他们在车道保持、交通因素同步方面也都申请较多专利。

表 12-2　丰田汽车公司主要发明人专利申请技术分布　　　　单位：项

发明人	车道	障碍物	交通因素	交会路口	十字路口	天气因素
Ogawa Yuki	8	14	2	0	3	1
Morisaki Keisuke	2	3	1	1	1	1
小川友希	2	3	1	0	1	1

三、奇瑞汽车公司

奇瑞汽车股份有限公司（以下简称"奇瑞"），是一家从事汽车生产的国有控股企业，1997年1月8日注册成立，总部位于安徽省芜湖市。

奇瑞近几年来与百度在自动驾驶方面的合作格外引人注目。在2016年11月乌镇世界互联网大会上，奇瑞与百度合作开发的 eQ 全自动无人驾驶汽车就引发了轰动；2017年4月百度 Apollo 计划发布后，奇瑞也成了百度 Apollo 计划的核心成员；2017年6月，奇瑞与百度在美国硅谷签订战略合作备忘录，并计划设立"奇瑞美国硅谷研发院"。奇瑞表示将与百度联合，在2020年实现量产 L3 级别自动驾驶汽车的能力。

（一）专利布局

奇瑞在决策控制领域申请总量较大，奇瑞与决策控制技术相关的全球专利申请共计207项，合计289件专利。从图12-9可以看出，奇瑞从2002年开始在这一领域进行专利布局，自2007年起专利数量激增，整体呈现平稳增长趋势，2014年达到峰值，自2016年开始布局有所弱化。

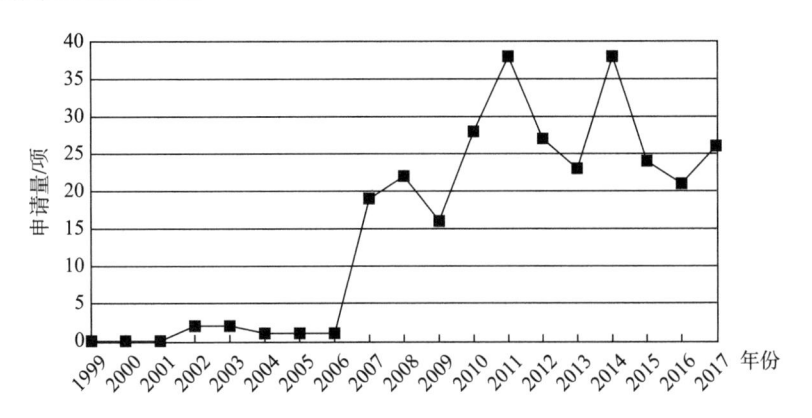

图 12-9　奇瑞决策控制技术专利申请趋势

如图12-10所示，奇瑞的研发重点首先在于紧急制动刹车系统，其次在于自动泊车技术。奇瑞在自动驾驶技术的研发方面，计划在2018年实现半自动驾驶，2020年实现高度的自动驾驶，2025年实现完全自动驾驶。奇瑞在常规汽油动力车型上的技术应用不断推新，紧急制动刹车系统、自动泊车等技术将应用在其旗下车型上。基于上述目标，奇瑞将大部分研发力量投入紧急制动刹车系统以及自动泊车上。而对于驾驶员瞌睡预警，奇瑞仅仅投入了小部分力量，申请了10项专利。

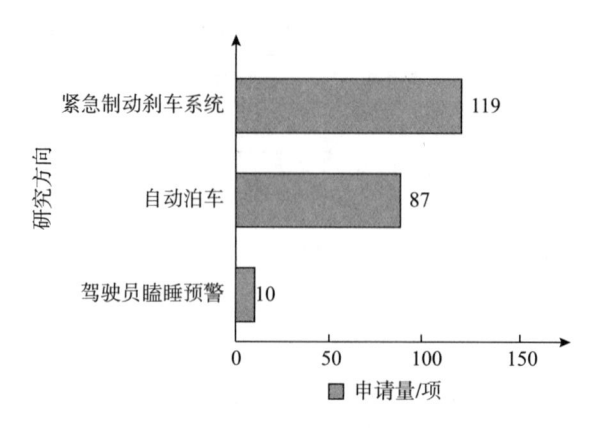

图 12 – 10　奇瑞决策控制技术分布

（二）技术路线

如图 12 – 11 所示，2003 年，奇瑞的研究重点在于倒车成像装置，实现初步的倒车、停车辅助，具有自动报警、提升安全性的效果；同时，奇瑞开始研究汽车自动控制系统；随着汽车自动驾驶技术的兴起，对于提高驾驶安全性的研究热度逐步攀升，奇瑞也开始关注驾驶安全领域，对驾驶员疲劳检测方面进行了专利布局；近几年，随着奇瑞与百度在自动驾驶领域的深度合作，奇瑞开始在自适应巡航、自动泊车、利用传感器检测车辆之间以及车与人的距离等方面积极布局，为实现其自身在自动驾驶领域的应用目标奠定专利基础。

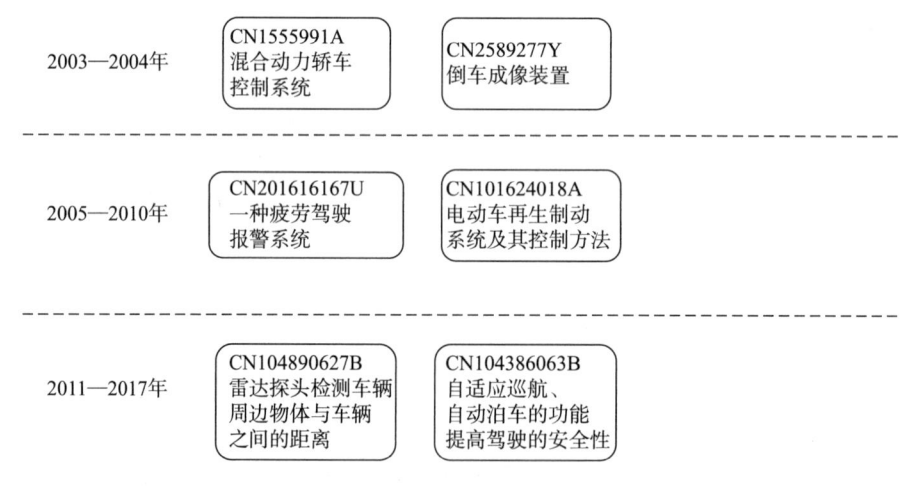

2003—2004年：CN1555991A 混合动力轿车控制系统；CN2589277Y 倒车成像装置

2005—2010年：CN201616167U 一种疲劳驾驶报警系统；CN101624018A 电动车再生制动系统及其控制方法

2011—2017年：CN104890627B 雷达探头检测车辆周边物体与车辆之间的距离；CN104386063B 自适应巡航、自动泊车的功能提高驾驶的安全性

图 12 – 11　奇瑞决策控制技术发展路线

（三）研发团队

选取决策控制领域专利申请量在 5 项以上（含 5 项）的发明人共 4 位，如图 12 – 12 所示。这 4 位发明人参与专利申请 45 项，占奇瑞相关申请的 20% 左右。其中，陈效华、王陆林参与的申请达到 29 项，可见这 2 位发明人处于研发团队中的核心地位。

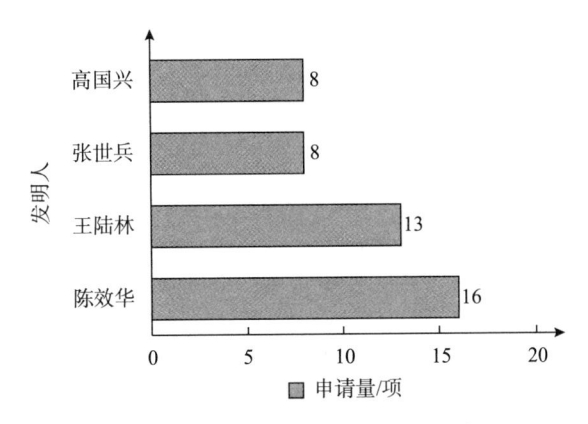

图 12-12　奇瑞主要发明人专利申请量

由表 12-3 可知，奇瑞的主要发明人的研发方向都在紧急制动刹车系统，而陈效华在驾驶员瞌睡预警、自动泊车方面也有所涉猎；王陆林、高国兴则将全部研发精力放在紧急制动刹车系统；张世兵在自动泊车方面也有所研究。

表 12-3　奇瑞主要发明人专利申请技术分布　　　　　　　　　　单位：项

发明人	驾驶员瞌睡预警	自动泊车	紧急制动刹车系统
陈效华	1	5	10
王陆林	0	0	13
张世兵	0	2	6
高国兴	0	0	8

第二节　物联网的引领者

一、Velodyne

Velodyne 成立于 1983 年，是一家位于加州硅谷的技术公司。Velodyne 最早以音响业务起家，随后业务拓展至激光雷达等领域。2016 年 8 月，Velodyne 公司发布公告称，旗下激光雷达公司 Velodyne LiDAR 获得百度与福特公司 1.5 亿美元的共同投资，三方将围绕无人驾驶领域展开全方位合作。2016 年，Velodyne 将核心业务激光雷达部门剥离，成立新公司 Velodyne LiDAR。该公司开发的 LiDAR 传感器被谷歌等涉及自动驾驶的公司广泛使用。

（一）专利布局

如图 12-13 所示，Velodyne 研究激光雷达伊始，专利申请量较少，且在研究初期甚至出现了专利申请量为 0 项的情况。但是由于技术研发的投入和资源的丰富，从 2015 年开始，Velodyne 专利申请量不断增加，到 2017 年达到最高峰，而且未来随着技术的进步，专利申请量有望进一步攀升。

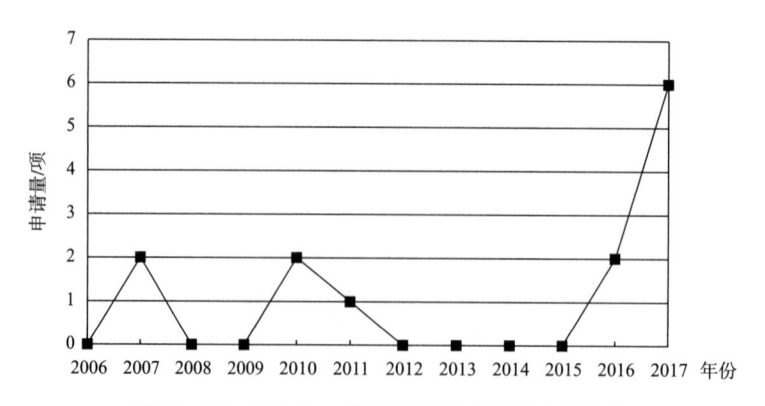

图 12 – 13　Velodyne 激光雷达技术专利申请趋势

如图 12 – 14 所示，Velodyne 的研发重点在于对激光雷达的控制方式和结构优化，具体为通过对扫描方式、脉冲的调整以及内部结构的改进以优化激光雷达的性能。另外，Velodyne 对算法优化也有一定研究。

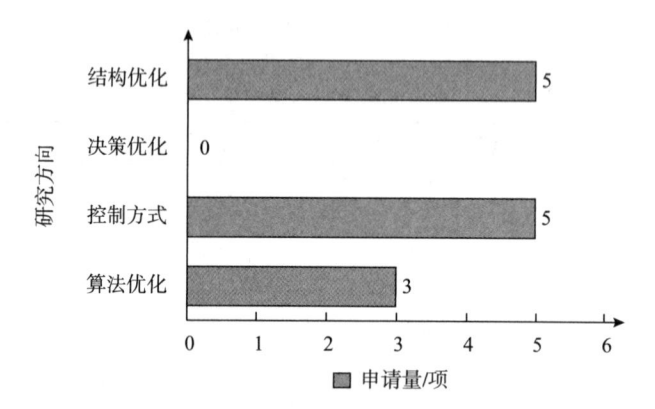

图 12 – 14　Velodyne 激光雷达技术分布

（二）技术路线

从图 12 – 15 可以看出，Velodyne 的技术研发首先集中在结构优化和算法优化方面，提出了对光发射器角度和检测器角度的调整，并提出了 D 形透镜，减小盲区；从 2017

图 12 – 15　Velodyne 激光雷达技术发展路线

年开始，Velodyne 的主要研发方向转变为控制方式，主要集中在对脉冲调整、扫描方式改进，从而提升激光雷达性能。

（三）研发团队

选取 Velodyne 申请量较多的 5 位发明人，如图 12-16 所示。其中，David S. Hall 和 Pieter J. Kerstens 属于一个发明团队，David S. Hall 在其中属于核心地位，Mathew Noel Rekow 和 Stephen S. Nestinger 属于另一个发明团队。

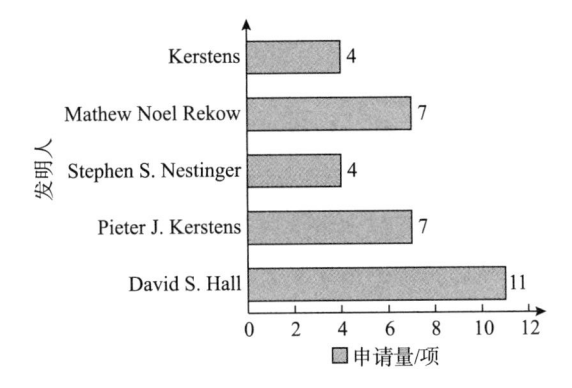

图 12-16 Velodyne 主要发明人专利申请量

由表 12-4 可知，各团队的研究侧重点有所不同，David S. Hall 和 Pieter J. Kerstens 主要研究结构优化和控制方式的优化，Mathew Noel Rekow 主要研究算法优化。

表 12-4 Velodyne 主要发明人专利申请技术分布　　单位：项

发明人	结构优化	控制方式	算法优化	决策优化
David S. Hall	5	4	2	0
Pieter J. Kerstens	2	4	1	0
Mathew Noel Rekow	0	0	7	0

二、大唐电信

由于涉及领域过多，我国的车际网通信标准尚处于推广阶段，还未实现大规模的商用。随着汽车工业的不断发展，无论是从道路交通安全、道路拥堵、尾气排放的大交通角度，还是从消费者的需求角度，V2X 的标准化及推广刻不容缓。在过去的十多年时间，国际上几大标准化组织都开展了制定 DSRC 标准的工作，经过十年研究与测试已经定型，发展较为成熟。由于 5.9GHz 的 DSRC 在中国会有潜在干扰的问题，中国需要一个不同的解决方案，国内公司大唐、华为等提出了一种新的 LTE 标准——LTE-V 技术。国内 LTE-V 技术研究始于 2010 年，大唐电信集团是最早进行相关技术研究的企业，因此在专利申请量上拥有较强优势。华为虽然是主要的研发成员，但由于专利布局等原因，专利申请量略低，中兴、千方科技也积极参与 LTE-V 技术的研发，并且具有较好的专利布局，中国移动、中国联通和中国电信三大运营商也在积极推动 LTE-V 技术的发展，汽车企业采取与通信公司合作的方式推进车际网。上述通信企业在车际网通信协议保障方面的研发拥有绝对优势，下面以大唐电信为例进行介绍。

大唐电信，即大唐电信科技股份有限公司，是电信科学技术研究院控股的高科技电信企业。大唐电信作为LTE-V概念的提出者，在车联网研究方面投入了大量工作，在新技术研发方面，公司长期进行国家移动通信以及物联网、车联网标准的跟踪和研发，包括基于3G、4G、5G移动通信技术的应用，以及LTE-V、NB-IoT等前沿技术的研究。2017年，大唐电信发布了业内第一款基于LTE-V技术芯片级DTVL3000系列车联网产品，并凭借这款支持LTE-V-Cell和LTE-V-Direct双模产品，同时实现了车与车、车与路、车与人之间多层次立体的通信能力，呈现出更为广泛的应用场景。

（一）专利布局

如图12-17所示，大唐电信从2012年开始车际网专利布局，并一路保持较快的增长趋势，随着LTE-V技术的逐步成熟和5G的到来，专利的申请量将会持续飙升。从申请质量上看，大唐电信相关专利申请授权率虽然只有13%，但驳回率和视撤率为0，大部分专利申请还在进一步审查当中，大唐电信在车际网的研发上还是保持着较高的活跃度。

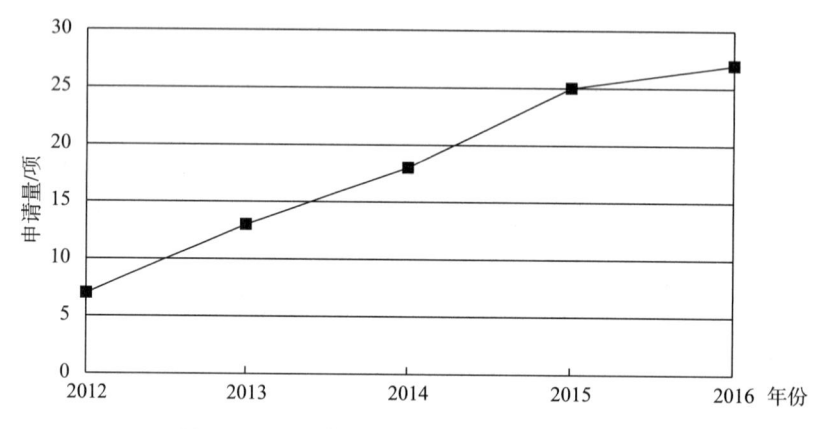

图12-17 大唐电信车际网全球专利申请趋势

如图12-18所示，大唐电信的研发重点是基于LTE的V2X的通信保障方面，由于大唐电信是LTE-V概念的提出者，在LTE-V技术的研发中投入大量工作，并在低时延、高可靠性、资源利用等方面拥有一定优势。

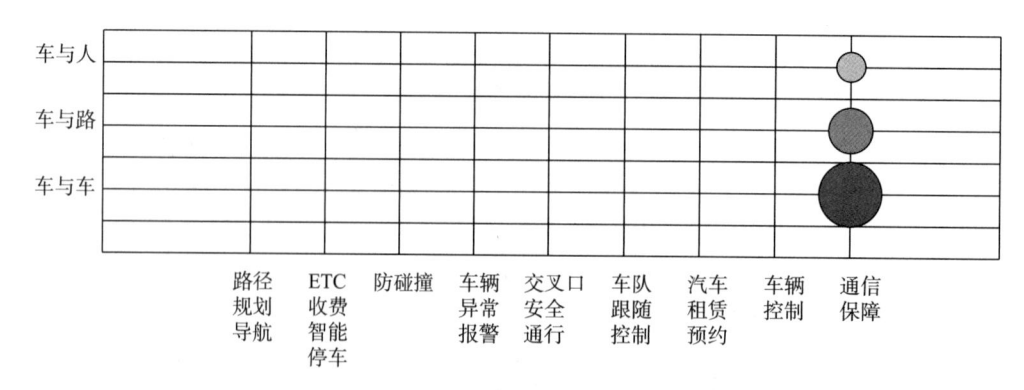

图12-18 大唐电信车际网技术功效

（二）技术路线

如图 12-19 所示，大唐电信于 2012 年开始车际网专利布局，主要的研发重点在于通信协议保障方面：解决车路协同中时延较长问题的数据包发送方法、解决通信过程中资源分配不均衡的业务处理方法、提高更新时隙状态灵活性的时隙状态更新方法、保证接收信号功率的信道增益控制方法。2014 年的专利申请较为注重通信安全方面，为安全认证、数据传输安全、加解密算法等相关专利。2015—2016 年的专利申请逐渐结合实际的应用场景，如车联网中拥塞控制方法、提高车路通信资源利用率、切换场景中降低时延的方法、解决资源调度中的资源碰撞的方法。

2012—2013年	CN201210458373.4 时延较长问题的数据包发送方法 / CN201210496425.7 解决资源分配不均衡的业务处理方法 / CN201310169747.5 提高更新时隙状态灵活性的时隙状态更新方法 / CN201310148944.9 保证接收信号功率的信道增益控制方法
2014年	CN201410840246.X 安全认证 / CN201410840776.4 数据传输安全 / CN201410839922.1 加解密算法
2015—2016年	CN201510563391.2 车联网中拥塞控制方法 / CN201510552748.7 提高车路通信资源利用率 / CN201510394482.8 切换场景中降低时延的方法 / CN201610029238.6 解决资源调度中的资源碰撞的方法

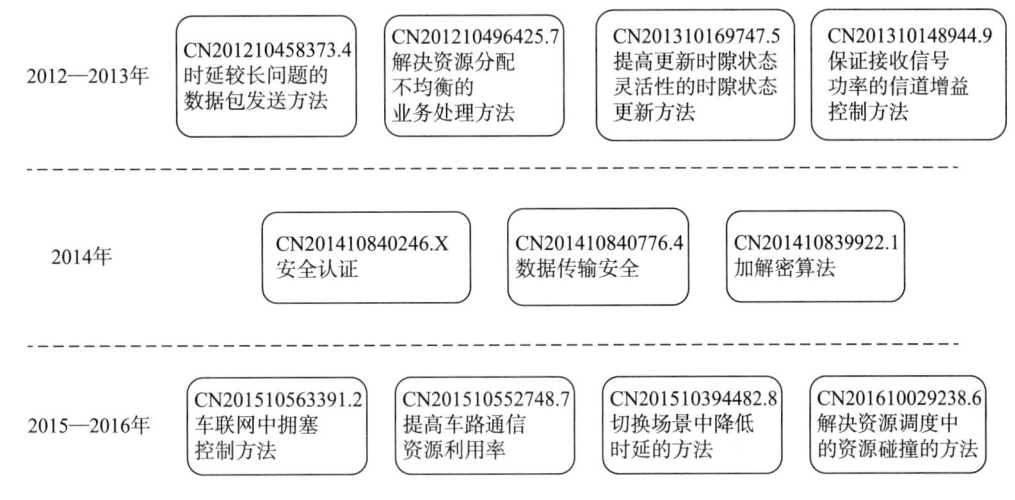

图 12-19　大唐电信车际网技术发展路线

（三）研发团队

选取车际网领域专利申请量在 15 项以上的发明人共 3 位，如图 12-20 所示。这 3 位发明人参与专利申请 59 项，占大唐电信相关专利申请的 65% 左右，可见这 3 位发明人处于研发团队中的核心地位。

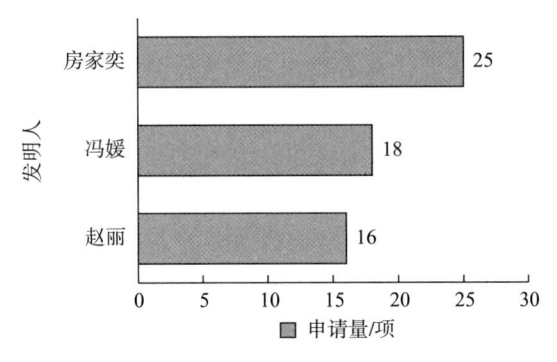

发明人	申请量/项
房家奕	25
冯嫒	18
赵丽	16

图 12-20　大唐电信主要发明人专利申请量

由表 12-5 可知房家奕、冯嫒、赵丽的研发重点都在通信保障方面。在 LTE-V 通信技术中，这 3 位发明人占据着重要地位。

表 12-5　大唐电信主要发明人专利申请技术分布　　　　　　　　　单位：项

发明人	通信保障
房家奕	25
冯媛	18
赵丽	16

三、金溢科技

路侧设备通信是政府打造智慧交通的重要保障，路侧设备通信技术的研发也是车际网中车与路通信的重要组成部分，而在智慧交通解决方案、公安交通解决方案以及 ETC 收费和智能停车方面金溢科技具有较强实力，捷顺科技在智能停车场管理系统、智能门禁管理系统、智能通道闸系统及收费管理系统方面拥有一定实力，富士智能在车位引导系统、停车场系统、通道系统和门禁系统中拥有较强实力，万集科技在智能收费系统、车辆超限超载系统方面拥有一定实力，聚利科技在智能移动互联车辆管理系统、自由流收费系统等方面拥有一定实力，下面以金溢科技为例进行介绍。

金溢科技股份有限公司（以下简称"金溢科技"）以高速公路智慧交通、城市智慧交通、公安交通管理、前沿交通、物流追溯五大业务领域为核心，为政府、运营单位、终端用户提供端到端的解决方案、产品及服务，并致力于构建一个将人、车、路、场、环境等交通要素 360°无缝感知的高效、便捷、绿色、安全、舒适的城市交通物联网，以打造一个上得了高速、下得了停车场、进得了商圈、回得了家园的美好车生活场景，让交通更智慧，让生活更简单。

（一）专利布局

如图 12-21 所示，金溢科技从 2011 年开始进行车际网专利布局，2013—2015 年专利申请量大幅增长，并在 2015 年出现高峰期。在这期间，金溢科技核心参与全国高速公路 ETC 联网建设工作，参与起草汽车电子标识国家标准，并首创基于 ETC 的智慧停车管理系统，开启城市智慧交通建设新征程。随后的几年里，金溢科技专利申请趋势有所下降，但仍保持一定的申请量。从专利申请质量上看，金溢科技 71% 的专利申请获得专利权，仅有不足 1% 的专利申请被驳回，同时在审以及公开的专利量保持在一定比例之上，金溢科技的专利整体质量较高，并保持一定的活跃度。

如图 12-22 所示，金溢科技的研发重点在车与路侧设备的通信，涉及路径规划及导航、ETC 收费及智能停车、车辆控制、通信保障等方面，由于金溢科技是国家高速公路 ETC 联网建设的核心参与单位，并且参与制定了 ETC 国家标准，首创基于 ETC 的智慧停车管理系统，因此在 ETC 收费及智能停车领域有着很大的优势，专利申请量也明显高于其他分支。而对通信协议的研发以及对通信安全的保障一直是车际网发展的基础，金溢科技在车辆控制和路径规划及导航方面也有一定的申请量。

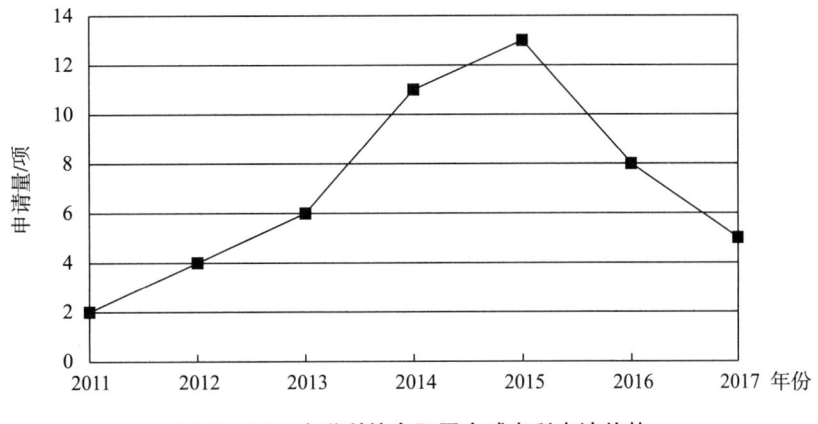

图 12-21　金溢科技车际网全球专利申请趋势

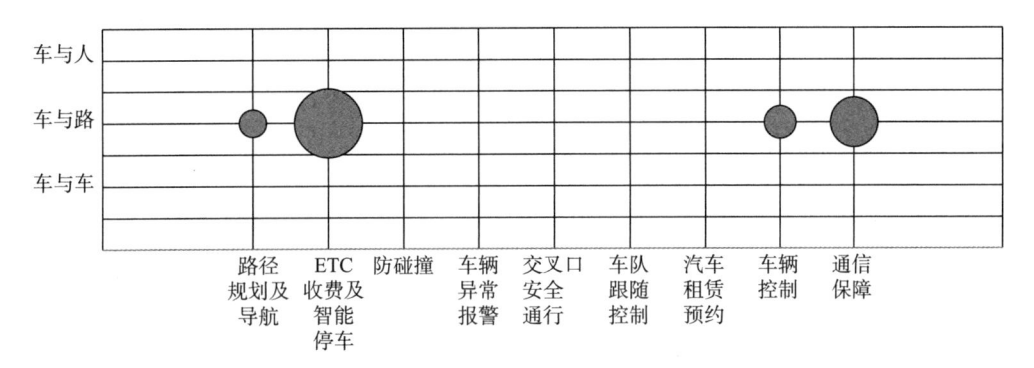

图 12-22　金溢科技车际网技术功效

（二）技术路线

如图 12-23 所示，金溢科技于 2011 年进入车际网的萌芽期，研发重点在于车载单元和电子标签等硬件设备，率先推出太阳能电子标签，引发行业重大技术变革，同时推出业内首创的车载产品，车际网业务正式起航。2012—2014 年是金溢科技专利爆发增长期，首创基于 ETC 的智慧停车管理系统，开启城市智慧交通建设新征程，在不停车收费过程中防跟车干扰、ETC 车道中车型识别等技术方面逐渐成熟；在路径规划及导航方面，涉及基于车流量、车速、拥堵情况等路径规划；在车辆自身控制方面，涉及路侧设备准确定位车辆以控制车辆信息的发布。2015—2016 年，金溢科技成为无锡、深圳试点项目（全国首批）的核心设备提供商，在 ETC 系统通信技术和车载单元方面进一步提升，研发重点逐渐转向通信保障方面，5.8GHz 路径识别复合通行卡、低信噪比 SC-FDE 系统同步等技术发展迅速。

```
2011年    CN201110241123.0        CN201110073538.1
         太阳能电子标签            车载产品
```

```
2012—2014年  CN201210199032.X    CN201410014474.1   CN201310522212.1、   CN201420503857.0
             不停车收费过程中      ETC车道中车型识别    CN201310522212.1、   在车辆自身控制
             防跟车干扰                              CN201420547314.9    方面涉及路测设备
                                                   基于车流量、车速、    准确定位车辆以
                                                   拥堵情况等路径规划   控制车辆信息的发布
```

```
2015—2016年  CN201520092364.7    CN201510350857.0
             5.8GHz路径识别       低信噪比SC-FDE系统
             复合通行卡           同步
```

图 12-23　金溢科技车际网技术发展路线

（三）研发团队

选取车际网领域专利申请量在 10 项以上（含 10 项）的发明人共 3 位，如图 12-24 所示。这 3 位发明人参与专利申请 31 项，占金溢科技相关专利申请 66% 以上，可见这 3 位发明人处于研发团队中的核心地位。

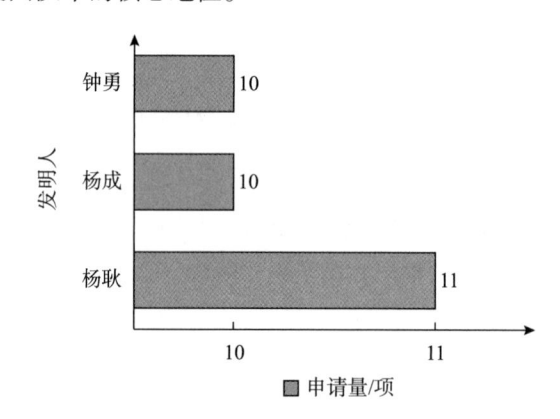

图 12-24　金溢科技主要发明人专利申请量

由表 12-6 可知，杨耿、杨成、钟勇的主要研发方向都在 ETC 收费及智能停车方面。同时，在通信保障、路径规划及导航等方面，杨耿和杨成也都申请了一定专利。

表 12-6　金溢科技主要发明人专利申请技术分布　　　　　　　　　　单位：项

发明人	ETC 收费及智能停车	路径规划及导航	通信保障
杨耿	7	0	1
杨成	6	1	0
钟勇	6	0	0

四、百度

百度是全球最大的中文搜索引擎，2000年1月创立于北京中关村，百度致力于向人们提供"简单、可依赖"的信息获取方式。

（一）专利布局

如图12-25所示，百度于2012年第一次提出汽车导航路径规划，同时开始就其在路径规划方面的研究成果进行了相关的专利申请。随着时间的推移，百度在路径规划方面的专利申请量也在不断增加，并于2014年进入了快速增长的阶段。这一方面是由于2011—2013年的技术积累发酵；另一方面是随着车载导航和无人驾驶技术的发展，带动路径规划技术的一同发展。

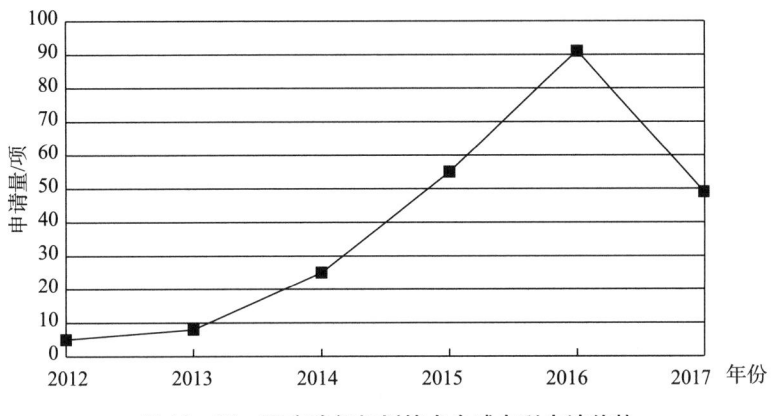

图12-25 百度路径规划技术全球专利申请趋势

如图12-26所示，百度的研发重点在于根据外部测量得到的数据对行驶车辆进行行为的规范，这一点正是发挥了百度强大的算法优势。由于百度雄厚的街景地图的技术积累，可以很容易地识别道路中的各种物体并对道路环境进行模拟。在路径规划过程中，首要解决的问题是避免车辆受到撞击，而大多数障碍物的状态经常是不可预测的，如车辆、行人等障碍物不断地改变位置，百度正是利用了自身的算法优势，努力解决避障控制这个首要的难题。因此，在避障控制这个分支中，百度的专利申请量明显多于其他分支。

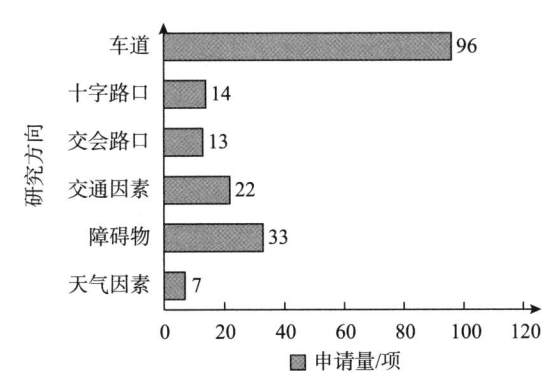

图12-26 百度在路径规划领域技术分布

（二）技术路线

百度技术路线见图 12-27。

第一阶段，百度于 2012 年开始进入路径规划的起步期，主要结合导航定位技术对汽车路径进行实时规划。

第二阶段，百度于 2013—2015 年开始通过建模与算法相结合，提高道路识别以及路线规划的精度、准确度和效率。

第三阶段，百度于 2016 年开始对路径规划进行复杂数据的计算，对路况信息的复杂性进行精确计算，并且将路径规划技术应用于无人驾驶技术中。

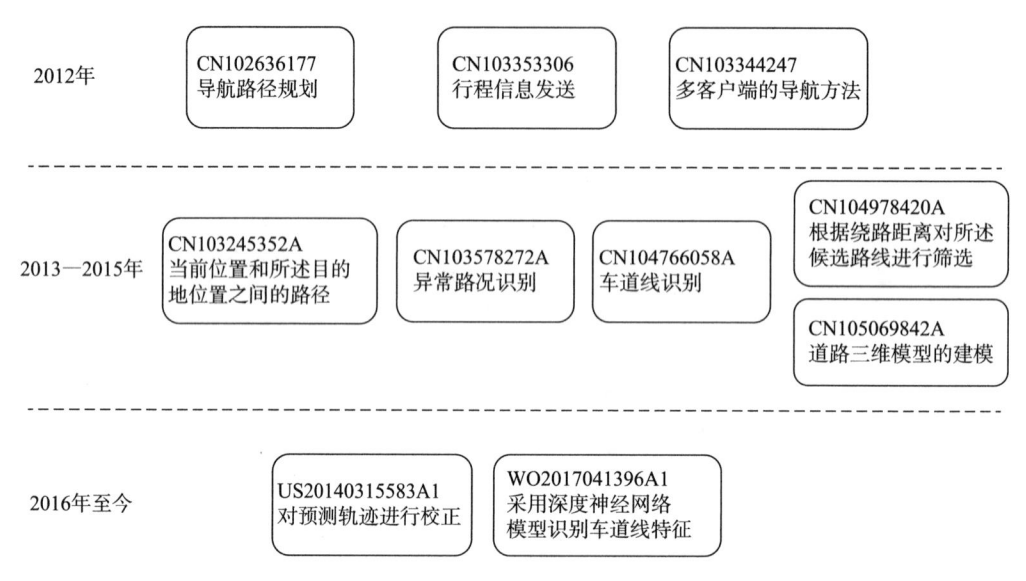

2012 年
- CN102636177 导航路径规划
- CN103353306 行程信息发送
- CN103344247 多客户端的导航方法

2013—2015 年
- CN103245352A 当前位置和所述目的地位置之间的路径
- CN103578272A 异常路况识别
- CN104766058A 车道线识别
- CN104978420A 根据绕路距离对所述候选路线进行筛选
- CN105069842A 道路三维模型的建模

2016 年至今
- US20140315583A1 对预测轨迹进行校正
- WO2017041396A1 采用深度神经网络模型识别车道线特征

图 12-27　百度路径规划技术发展路线

（三）研发团队

选取路径规划领域专利申请量在 5 项以上的发明人共 11 位，如图 12-28 所示。该 11 位发明人参与专利申请 94 项，占百度相关专利申请的 35% 以上。张天雷有 15 项，晏阳有 15 项，为主要发明人。

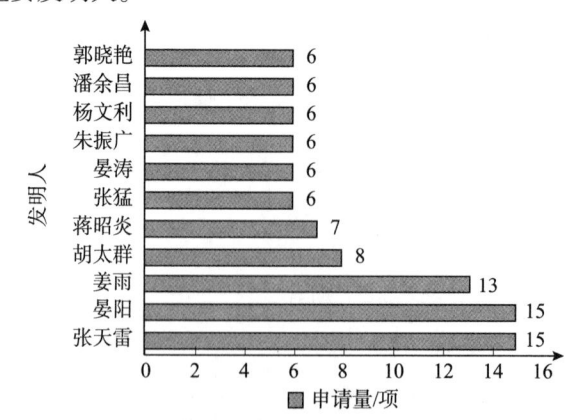

发明人	申请量/项
郭晓艳	6
潘余昌	6
杨文利	6
朱振广	6
晏涛	6
张猛	6
蒋昭炎	7
胡太群	8
姜雨	13
晏阳	15
张天雷	15

图 12-28　百度主要发明人专利申请量

由表12-7可知，张天雷、晏阳、姜雨的主要研发方向都在避障控制方面，同时交会路口、十字路口方面也都申请较多专利。

表12-7 百度主要发明人专利申请技术分布　　　　　　　　　　　　　单位：项

发明人	车道	障碍物	交通因素	交会路口	十字路口	天气因素
张天雷	13	0	0	1	1	0
晏阳	10	0	1	2	2	0
姜雨	4	1	2	3	3	0

五、四维图新

北京四维图新科技股份有限公司（以下简称"四维图新"）是中国数字地图内容、车联网及动态交通信息服务、地理位置相关的商业智能解决方案提供商，于2002年成立，是第一家开始研发中国导航电子地图的公司。四维图新公司产品和服务应用于汽车导航、消费电子导航、互联网和移动互联网等领域。

（一）专利布局

如图12-29所示，四维图新于2008年利用动态交通信息服务于北京奥运，并开发了服务于中国的第一个支持动态交通信息的便携式导航设备，同时开始就其在路径规划方面的研究成果进行了相关的专利申请。2008—2009年，短短一年的时间专利申请量快速增长；2010年，申请量有所下降；2011年，随着收购中交宇科、推出Telematics业务品牌等一系列举动，战略布局车联网，专利申请量再次迎来新高峰；2013年后，申请量逐渐下降并趋于平缓。

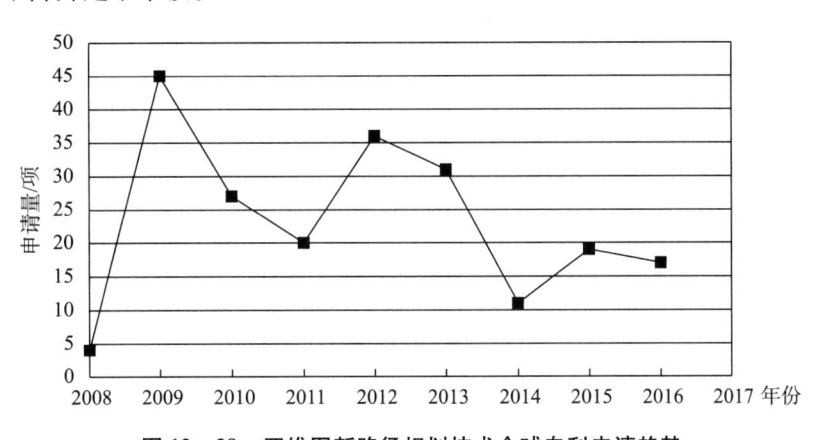

图12-29 四维图新路径规划技术全球专利申请趋势

如图12-30所示，四维图新的研发重点在于利用传感器以及摄像机等装置实现对于车道的识别，进而对行车路线进行规划；利用广播信息共享等互联网手段实现交通信息的共享，合理规划路线，有效避开拥堵以及事故发生地段，提高驾驶效率；识别障碍物实现室内路径规划等方面。

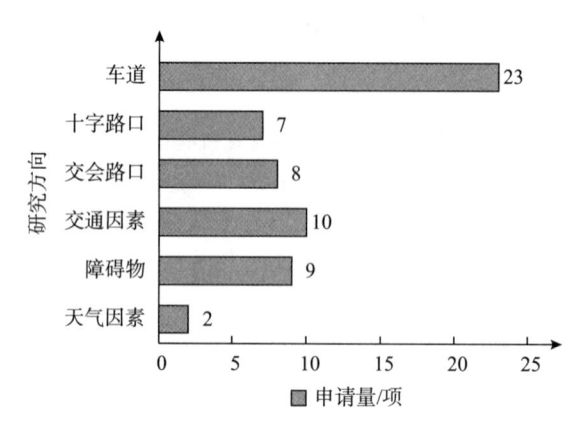

图 12-30　四维图新路径规划技术分布

绝大多数自动驾驶项目组，在针对车辆转弯遇到的复杂路况时，都过于依赖外部传感器给予的数据指示。四维图新凭借自身掌握高精地图相应坐标位置曲直率核心算法的优势，针对车辆转弯时的速度、车灯的方向进行控制，与外部传感器数据结合在一起后，即可针对复杂路况进行更有效的事故规避，提高车辆自动驾驶的安全性。

（二）技术路线

四维图新技术发展路线见图 12-31。

2008—2010年
- CN101561290A 通过导航卫星定位
- CN101644577A 提供另外终端当前导航信息

2011—2012年
- CN102080963A 建立兴趣点与对应兴趣点图像间的关联
- CN102147795A 获取符合所述检索条件的兴趣点记录
- CN102279843A 处理短语数据
- CN102313550A 获取兴趣点的营业状态

2013年至今
- CN103177041A 生成包含有积水积雪信息的电子地图
- CN103123263A 导航电子地图上显示所述位图文件
- CN103206956A 提供基于车道级的导航

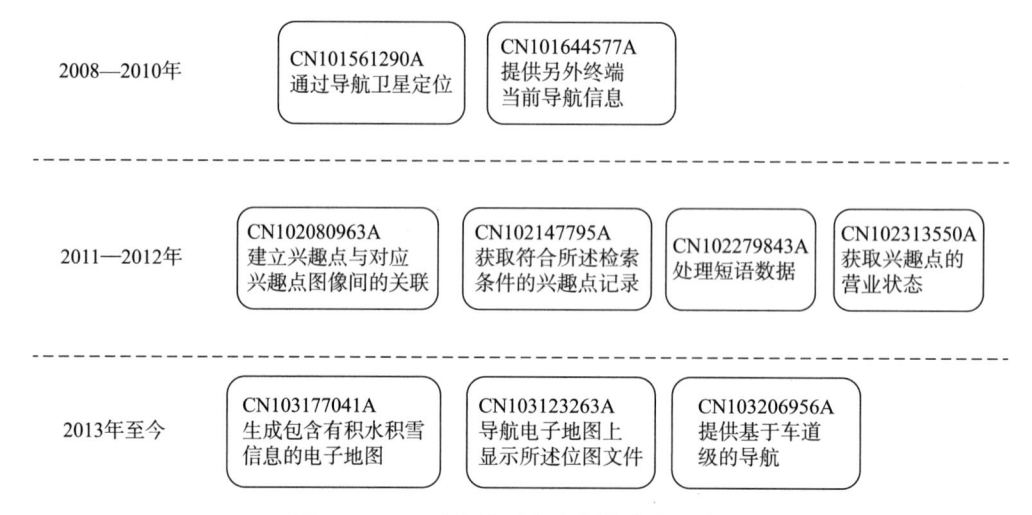

图 12-31　四维图新路径规划技术发展路线

第一阶段，四维图新于2008年利用动态交通信息服务北京奥运会，并开发了服务于中国的第一个支持动态交通的便携式导航设备，申请了一系列关于导航的专利，利用路径计算、卫星定位、交通出口信息识别结合语音提示，在交通状况较为复杂的交通路口的出口标识信息，从而引导用户通过交通路口。

第二阶段，四维图新于2011年开始引入关于兴趣点的研究，通过图像识别以及用户分享等手段，建立电子地图路径中的兴趣点，方便导航，提升用户体验。

第三阶段，四维图新于2013年开始在研究中考虑天气状况，通过获取道路的积水积雪信息以及道路路网数据,将所述积水积雪信息与道路路网进行坐标匹配,将所述积水积雪信息叠加到对应的道路上;更新道路路网数据并生成包含有积水积雪信息的电子地图。其发明的技术方案能够生成包含有道路积水和积雪信息的电子地图,并为用户提供导航服务,确保了出现雨雪天气时的驾驶安全,对于车道的识别更加细致。

(三) 研发团队

选取路径规划领域专利申请量在10项以上(含10项)的发明人共5位,如图12-32所示。这5位发明人参与专利申请65项,占四维图新相关专利申请的43%以上。其中,曹晓航、徐晋晖、杜宇程参与的专利申请达到44项,可见这3位发明人处于研发团队中的核心地位。

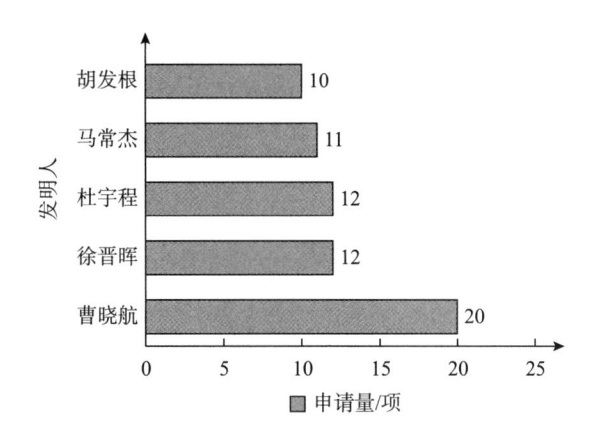

图 12-32 四维图新主要发明人专利申请量

由表12-8可知,曹晓航、徐晋晖、杜宇程的主要研发方向都在车道方面,同时在障碍物识别与避让、交通因素同步方面也都申请了较多专利。

表 12-8 四维图新主要发明人专利申请技术分布　　　　　单位:项

发明人	车道	障碍物	交通因素	交会路口	十字路口	天气因素
曹晓航	9	3	2	0	0	1
徐晋晖	4	1	1	0	1	0
杜宇程	3	1	1	0	0	1

第四部分

化学药

第十三章　化学药概况

第一节　化学药行业格局

从国内化学药行业格局来看，可分为化学原料药和化学制剂，制剂又由仿制药和创新药构成。从技术难度来看，原料药、仿制药、创新药的技术难度逐渐提高。

总体来说，国内化学原料药相对成熟，在全球产业链上地位较高；化学制剂与国际领先国家差距明显，其中仿制药大而不强，创新药只能说刚刚起步。从国际竞争力比较的角度来看，国内各板块的国际地位表现为原料药强于仿制药，仿制药强于创新药。

一、原料药

原料药国内发展相对成熟，原料药分为大宗原料药、特色原料药以及专利原料药，技术门槛逐级提高。

大宗原料药行业格局相对成熟，已经趋于成本和效率的竞争，在细分领域形成了头部企业明显领先的现象，特别是抗生素和维生素领域已经形成寡头局面，不但占据国内主要市场，同时大量出口国外。

特色原料药供给仿制药企业，相比大宗原料药更细分，也存在大量出口欧美的国内企业，与印度共同构成了欧美特色原料药的主要来源。

专利原料药门槛比较高，需要有技术和质量保障，更需要有国际化团队。因为专利原料药在企业研发的过程中就要参与其中，而创新药的主战场还是在欧美。目前，专利原料药主要分布在欧洲。尽管专利原料药在数量上的占比并不是很高，但销售额的占比却不低，因其技术门槛而享受着高于大宗、特色原料药的毛利率。

二、仿制药

国内传统的制剂公司都是从仿制药起家，到目前来说也是仿制药占主体，多数企业还是以仿制药的利润来支撑创新药的投入。受国内制度和行业现状等方面的影响，国内仿制药企业享受了高于国外同行的毛利率，同时也使得国内仿制药发展缓慢，创新动力不足。国外原研药长期享受超国民待遇，缺乏优质的替代品。

三、创新药

国内创新药品种主要分布于化学药，与国际巨头化学药、生物药存在差距。根据IMS统计，2015年全球创新药市场规模近6000亿美元，但我国占据的市场不足100亿美元。上市的创新药也多为派生药（Me‐too药），缺乏首创药（First‐in‐class）。

国内众多企业从不同的路线走上了创新药的道路，代表性的有三类。第一类是传统的仿制药企业经过资金和技术积累逐渐转向创新药，这类企业研发管线相对丰富，各方面积累较多，代表性企业有恒瑞医药、中国生物制药等。第二类是通过并购新兴新药研发机构切入创新药领域，代表性企业有复星医药、亿帆医药，这类企业原有业务营利性好，转型意愿强。第三类是通过资本筹集创新药研发资金，结合创始团队研发优势快速进入创新药领域，这类企业研究管线比较集中，有利于发挥技术优势，降低风险。

第二节　化学药如何分类

化学药可分为如下六类。
1. 未在国内外上市销售的药品：
（1）通过合成或者半合成的方法制得的原料药及其制剂；
（2）天然物质中提取或者通过发酵提取的新的有效单体及其制剂；
（3）用拆分或者合成等方法制得的已知药物中的光学异构体及其制剂；
（4）由已上市销售的多组分药物制备为较少组分的药物；
（5）新的复方制剂。
2. 改变给药途径且尚未在国内外上市销售的制剂。
3. 已在国外上市销售但尚未在国内上市销售的药品：
（1）已在国外上市销售的原料药及其制剂；
（2）已在国外上市销售的复方制剂；
（3）改变给药途径并已在国外上市销售的制剂。
4. 改变已上市销售盐类药物的酸根、碱基（或者金属元素），但不改变其药理作用的原料药及其制剂。
5. 改变国内已上市销售药品的剂型，但不改变给药途径的制剂。
6. 已有国家药品标准的原料药或者制剂。

第三节　化学药发展过程

据统计（如图13-1所示），中国公立医疗机构终端化学药在2013—2018年的销售规模呈逐年递增趋势，但增速有所放缓。2018年，包括城市和县级的公立医院、城市社区中心、乡镇卫生院的中国公立医疗机构终端化学药销售额首次达到万亿元，同比增长7.36%。

如表13-1所示，从市场份额占比来看，2018年化学药中共有六个药品大类的销售额超过千亿元，市场份额占比均超过10%，分别是全身用抗感染药物、消化系统及代谢药、血液和造血系统药物、抗肿瘤和免疫调节剂、心血管系统药物和神经系统药物。从销售增长率来看，抗肿瘤和免疫调节剂、肌肉—骨骼系统、全身用激素类制剂（不含性激素）等药品大类销售增速超过10%，然而超千亿元的药品大类中，多个品类的增速有所放缓。

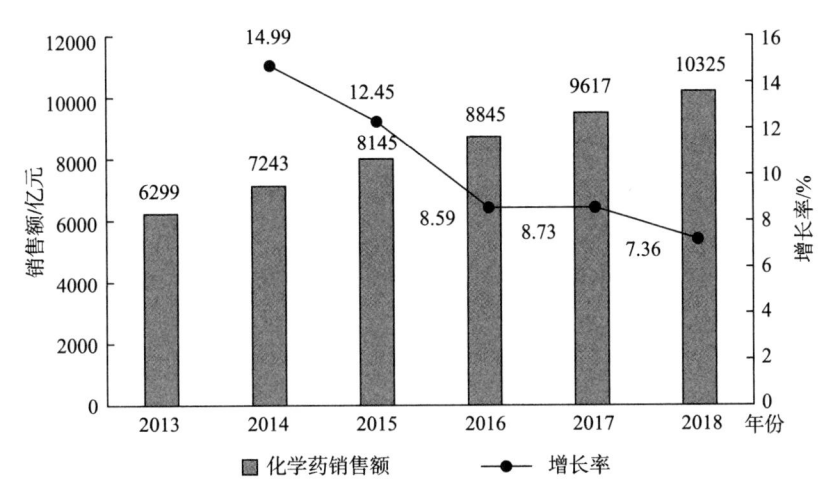

图 13-1　2013—2018 年中国公立医疗机构终端化学药销售额及增长情况[1]

表 13-1　2018 年中国公立医疗机构终端药品大类销售情况[2]

排名	大类名称	市场份额/%	增长率/%
1	全身用抗感染药物	19.30	3.59
2	消化系统及代谢药	16.13	5.91
3	血液和造血系统药物	13.12	9.17
4	抗肿瘤和免疫调节剂	12.69	13.23
5	心血管系统药物	11.99	6.99
6	神经系统药物	10.37	3.48
7	呼吸系统用药	4.86	8.75
8	肌肉—骨骼系统	3.70	10.49
9	杂类	2.94	13.34
10	全身用激素类制药（不含性激素）	1.66	12.41

---

[1][2] 前瞻网［EB/OL］.（2019-07-16）［2021-07-29］. https：//www. qianzhan. com/analyst/detail/220/190715-fcc47d0c. html.

第十四章　化学药专利分析

第一节　以全球为视角

为了概览化学药的整体发展趋势，对采集的 1896—2018 年全球范围内专利申请数据按时间序列进行统计，参见图 14-1。

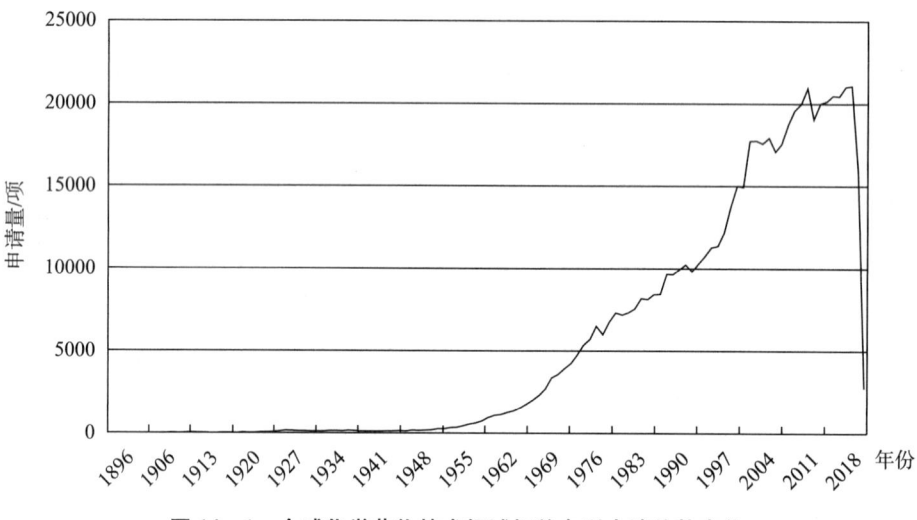

图 14-1　全球化学药物技术领域相关专利申请趋势变化

一、全球专利申请趋势分析

化学药专利的年申请量在 1960 年达到了 1000 项以上，在 1992 年达到了 10000 项以上，在 2009 年达到了 20000 项以上，在 2009 年之前一直处于高速增长状态。从 2009 年开始，受全球金融危机的影响，专利申请量出现增长停滞，甚至是小幅下降，并且自此以后增长速度持续放缓。可见，化学药的研发状况受全球经济发展大环境的影响较为明显，并且受到生物药崛起的冲击，已经进入平稳发展阶段。

二、全球专利申请的区域分布分析

对专利技术目标地进行分析，得到排名前十的技术目标地及其在全球专利数量中所占的百分比，如图 14-2 所示。

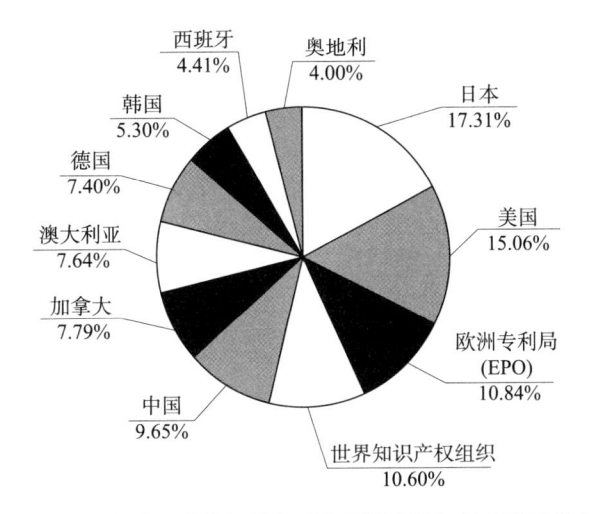

图 14-2　全球化学药相关专利主要技术目标地申请量分布

日本作为化学药物研发的活跃国和主要市场国，其化学药物专利量处于全球第一，占总量的 17.31%，比科技和经济最发达的美国还高 2.25 个百分点。中国的专利量占全球总量的 9.65%，排在全球第 5 位，仅次于日本、美国、欧洲专利局（EPO）和世界知识产权组织（WIPO），可见中国作为全球主要医药消费市场的地位。在欧洲国家中，德国、西班牙和奥地利的排名比较靠前。

三、全球专利申请的申请人分析

对化学制药领域的专利申请人进行分析，得到排名前十的专利申请人及其专利申请数量，如图 14-3 所示。

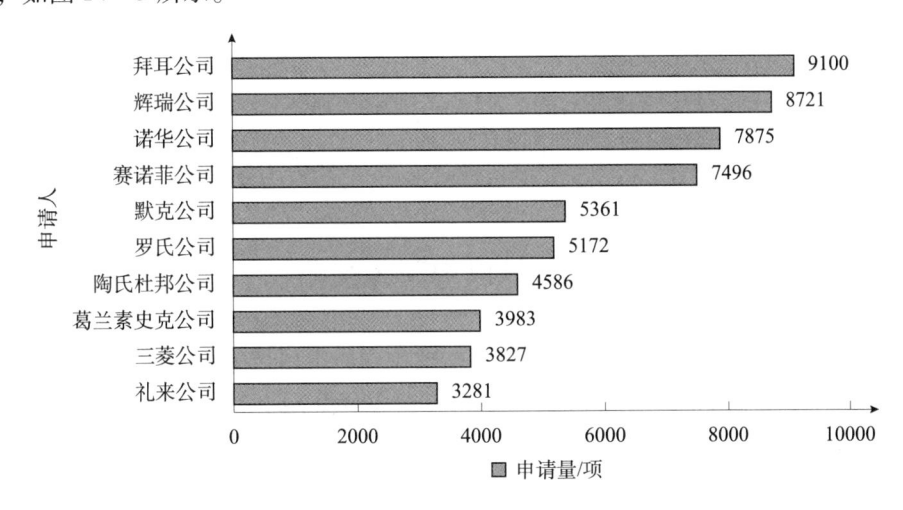

图 14-3　全球化学药相关专利主要申请人申请量统计

在化学药物研发领域，专利技术的集中程度较高，几家著名的全球药物巨头企业申请量遥遥领先。排在首位的是拜耳公司，其申请总量达到了 9100 项，辉瑞公司为 8721

项，诺华公司的申请量为 7875 项，赛诺菲公司为 7496 项。第二梯队申请量在 5000 项左右及以下，申请量最高为默克公司（5361 项），后面依次为罗氏公司（5172 项）、陶氏杜邦公司（4586 项）、葛兰素史克公司（3983 项），三菱公司和礼来公司分别为 3827 项和 3281 项。排在前十位的申请人中，美国有 4 家，瑞士有 2 家，英国、法国、日本、德国各 1 家。可见化学药的研发被欧洲和美国等发达国家和地区主导。

四、全球专利申请的技术主题分析

为了研究化学药物专利申请的领域分布，对涉及化学药物的发明专利申请的主分类号小类进行统计分析，其结果如图 14-4 所示。

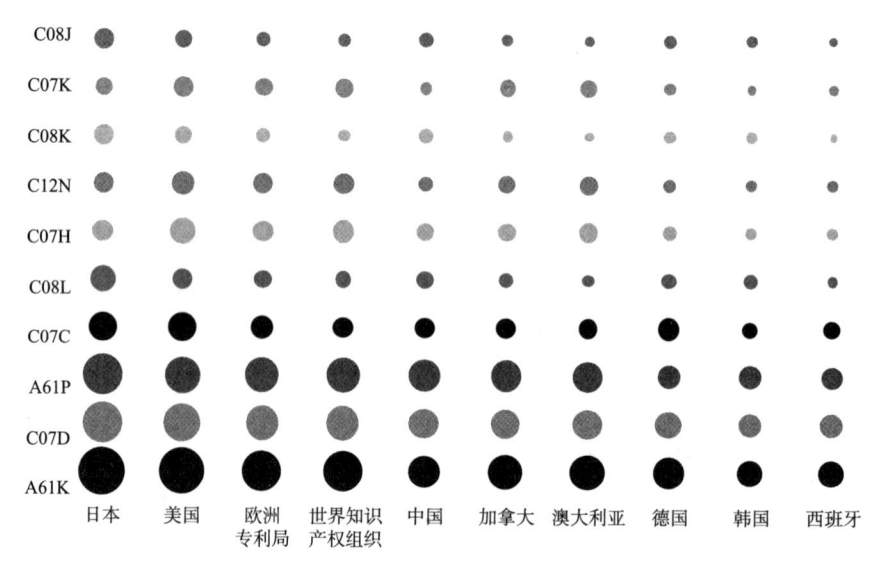

图 14-4 全球化学药物技术领域技术主题分布

从图 14-4 中可以看出，A61K（医用、牙科用或梳妆用的配制品）、C07D（杂环化合物）、A61P（化合物或药物制剂的治疗活性）、C07C（无环或碳环化合物）占据了本领域的最大比例。

第二节 以中国为视角

在化学药物技术领域，向中国专利局提交的国内申请以及进入中国国家阶段的 PCT 申请共 177620 项。其中，国内申请人的专利申请数量为 86487 项，占比 48.7%，可见我国在化学药物技术领域与发达国家相比还有一定的差距，有很大的提升空间。下面对中国专利申请的申请趋势、区域分布、申请人排名和技术主题进行具体分析。

一、中国专利申请趋势分析

为了考察我国化学药物专利的发展趋势，对专利申请量的年代分布进行分析，如图 14-5 所示。

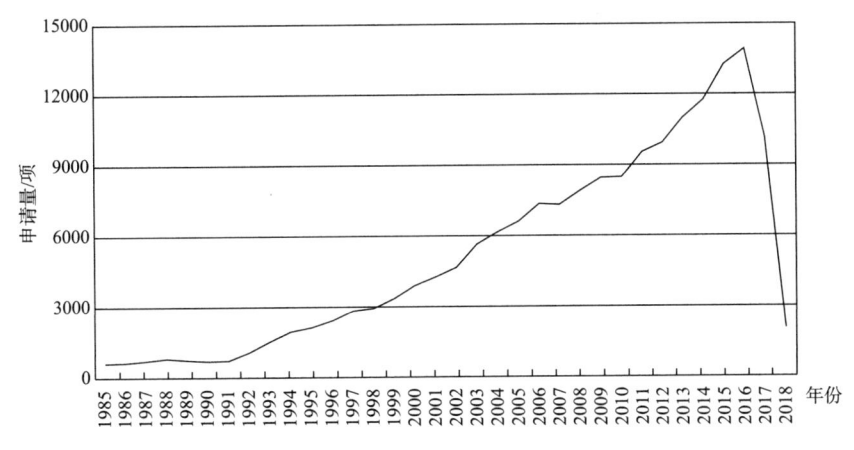

图 14-5　中国化学药技术领域申请量趋势

从 20 世纪 80 年代中期我国专利制度刚建立，至 20 世纪 90 年代初，化学药物的专利年申请量一般在几百件，20 世纪 90 年代进入了高速增长阶段，其中 1992—1994 年增长速度较快，增速均在 40% 以上。2003 年的年增速达 21.12%。与全球专利申请量增长趋势相同，受全球经济危机的影响，2010 年专利申请量的增长出现了停滞，但与全球专利申请量增长趋势不同的是，2011 年出现了较大反弹，可能是由于我国申请人受全球经济危机影响有限，化学药物研发投入和规模恢复较快。从 2011 年之后，随着全球经济复苏，专利申请量又进入了稳定的增长阶段。

二、中国专利申请的区域分布分析

对国内创新主体的地域分布进行统计分析，得到申请量排名在前 20 位的省市及其专利申请量，如图 14-6 所示。

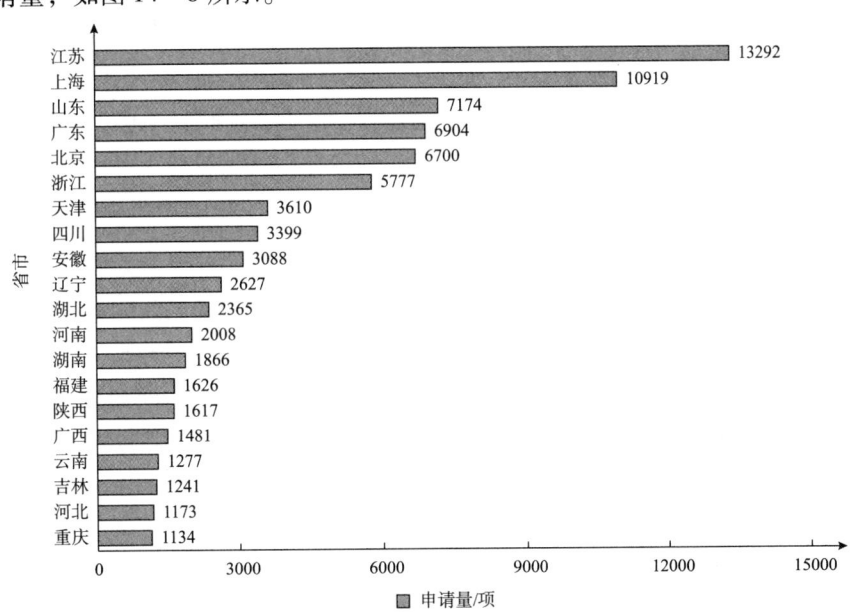

省市	申请量/项
江苏	13292
上海	10919
山东	7174
广东	6904
北京	6700
浙江	5777
天津	3610
四川	3399
安徽	3088
辽宁	2627
湖北	2365
河南	2008
湖南	1866
福建	1626
陕西	1617
广西	1481
云南	1277
吉林	1241
河北	1173
重庆	1134

图 14-6　化学药物中国创新主体所在省市区域分布

从申请量上来看，各区域明显分为两个梯队。第一梯队为江苏、上海、山东、广东、北京和浙江，多为东部沿海经济发达省份，并且是我国医药企业较为集中的地区，其申请量均在 5000 项以上。最高的江苏省达到了 13292 项，而且江苏和上海远远领先于其他省市，凸显了江沪地区较强的化学药的科技创新实力。天津市作为第二梯队的领头羊，申请量为 3610 项，同样处于第二梯队的还有四川、安徽、辽宁和湖北等地处西部、东北或者中部地区，化学或药学的科研实力也比较强的省份。

三、中国专利申请的申请人排名分析

对全部 177620 项向中国专利局提交的国内专利申请以及进入中国国家阶段的 PCT 申请中的申请人进行分析，得到排名在前十位的申请人及其专利申请量。

专利申请量排在前十位的申请人中，国内申请人只有中国科学院系统的研究单位，可见我国在这一领域的创新主体的数量和规模上与国外还有较大差距。在前十位的申请人中，欧洲制药公司有 5 家，美国制药公司有 4 家。对排名前十的申请人与申请数量进行统计分析，结果如图 14-7 所示。

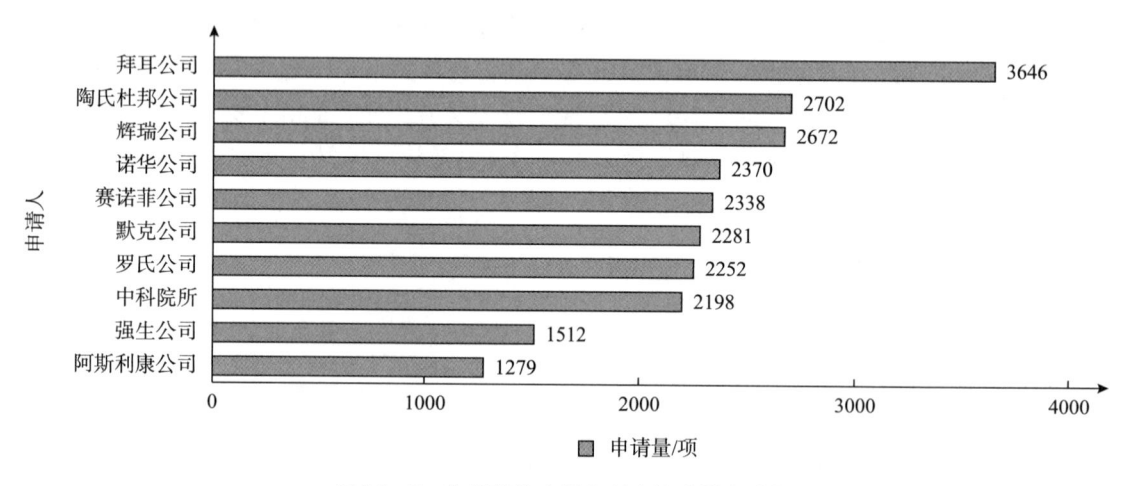

申请人	申请量/项
拜耳公司	3646
陶氏杜邦公司	2702
辉瑞公司	2672
诺华公司	2370
赛诺菲公司	2338
默克公司	2281
罗氏公司	2252
中科院所	2198
强生公司	1512
阿斯利康公司	1279

图 14-7 化学药物中国专利申请人排名分析

四、中国专利申请的技术主题分析

对国内专利申请以及进入中国国家阶段的 PCT 申请所属的技术领域进行分析，以研究我国或以我国为技术目标国进行专利布局的国外药企技术领域的分布特点。

如图 14-8 所示，与全球化学药物专利技术领域分布相同，A61K（医用、牙科用或梳妆用的配制品）是排名第一的领域。而与全球技术领域分布不同的是，中国专利中属于 C07D（杂环化合物）的专利数量不及 A61P（化合物或药物制剂的治疗活性）领域的专利数量，这也在一定程度上反映了我国药物研发企业的研发重点更偏重于产业链下游的药物制剂，而对于药物活性物质的基础性研究，研发实力相对偏弱。也正是由于这个原因，国外药企在中国专利布局的策略也或多或少地受此影响。从排名前几位的领域中可以看出，C12N（微生物或酶及其组合物）的申请量不及 C08K（使用无机物或者

非高分子有机物作为配料），而全球专利中的这两个技术领域的申请量比较结果却恰恰相反，可见国内对微生物或酶在化学药研发中的利用与国外还有一定的差距。国内对于科技含量相对较低的药物组合物中配料的技术改进和创新关注度则更高，这反映了我国化学药物的整体科研实力与国际水平相比较弱，对于投入高、周期长、收益慢但技术含金量更高的原研药的开发投入热情不高，而对于投入少、产出快的研发领域更加关注的行业现状。

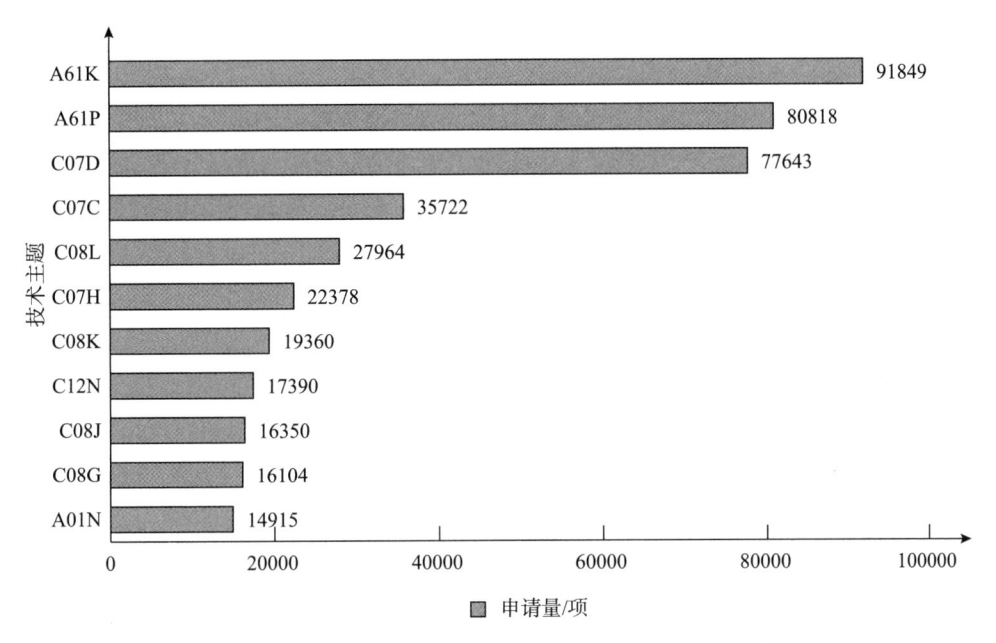

技术主题	申请量/项
A61K	91849
A61P	80818
C07D	77643
C07C	35722
C08L	27964
C07H	22378
C08K	19360
C12N	17390
C08J	16350
C08G	16104
A01N	14915

图 14-8　中国化学药物专利技术领域分布

第十五章　从专利申请看化学药热点技术

第一节　抗肿瘤药物关键技术分析

从国内外的研发趋势来看，替尼类化合物正成为酪氨酸激酶抑制剂类抗肿瘤化学药研发的热点之一。关于替尼类药物的化合物专利共有800多项，包含了重磅药物吉非替尼、厄洛替尼等。结合国内外发展趋势，下文将替尼类抗肿瘤药物作为分析重点。

一、全球专利状况分析

（一）申请趋势分析

1. 第一阶段（1976—1993年）

如图15-1所示，这一时期替尼类抗肿瘤药物的研究还处于初期，各药企对其药理价值和商业价值没有充分认识与挖掘。因此该阶段全球专利申请量较小，年均10项以内，发展速度维持在较低水平。

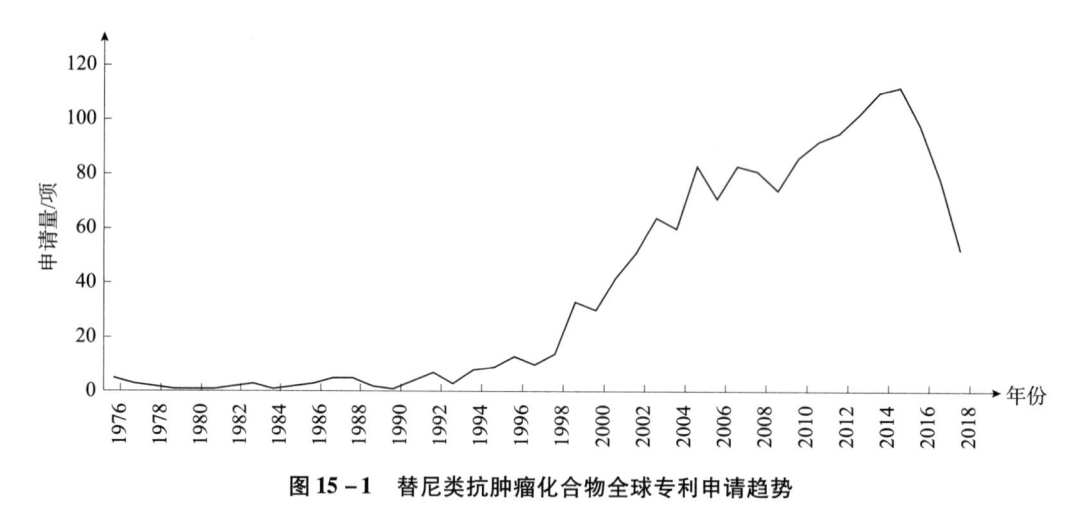

图15-1　替尼类抗肿瘤化合物全球专利申请趋势

2. 第二阶段（1994—2005年）

从20世纪90年代中期开始，替尼类抗肿瘤药物制剂成为EGFR-TKI的主要发展方向。从1994年开始，巨头阿斯利康加入替尼类抗肿瘤药物制剂的专利申请当中。该阶段由于各大药企发现了替尼类化合物具有多方面的制药前景，纷纷加入研发，专利申请数量也呈上升趋势。大量有潜力的药物在这个时期被开发或上市，如阿斯利康上市的吉非替尼对EGFR过量表达的小鼠A431癌细胞或良性肿瘤有抑制作用，可作为EGFR-TK1用于治疗癌症；辉瑞开发的厄洛替尼对苍鼠头、颈癌细胞的EGFR自动磷酸化抑制有良好的活性。这两个药物具有代表性，都是抗癌领域的重磅药物。替尼类药物的研究也成为这一时期的热点，各种新药用化合物的开发，以及成熟药物的各种保护主题的布局成就了这一时期专利数量的繁荣。

3. 第三阶段（2006年至今）

2006年后，由于替尼类化合物中创新药物的开发已接近成熟，跨国大公司布局严密，以化合物为主题的专利申请已接近饱和，申请趋势有所减缓。

（二）重点申请人分析

通过对全球申请人的分析可以看出，替尼类抗肿瘤药物以其广阔的用途和丰厚经济前景吸引着各大公司的研发。从图15-2中可以看出，排名前十位的企业全为国际大公司，中国企业还不能够挤进前列。可见在创新药物研究方向上，我国仍需加大投入。

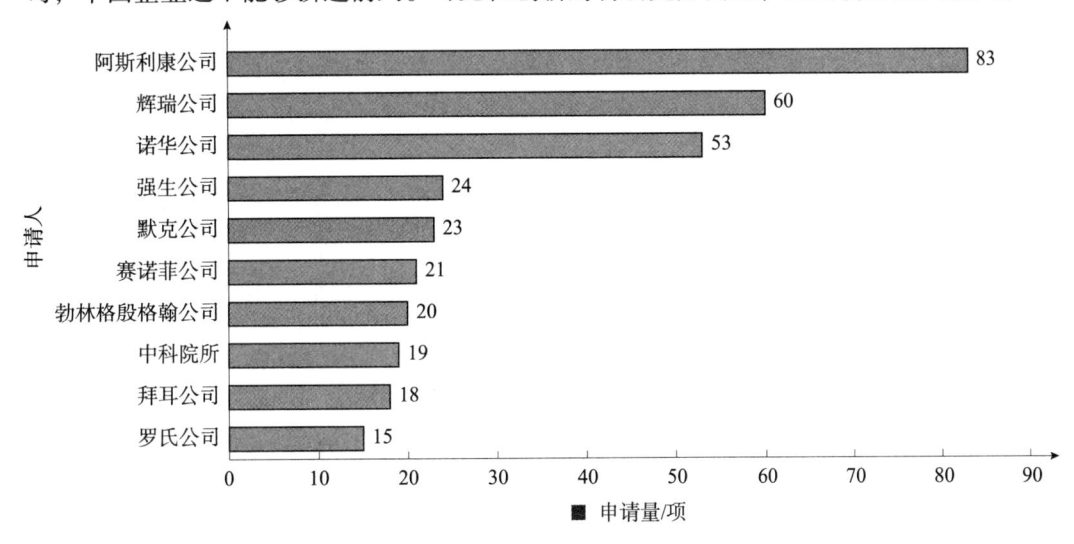

图15-2 替尼类抗肿瘤药物全球专利申请人排名

（三）中国申请人在全球申请趋势

如图15-3所示，中国从2003年开始有专利申请，并在2008年数量有了较大提高。原因是从2001年伊马替尼上市之后，国内申请人在其基础上开始布局并申请专利，加之2003年开始多个替尼类药物上市更拉动了国内申请人布局的热情。

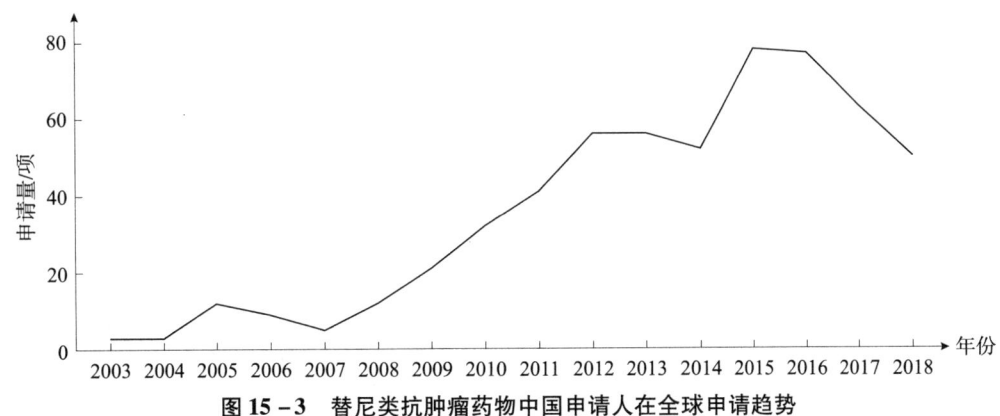

图15-3 替尼类抗肿瘤药物中国申请人在全球申请趋势

二、中国专利状况分析

通过检索,进一步分析在中国申请的有关替尼类药物的专利申请整体发展趋势、专利申请国家和地区分布、申请人排名及类型等技术指标。

(一) 申请发展趋势分析

1. 第一阶段(1987—1998 年)

如图 15-4 所示,由于中国专利制度起步较晚,因此,在该阶段内专利申请量较少。此阶段内的专利申请大部分来自国外申请人,说明跨国企业在改革开放初期就看好中国市场,积极申请中国专利,抢先布局中国市场。

2. 第二阶段(1999—2005 年)

在该阶段内,巨头阿斯利康开始来华布局专利申请。该阶段由于中国知识产权制度的确立和完善,中国市场的日益发展,各大药企也纷纷进行了中国专利申请。专利申请量也呈上升趋势,由于国外大量有潜力的药物在这个时期被开发或上市,国内申请人也开始关注替尼类药物的研发。

3. 第三阶段(2006 年至今)

2006 年后,由于替尼类化合物中创新药物的开发已接近成熟,中国申请人的专利申请大量出现,紧跟替尼类有效药物的开发步伐,成为这段时间的申请主力。

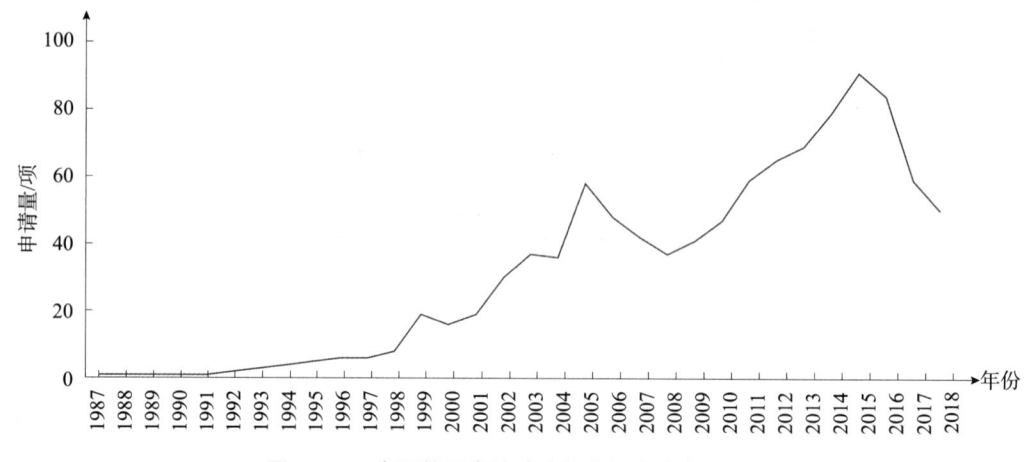

图 15-4 中国替尼类抗肿瘤化合物申请发展趋势

(二) 国家和地区分布分析

从图 15-5 中看出,首先,国内申请人的申请量比例较大,显示出国内对于替尼类药物市场前景的重视。其次,美国申请人重视在中国进行专利布局,说明国内申请人的国外竞争对手主要来自美国。

(三) 申请人排名及类型

从图 15-6 中可以看出,阿斯利康的专利申请量稳居第一。国内申请人中科院所也进入了前十位,位居国内申请人第一。排名前十的申请人中大部分是国外申请人,这也说明在替尼类化合物领域,国外申请人处于领先地位。

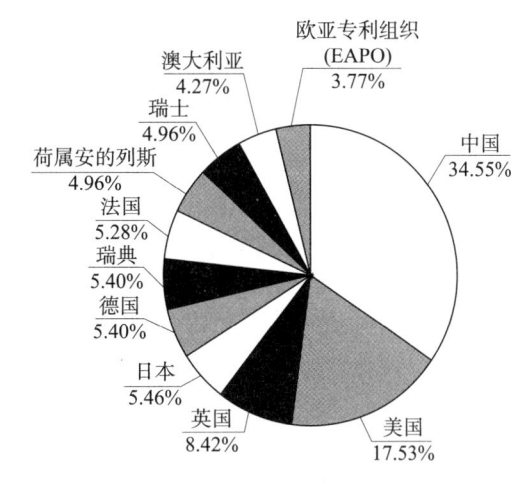

第十五章 从专利申请看化学药热点技术

图 15-5　替尼类抗肿瘤化合物中国专利申请分布

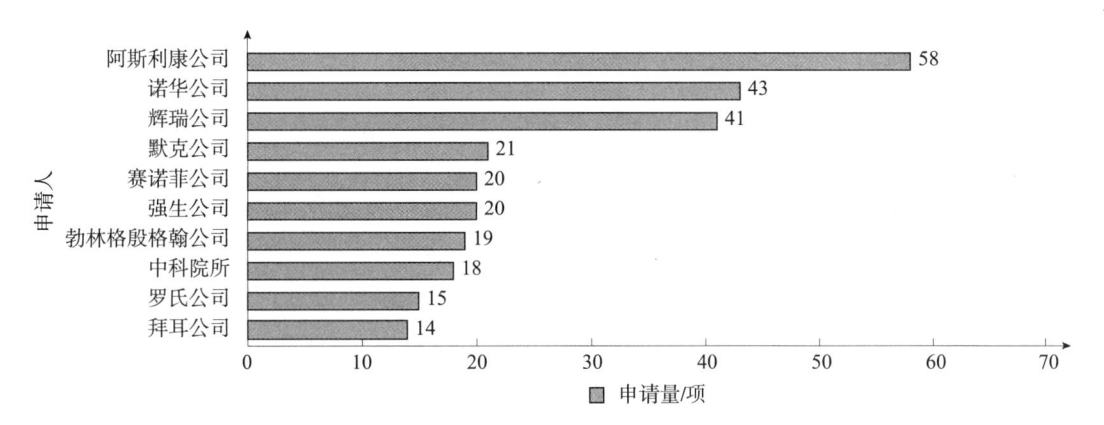

图 15-6　替尼类抗肿瘤药物中国专利申请的申请人排名

从图 15-7 中可以看出，国内有大量申请人参与替尼类抗肿瘤药物的开发，包括企业和相当多的高校，从申请量来看，浙江工业大学位列第一。

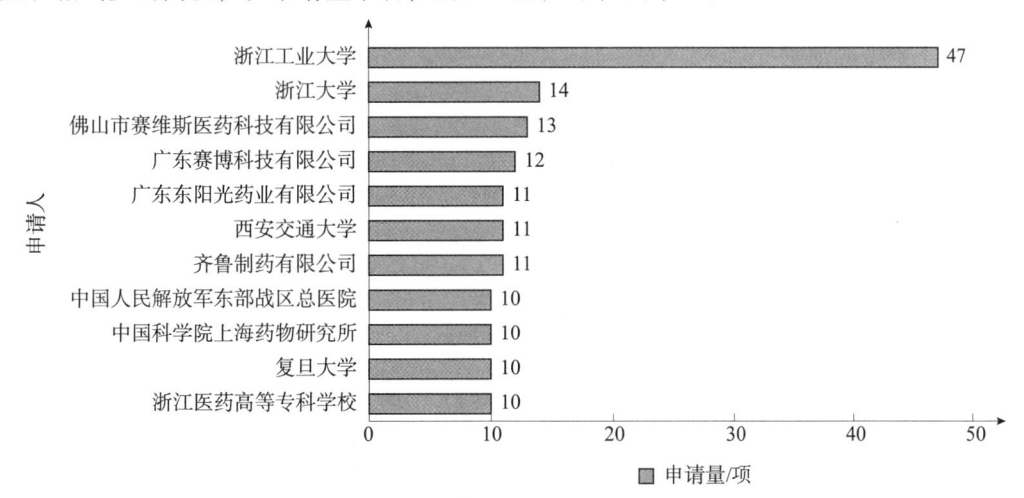

图 15-7　替尼类抗肿瘤药物中国专利申请的国内申请人排名

图 15-8 显示了替尼类抗肿瘤药物中国专利申请的申请人类型。从国内申请人的类别可以看出,在替尼类抗肿瘤化合物的专利申请人中,大专院校占 40.53%,企业占 44.7%。大专院校和企业依托其基础研究优势大量地开展了替尼类药物的基础研究,并申请了专利。值得注意的是,国内有 5.49% 的个人申请人参与其中,显示出替尼类化合物研发受多方面的关注。

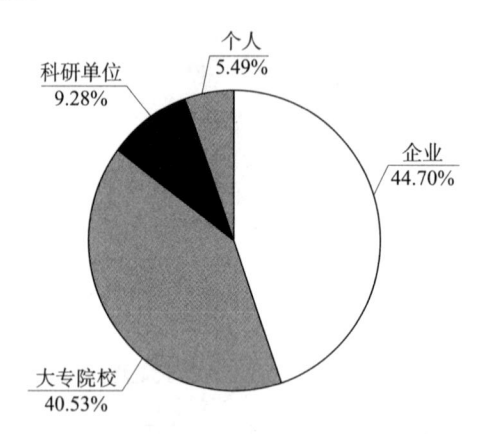

图 15-8 替尼类抗肿瘤药物中国专利申请的申请人类型

（四）申请人区域分布

从图 15-9 可以看出,排名前三的省份为江苏、浙江、广东等经济发达地区,医药企业聚集区域申请量靠前。值得注意的是天津排在第 8 名,有较大的发展潜力。

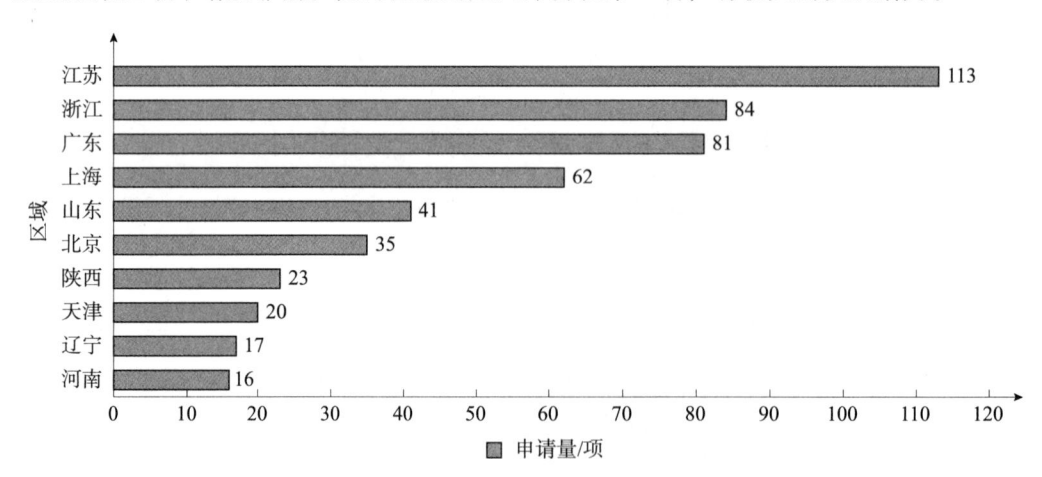

图 15-9 替尼类抗肿瘤药物国内申请人区域分布

三、国外替尼类抗肿瘤化合物的研发趋势

单靶向表皮生长因子的 4-苯胺喹唑啉类化合物的构效关系研究显示：①在喹唑啉母核（如图 15-10 所示）的 6 位、7 位引入供电子取代基时能增强喹唑啉母核 N1、N3 与 EGFR 激酶的相互作用；②4 位苯胺可与 EGFR 激酶的疏水口袋相互作用,在苯环上不同位置取代能影响化合物对 EGFR 激酶的选择性。因此,涉及喹唑啉类的 EGFR 的酪

氨酸激酶抑制剂早期均是对6位、7位和4位氨基苯基上的取代基进行修饰的。最早成药的为OSI公司和辉瑞合作研发的OSI-744,该化合物结构如图15-11所示。

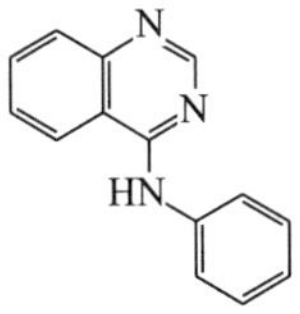

图15-10 喹唑啉母核的结构式 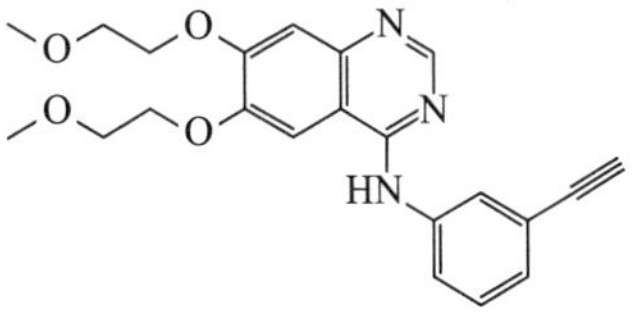　　图15-11 厄洛替尼（OSI-744）的结构式

该化合物首次公开在WO9630347A中,申请日为1995年6月6日,在美国的授权专利为US5747498A（再颁授权日为1998年5月5日）。该专利后转让给罗氏,以通用名Erlotinib（埃罗替尼,又译作厄洛替尼、厄罗替尼,下文统称厄洛替尼）于2004年11月在美国首次上市,2005年3月在欧洲上市。相对于PD153035,厄洛替尼的结构将苯上Br替换为乙炔基,将6位、7位的甲氧基替换为甲氧基乙氧基,取得了较好的疗效。FDA批准了厄洛替尼（商品名为Tarceva,中文名为特罗凯）治疗局部晚期或转移性非小细胞肺癌（NSCLC）,为NSCLC患者提供了新的治疗希望。在临床研究中,厄洛替尼显示在存活期方面有2个月的改善。

与此同时,还有一个上市的4-氨基喹唑啉药物,吉非替尼（Gefitinib,商品名为Iressa,中文名为易瑞沙）,该药最早是由申请人曾尼卡有限公司（Zeneca Ltd）提出专利申请,发明人Gibson K. H.,申请日为1996年4月23日。专利首次公开于WO9633980A1中,公开日为1996年10月31日,在美国的授权专利为US5770599A（申请日为1996年4月23日,授权日为1998年6月23日）。该药最早由阿斯利康于2003年5月初上市,但于2005年6月就因其缺乏可延长寿命的证据被美国FDA限制在非小细胞肺癌中的应用。然而该药却在亚裔人群中特别敏感,于2005年获准在我国上市。

吉非替尼的化学名称为N-(3-氯-4-氟苯基)-7-甲氧基-6-(3-吗啉-4-丙氧基)喹唑啉-4-胺,相对于先导化合物PD153035,吉非替尼在7位上引入了4-吗啉基丙氧基。具体结构式见图15-12。

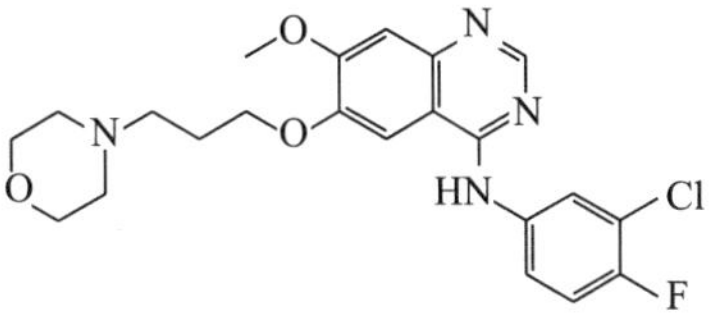

图15-12 吉非替尼的结构式

虽然单一靶向EGFR的酪氨酸激酶抑制剂（第1代）具有较好的抗肿瘤活性,但很容易引发耐药性。如对吉非替尼的研究显示,在4-取代苯胺喹唑啉类化合物的6位、7位引入适当吸电子取代基,或在4位苯胺上引入脂溶性取代基,能提高该类化合物对EGFR家族的多重抑制作用,从而避免了耐药性的产生。由此,第2代EGFR/ErbB-2酪氨酸激酶抑制剂随之而生,如拉帕替尼（Lapatinib）已于2007年12月获EMEA批准

上市，用于治疗晚期或转移性乳腺癌。拉帕替尼由葛兰素史克（GSK）开发，其结构如图 15-13 所示。

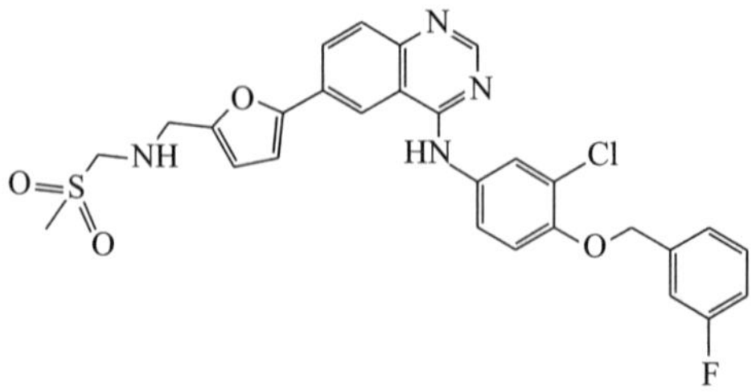

图 15-13　拉帕替尼的结构式

拉帕替尼最早公开在 WO9935146A1（公开日为 1999 年 7 月 15 日）中，申请人是葛兰素史克。该化合物是在喹唑啉的 6 位引入了甲磺酰基甲基氨基取代的呋喃基团，同时在 4 位的氨基苯基上引入了苯基取代基。拉帕替尼可形成二甲苯磺酸盐，是一种有效的 EGFR 和 ErbB-2 抑制剂，IC50 分别为 10.2nM 和 9.8nM。

阿法替尼（Afatinib，BIBW2992）由贝林格尔英格海姆法玛国际有限公司（Boehringer-Ingelheim，又称勃林格殷格翰公司）开发，其结构见图 15-14。

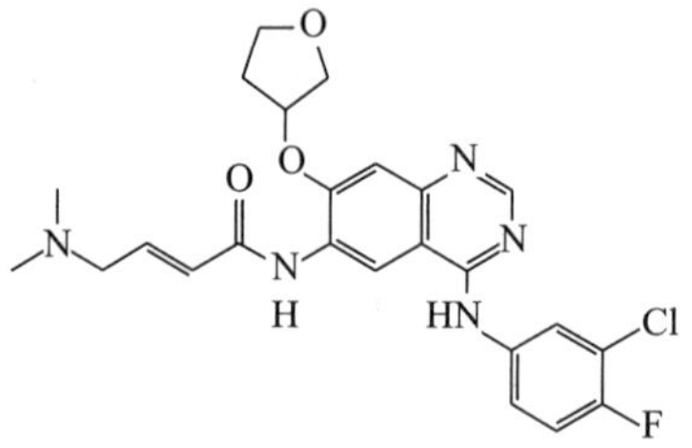

图 15-14　阿法替尼的结构式

阿法替尼最早公开在 WO0250043A1（公开日为 2002 年 6 月 27 日）中。其在喹唑啉母核 6 位引入了具有吸电子作用的酰胺取代基团，是高选择性的 4-取代苯胺喹唑啉类 EGFR/HER2 酪氨酸激酶的不可逆抑制剂，IC3 分别为 0.5nM、0.4nM、10nM 和 14nM。该化合物用于吉非替尼抗性的突变型 EGFR（L858R-T790M）时，活性增强 100 倍。2013 年 7 月，FDA 批准阿法替尼用于 EGFR 突变阳性的局部晚期或转移性非小细胞肺癌（NSCLC）的治疗。

Barlaam B. 为阿斯特拉公司发明团队的主要发明人，有 6 项专利申请 WO2004108710A1（公开日为 2004 年 12 月 16 日）、WO2005026151A1（公开日为 2005 年 3 月 24 日）、WO2005030765A1（公开日为 2005 年 4 月 7 日）、WO2005118572A（公开日为 2005 年 12 月 15 日）、WO2007063291A1（公开日为 2007 年 6 月 7 日）、WO200329341（公开日为 2007 年 6 月 7 日）。Barlaam B. 发现一类新的高效的 EGFR/ErbB-2 不可逆抑制剂，其中 AZD8931 活性最强，其在体外抑制 EGFR 和 ErbB-2 酪氨酸激酶的 IC50 分别为 14nM 和 12nM。Sapitinib 的结构式见图 15-15。

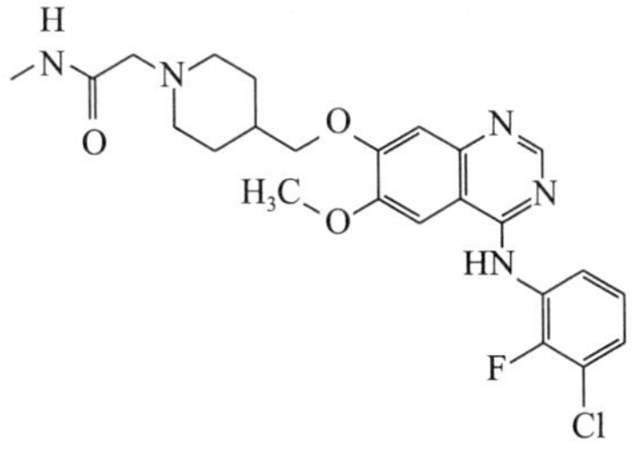

图 15-15　Sapitinib 的结构式

AZD8931 是一种可逆的，ATP 竞争性 EGFR、ErbB-2 和 ErbB-3 抑制剂，IC50 分别为 4nM、3nM 和 4nM，作用于 NSCLC 细胞，比吉非替尼或拉帕替尼更有效，作用于 ErbB 家族比作用于 Mnk1 和 FLT 选择性强 100 倍。药物分子结构中具有吸电子作用的甲基乙酰化侧链能增强药物对 ErbB-2 的抑制活性。此外，AZD8931 还具有靶向 ErbB-3 的抑制活性。目前，AZD8931 已进入 II 期临床研究，用于治疗晚期实体瘤患者。

除了在喹唑啉母核的 6 位上引入吸电子取代基以外，研究人员还尝试了其他类型的修饰方式，在 4 位苯胺上引入了脂溶性基团，合成了一类新的 4-取代苯胺喹唑啉类 EGFR/ErbB-2 酪氨酸激酶抑制剂衍生物。理论上认为，这些新的 4-取代苯胺喹唑啉类衍生物在 EGFR/ErbB-2 酶键合位点处能够与额外的氨基酸残基发生结合（能与 EGFR 上的 Asp855 和 Lys745，以及与 ErbB-2 上的 Asp863 和 Lys753 通过氢键发生相互作用），降低键合能，有利于化合物与激酶之间的相互作用。

理论上认为，第二代 EGFR 不可逆抑制剂相比于第一代 EGFR 可逆抑制剂的优点主要包括 3 个方面：①第二代抑制剂对 ErbB 酪氨酸激酶信号传导的抑制作用更持久；②第二代抑制剂具有更完整的 EGFR 信号通路阻断作用；③在针对某些突变型肿瘤方面，第二代抑制剂明显优于第一代抑制剂。例如，第二代抑制剂可有效地抑制 T790M 突变型或其他稀有突变型的非小细胞肺癌的增殖，而第一代 EGFR 抑制剂则无效。单靶点的小分子药物的治疗范围窄，难以有效阻断与肿瘤细胞发生、发展相关的信号通路，而具有多靶向机制的药物则有望克服这一困难，开发对 EGFR/VEGFR-2 具有多重抑制作用的 4-取代苯胺喹唑啉类化合物已成为酪氨酸激酶抑制剂研究热点。

目前已上市的药物伐地他尼（Vandetanib，又译为凡德他尼）是阿斯利康开发的一种 4-取代苯胺喹唑啉类多靶点酪氨酸激酶抑制剂，公开于 WO0132651A1（公开日为 2001 年 5 月 10 日）中，申请人为阿斯利康，其对 VEGFR-1、VEGFR-2、EGFR、FGFR-1 的体外 IC50 分别为 1.6μM、0.04μM、0.5μM 和 3.6μM。2005 年 10 月，该药物获得了罕见病用药资格，所针对的适应证为滤泡型、髓质型、未分化型以及局部复发或转移的乳突型甲状腺癌。2011 年 8 月，伐地他尼获 FDA 批准，成为首个用于治疗晚期甲状腺髓样癌的药物。伐地他尼化合物结构见图 15-16。

除了伐地他尼外，近几年研究人员针对 EGFR/VEGFR 还设计合成了其他一些 4-取代苯胺喹唑啉类化合物。

Dacomitinib（PF-299804）是由辉瑞研制的表皮生长因子受体 1（EGFR1）/人表

图 15 - 16　伐地他尼的结构式

皮生长因子受体 2（HER2）双重抑制剂，可用于 NSCLC 的一线和二线的治疗，目前正处于Ⅲ期临床。Dacomitinib 可以克服第一代 EGFR 获得性耐药，具有更宽泛的抗肿瘤谱，CAS 登记号为 111083 - 31 - 4，公开在美国申请 US0505061 中。

图 15 - 17 描述了替尼类抗肿瘤药物研发路线。从图中可以看出，替尼类抗肿瘤药物产品从最初的化合物专利到最后产品的上市大概需要十多年。从化合物结构来看，母核结构是以 4 - 苯胺喹唑啉为基础的，后期主要是对 6 位、7 位和 4 位氨基苯基上的取代基进行修饰。

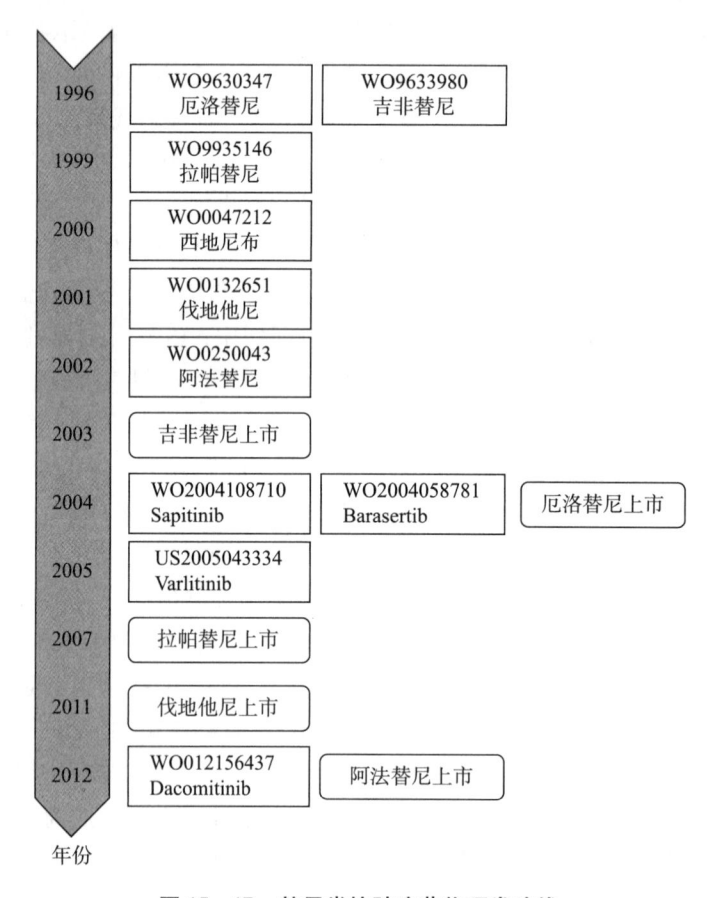

年份	专利/事件		
1996	WO9630347 厄洛替尼	WO9633980 吉非替尼	
1999	WO9935146 拉帕替尼		
2000	WO0047212 西地尼布		
2001	WO0132651 伐地他尼		
2002	WO0250043 阿法替尼		
2003	吉非替尼上市		
2004	WO2004108710 Sapitinib	WO2004058781 Barasertib	厄洛替尼上市
2005	US2005043334 Varlitinib		
2007	拉帕替尼上市		
2011	伐地他尼上市		
2012	WO012156437 Dacomitinib	阿法替尼上市	

图 15 - 17　替尼类抗肿瘤药物研发路线

四、国内替尼类抗肿瘤化合物的研发趋势

国内申请人从 2003 年开始跟踪替尼类研究，并进行了专利申请，第一个专利申请是浙江贝达药业有限公司提出的（申请号为 CN03108814.7，申请日为 2003 年 3 月 28 日，公开号为 CN534026A）。该专利申请请求保护作为酪氨酸激酶抑制剂的稠合喹唑啉衍生物，并得到授权（CN1305860C）。

浙江贝达研制的药物为埃克替尼，结构式如图 15-18 所示。化学名称为 4-[(3-乙炔基苯基)氨基]-喹唑啉并[6,7-b]-12-冠-4，商品名为凯美纳（Conmana），通用名为埃克替尼，英文名为 Icotinib，是靶向表皮细胞生长因子受体酪胺酸激酶抑制剂，适用于晚期非小细胞肺癌。该化合物在厄洛替尼的结构基础上，将 6 位、7 位两个乙氧基成环，开创了我国自主研发喹唑啉类药物并上市的先河。

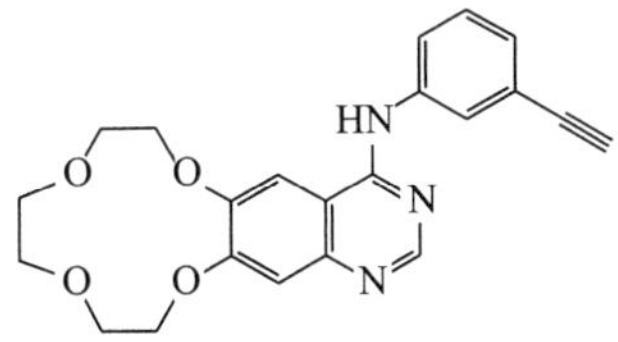

图 15-18 埃克替尼的结构式

我国对替尼类抗肿瘤化合物进行研究的主体是药企和大学院校、研究机构。药企更倾向于跟踪已知的上市和临床试验阶段的药物，对其进行位点改造，而大学、研究机构则在进行各种结构改造的尝试。

上海艾力斯公司申请了一系列 4-氨基喹唑啉类化合物的相关专利。其中 CN200680001251.5（申请日为 2006 年 10 月 20 日）已经获得授权 CN101103005B，要求保护的通式 4-氨基喹唑啉类化合物，主要在母核的 6 位进行丙烯酰胺类的修饰，并在苯环的对位取代基进行含芳香取代基的结构改造，为 Erba-B2 磷酸化激酶抑制剂，对人表皮癌细胞有较好的抑瘤活性。CN200880005090.6（申请日为 2008 年 2 月 4 日）进一步要求保护一个具体化合物或其药学可接受的盐。上海艾力斯公司在 CN200880005090.6 中公开的一个具体化合物已经进行了临床报批，通用名为艾力替尼，结构式见图 15-19。

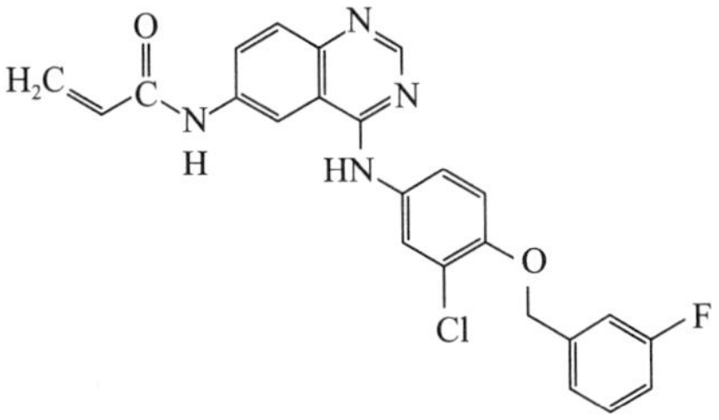

图 15-19 艾力替尼的结构式

和记黄埔医药（上海）有限公司开发了一系列喹唑啉类化合物，其中，中国专利申请 CN200810039831.4（公开号为 CN01619043A，申请日为 2008 年 6 月 3 日），针对厄洛替尼喹唑啉母核 6 位或 7 位取代基进行了一系列的改造，其中已上临床的化合物为

琥珀酸依吡替尼（HMPL-813），结构式见图15-20，该专利已授权。

后续提交了专利申请CN200810039831.4（公开号为CN0231438A，目前已作为国内优先权视撤）和CN201180024971.4（公开号为CN102906086A，申请日为2011年5月25日），其中涉及优选的化合物。齐鲁制药也对喹唑啉化合物进行了一系列研发，其中中国专利申请CN201010287499.0（公开号为CN102030742A，申请日为2010年9月20日）公开了在一系列基于拉帕替尼结构的6位进行改造的通式1化合物（如图15-21所示）。

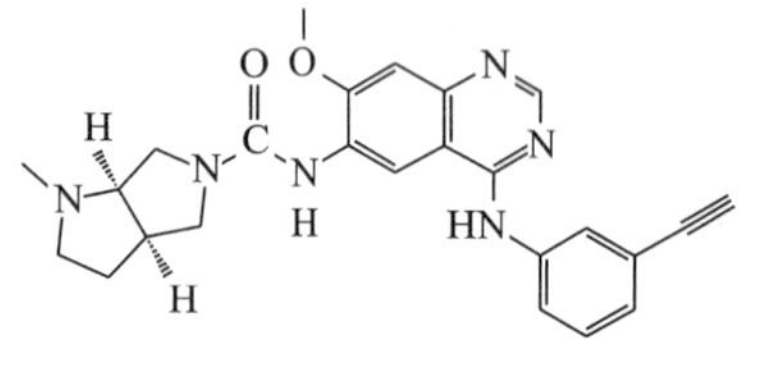

图15-20 琥珀酸依吡替尼的结构式

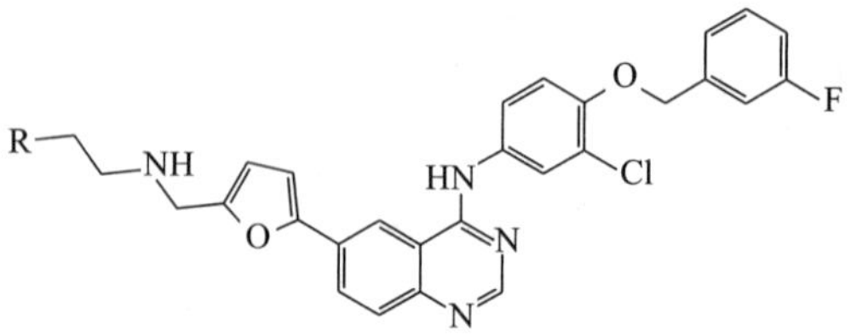

图15-21 CN201010287499.0中的通式1化合物的结构式

其中的一个具体化合物甲苯磺酸赛拉替尼已经报批Ⅰ期临床，该专利申请目前已授权。齐鲁制药针对该化合物还提交了后续专利申请CN201210055636.7，发明名称为"4-（取代苯胺基）喹唑啉衍生物二甲苯磺酸盐的多晶型物及其制备方法和用途"（公开号为CN103304544，申请日为2012年3月6日），要求保护已知化合物的盐和新的晶型专利，为已报临床药物本身的专利申请。

CN201210464607.6的发明名称为"N-[3-氯-4-（3-氟苄氧基）苯基6-[5-[[2-（甲亚磺酰基）乙基]氨基甲基]-2-呋喃基]-4-喹唑啉胺多晶型物及其制备方法"（申请日为2012年11月19日，公开号为CN103819461A），为已报临床药物的多晶型后续申请，要求保护其水合物和新晶型。

齐鲁制药还对喹唑啉类化合物进行了以下改造。

（1）CN201110082288.8（公开号为CN102731485A，申请日为2011年4月2日），发明名称为"4-（取代苯氨基）喹唑啉衍生物及其制备方法、药物组合物和用途"，要求保护具有如图15-22所示的通式结构的化合物。

（2）CN20110328069.3（公开号为CN103073539A，申请日为2011年10月26日），发明名称为"4-（取代苯氨基）喹唑啉衍生物及其制备方法、药物组合物和用途"。在厄洛替尼的基础上进行改进，具体公开了如图15-23所示的通式结构的化合物。

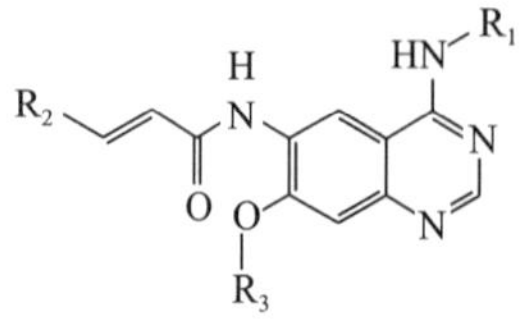

图15-22 CN20111008228.8中的通式1的化合物的结构式

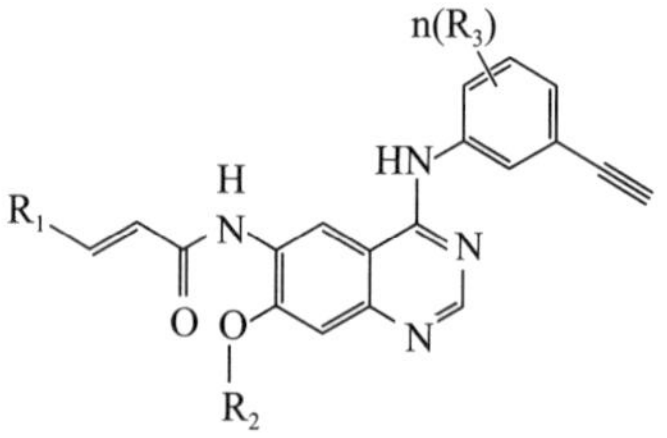

图15-23 CN20110328069.3中的通式1的化合物的结构式

(3) CN201310044776.9（申请日为 2013 年 2 月 5 日，公开号为 CN103965175A），发明名称为"4-（取代苯氨基）喹唑啉类化合物、其制备方法及应用"，在吉非替尼的母核上进行了 6 位的结构改造，具体公开了如图 15-24 所示的通式结构的化合物。

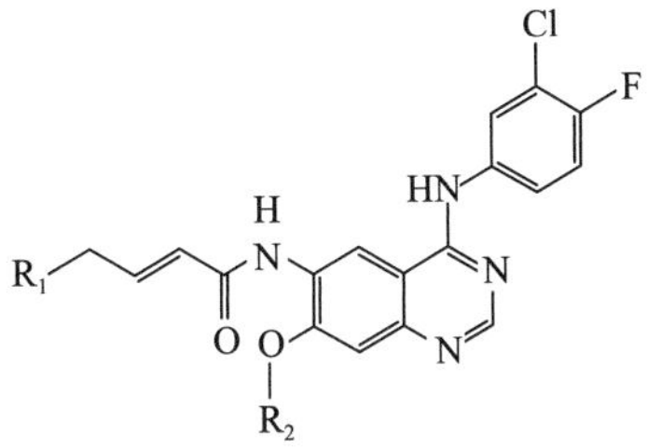

图 15-24　CN201310044776.9 中的通式化合物的结构式

上海医药集团股份有限公司和浙江大学合作进行了如图 15-25 所示的化合物（a）（b）（c）的结构改造。申请号为 CN201210279708.6（公开号为 CN102898386A，申请日为 2012 年 7 月 27 日），内容涉及喹唑啉类衍生物、其制备方法、中间体、组合物及其应用。所述化合物的结构改造是在 6 位引入烯基酰胺基基团，对 EGFR 和 HER2 和 HER4 均具有抑制效果。

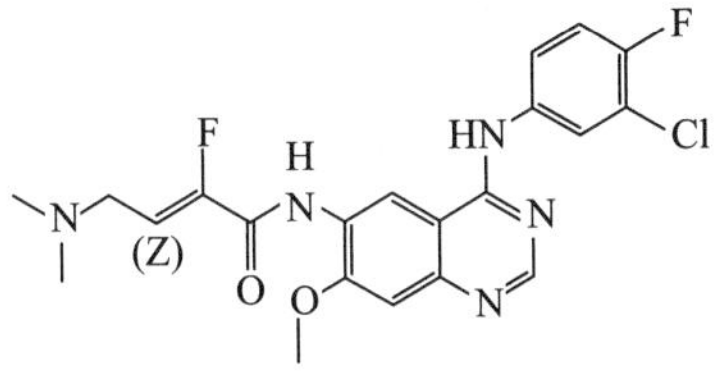

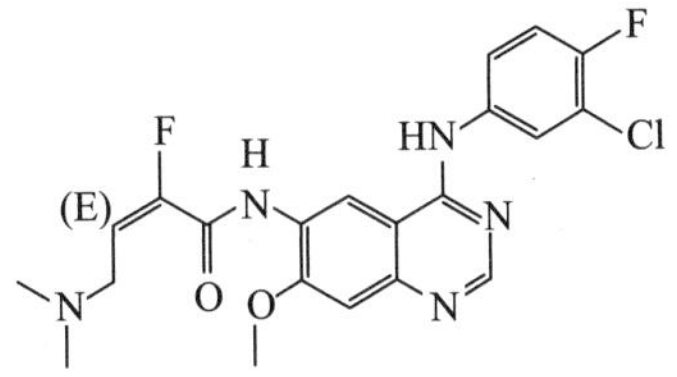

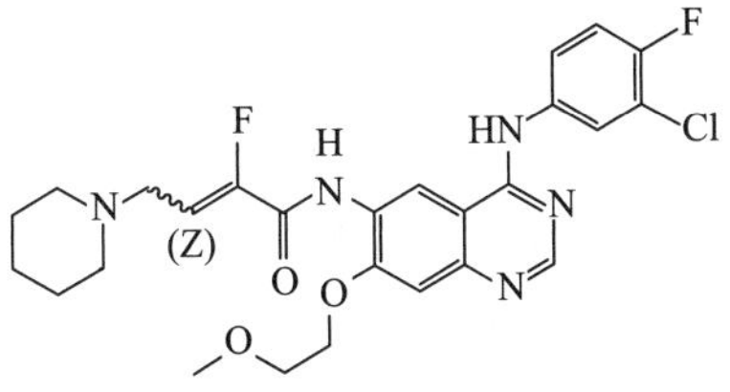

图 15-25　CN201210279708.6 中化合物的结构式

浙江大学在喹唑啉母核上进行了下列结构改造。

(1) 在专利申请 CN200610053895.0（公开号为 CN1948314A，申请日为 2006 年 10

月17日）和CN200710070448.0（公开号为CN101120945A，申请日为2007年7月30日）中公开了具有通式结构的化合物。两份专利申请均对喹唑啉的母核进行改变，改造为三环结构，图15-26为喹唑啉母核的结构改造示意图。

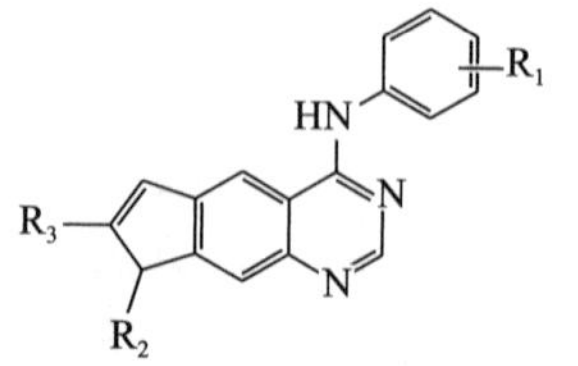

图15-26 喹唑啉母核的结构改造示意

（2）在专利申请CN201310528258.4中（公开号CN103570704A，申请日2013年10月31日），公开了含恶唑烷酮环侧链的喹唑啉衍生物及制备和应用。在该专利中，浙江大学对喹唑啉母核的6位进行改造，具体结构如图15-27所示。

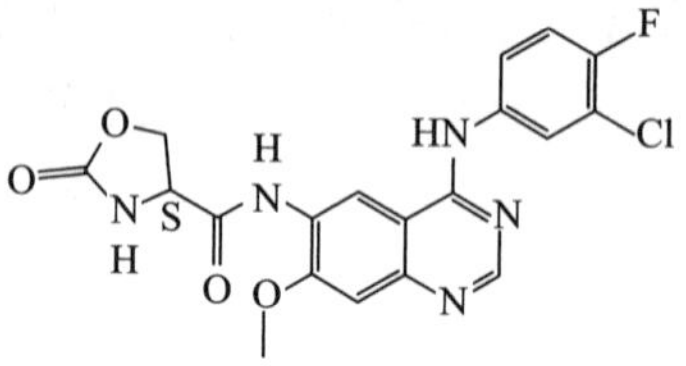

图15-27 CN201310528258.4中的化合物的结构式

浙江工业大学进行了在6位为取代甲氧基甲酰氨基，且在4位上为2-丙氨基乙酰氨基取代的结构改造。

（1）CN201310153546.6（申请日为2013年4月26日，公开号为CN103275019A），发明名称为"4-[3-氯-4-取代苯胺基]-6-取代甲氧基甲酰氨基喹唑啉类化合物及制备和应用"。

（2）CN201310153507.6（申请日为2013年4月26日，公开号CN103275018A），发明名称为"4-[3-氯-4-取代苯胺基]-6-取代甲酰氨基喹唑啉类化合物及制备和应用"，化合物结构式如图15-28所示。

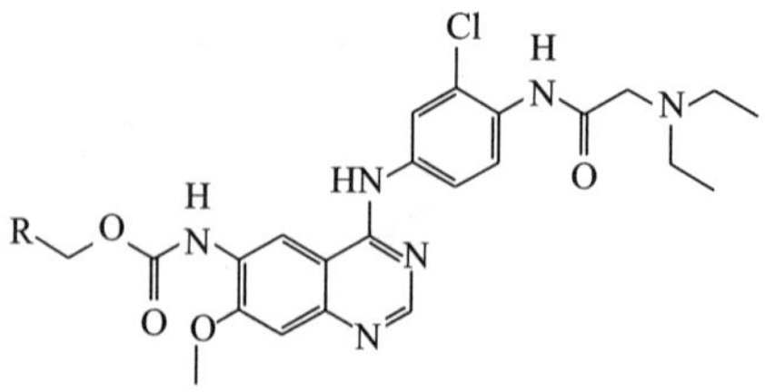

图15-28 CN201310153507.6中的化合物的结构通式

由此可见，我国药企和高校、研究机构纷纷加入了替尼类抗肿瘤药物的研发队伍。我国医药企业公司申请的专利虽少，但基本上更倾向于跟踪已知的上市和临床试验阶段的药物，对其进行位点改造，而且所研究的优选的化合物已经上报临床研究。而高校、研究机构则在结构改造方面进行了各种尝试,获得的专利申请较多,且部分高校开展了与药企的合作研究。

第二节 抗艾滋病关键技术分析

目前,抗 HIV 药物的设计主要针对 HIV 复制周期中自带的四个关键酶,即逆转录酶、蛋白酶、整合酶、融合酶,以及 HIV 侵入过程。根据药物作用靶点的不同,可将抗 HIV 药物分成四大类,即逆转录酶抑制剂、蛋白酶抑制剂、融合酶抑制剂和整合酶抑制剂。其中,逆转录酶抑制剂是研究最多的,也是最为成熟的一类药物。从图 15 - 29 中可以看出,逆转录酶抑制剂相关专利申请占比 41%,领先于其他抑制剂的专利申请。因此,下文以逆转录酶抑制剂作为抗艾滋病关键技术进行分析。

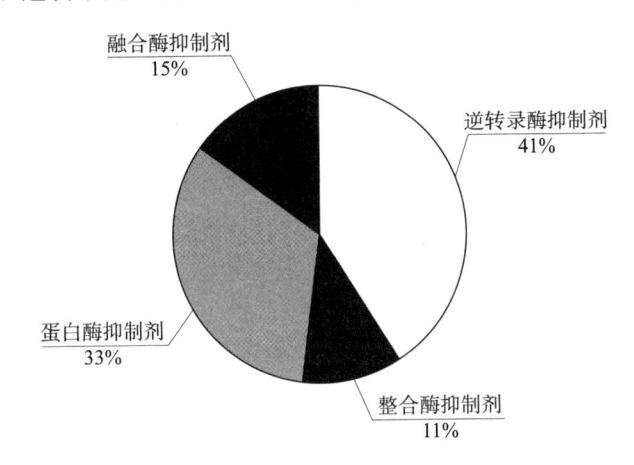

图 15 - 29 抗 HIV 药物专利申请按药物机理分类

一、全球专利状况分析

(一) 申请量变化趋势分析

为了研究逆转录酶抑制剂类抗 HIV 药物的技术发展阶段,将全球范围内该类药物相关专利申请数据按时间进行统计,如图 15 - 30 所示。从图 15 - 30 中可以看出,逆转录酶抑制剂类抗 HIV 药物最早始于 20 世纪 80 年代中期,与抗 HIV 药物出现的时间相吻合,说明在研究抗 HIV 药物的初期世界各国就开始研究逆转录酶抑制剂类药物。从 20 世纪 80 年代中期开始,逆转录酶抑制剂类药物的申请量一直快速增加,到 1989 年趋于稳定,1990—1996 年略有下降,之后又稳步增加,2001 年之后开始快速增长,到 2003 年前后达到顶峰,之后缓慢减少,但是仍保持很高的申请量。

(二) 申请来源地/目标地分析

为了研究逆转录酶抑制剂类抗 HIV 药物全球发明专利申请的区域分布及主要来源地的技术实力情况,分别对逆转录酶抑制剂类抗 HIV 药物专利数据按照申请的公开和优先权国家和地区进行统计,以分析逆转录酶抑制剂类抗 HIV 药物的目标市场国家和地区,以及各个国家和地区在逆转录酶抑制剂类抗 HIV 药物领域的实力。

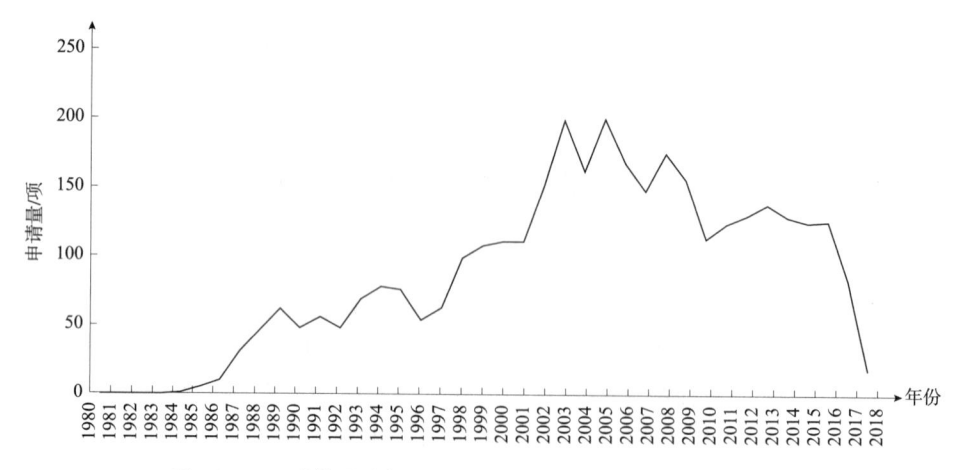

图 15-30　逆转录酶抑制剂类抗 HIV 药物全球专利申请趋势

从图 15-31 可以看出，美国专利申请数量居首位，是逆转录酶抑制剂类抗 HIV 药物领域的主要技术研发国，占全球申请量的 43.59%，这是由于美国拥有许多研发能力强的制药企业巨头。在逆转录酶抑制剂类抗 HIV 药物领域，中国的专利申请量排名第二，占全球专利申请量的 11.72%，虽然与美国仍有很大差距，但是也说明了中国在逆转录酶抑制剂类抗 HIV 药物领域具备了一定的技术实力。接下来依次是德国、日本、荷属安的列斯、英国、加拿大、澳大利亚、法国、瑞士，说明这些国家在逆转录酶抑制剂类抗 HIV 药物领域具备一定的研发实力。

按照公开国家和地区统计，见图 15-32，美国和欧洲的专利申请量分别占全球总量的 14.19% 和 12.32%，可以看出美国和欧洲是逆转录酶抑制剂类抗 HIV 药物最主要的市场。其他还有较多专利申请的国家是日本、澳大利亚、加拿大和中国，专利申请量分别占全球总量的 10.8%、10.42%、9.86% 和 8.83%。另外，韩国、德国、印度和西班牙等国也占了一定的比例。逆转录酶抑制剂类抗 HIV 药物相关专利在多个国家公开，并且所占的份额相差不大，再加上 WIPO 专利申请占了较大的份额 14.49%，意味着该类药物在多个国家和地区寻求保护，体现了专利申请和市场的国际化。

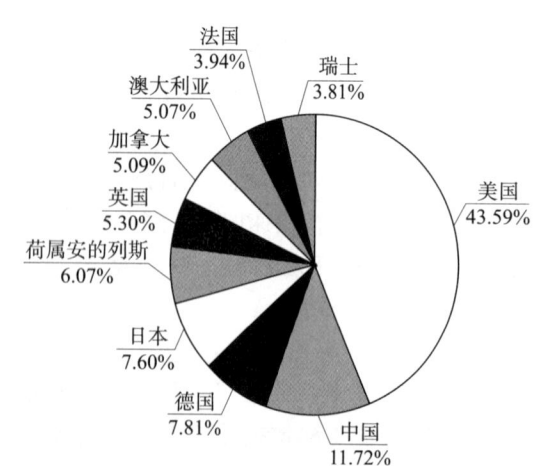

图 15-31　逆转录酶抑制剂类抗 HIV 药物领域全球技术来源地分布

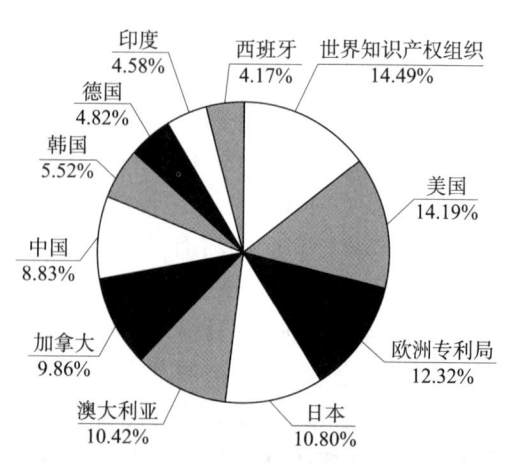

图 15-32　逆转录酶抑制剂类抗 HIV 药物领域全球技术目标地分布

(三) 重点申请人分析

图 15-33 反映了逆转录酶抑制剂类抗 HIV 药物的全球前十位申请人的申请量。与抗 HIV 药物的前十位全球申请人不同，逆转录酶抑制剂类抗 HIV 药物领域排名前十的申请人均是来自国外的著名制药企业，反映了各大制药企业对于逆转录酶抑制剂类抗 HIV 药物研发和生产的重视，也说明中国企业和科研机构在该领域的研发实力仍处于落后的地位。一些在抗 HIV 药物领域排名前十的申请人，如阿斯利康、诺华、维泰克斯并没有出现在图中，另外一些在逆转录酶抑制剂类抗 HIV 药物领域排名前十的申请人，如吉利德科学公司、葛兰素史克公司在整个抗 HIV 药物领域的申请量并没有排到前十，这说明不同制药企业的研发重点不同。值得注意的是排名第二的吉利德科学公司，该公司开发和生产的逆转录酶抑制剂类抗 HIV 药物替诺福韦是目前市场上一线的抗 HIV 药物。

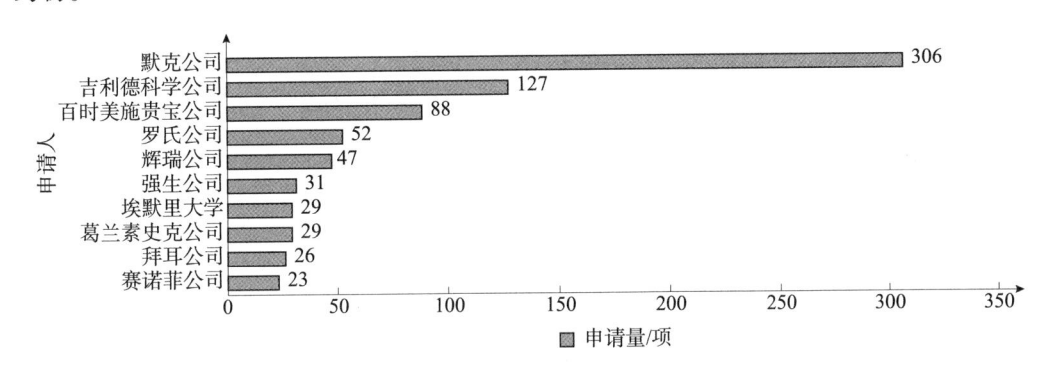

申请人	申请量/项
默克公司	306
吉利德科学公司	127
百时美施贵宝公司	88
罗氏公司	52
辉瑞公司	47
强生公司	31
埃默里大学	29
葛兰素史克公司	29
拜耳公司	26
赛诺菲公司	23

图 15-33 逆转录酶抑制剂类抗 HIV 药物全球前十申请人排名

二、中国专利状况分析

(一) 国内外申请趋势分析

从整体发展趋势角度对中国专利申请数据、国外专利申请数据按时间序列进行统计，见图 15-34。逆转录酶抑制剂类抗 HIV 药物的中国专利申请出现较晚，之后增长缓慢，1997 年之后开始稳步增加，到 2005 年达到顶峰，之后趋于稳定，保持较高的申请量。国外专利申请趋势与全球总体趋势相吻合，2003 年达到顶峰之后出现下降趋势。中国专利申请数量在 2013—2015 年超过了国外申请量，说明中国对逆转录酶抑制剂类抗 HIV 药物的重视以及世界各国对中国药物市场的重视。

(二) 中国申请人申请趋势分析

对中国申请人在逆转录酶抑制剂类抗 HIV 药物领域的专利申请数量随时间的变化进行分析，从图 15-35 可以看出，中国企业和科研机构对逆转录酶抑制剂类抗 HIV 药物的研发起步较晚，发展较慢。在全球逆转录酶抑制剂类抗 HIV 药物领域蓬勃发展的阶段，中国相关药物的研发也呈现增长趋势。在全球逆转录酶抑制剂类抗 HIV 药物专利申请逐年减少的阶段，中国申请人的申请量一直持续增长，2013 年达到顶峰，说明中国企业和科研机构对逆转录酶抑制剂类抗 HIV 药物领域的重视以及技术实力的增长。

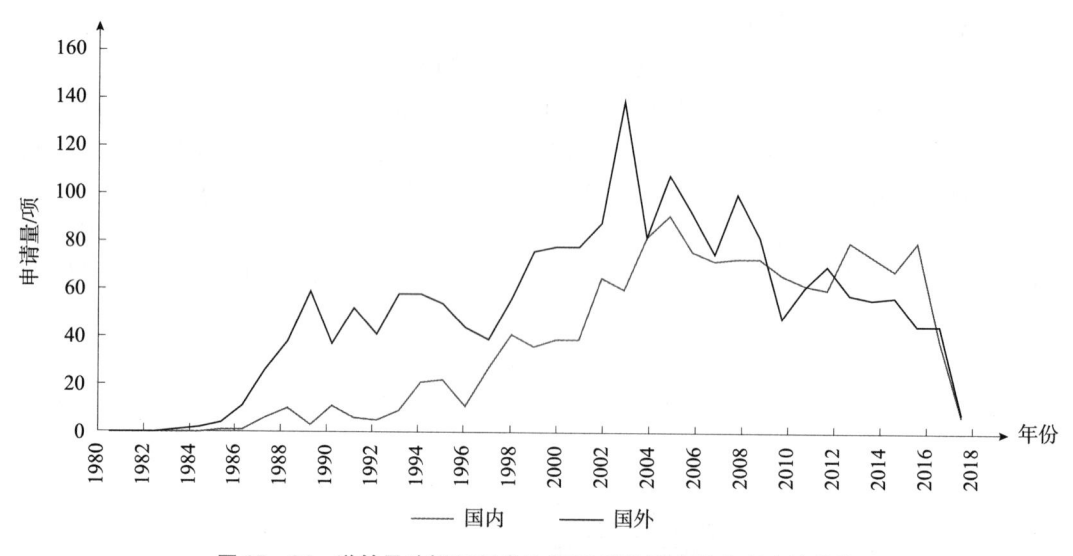

图 15 – 34 逆转录酶抑制剂类抗 HIV 药物国内外专利申请趋势

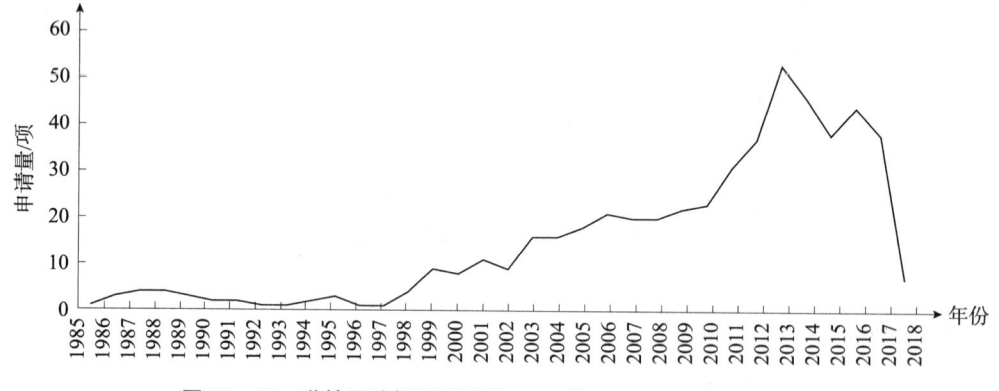

图 15 – 35 逆转录酶抑制剂类抗 HIV 药物中国申请人申请趋势

（三）在华申请人国别分布

对逆转录酶抑制剂类抗 HIV 药物领域中国专利申请人的国别进行分析，可以了解各个国家和地区在逆转录酶抑制剂类抗 HIV 药物领域的技术实力，如图 15 – 36 所示。在中国专利申请中，数量最多的是来自中国的申请人，占总量的 44.06%，一方面说明我国对逆转录酶抑制剂类抗 HIV 药物领域的重视，另一方面说明我国研发单位具备相当的技术实力。排名第二的是美国申请人，占总量的 34.29%，这与美国在全球逆转录酶抑制剂类抗 HIV 药物领域的技术实力相吻合，说明其在该领域技术实力雄厚，也说明其在该领域对中国市场的重视。另外，德国、瑞士、英国、日本、加拿大、瑞典、澳大利亚、韩国、爱尔兰等国家和地区也占了一定份额，体现了他们对中国市场的重视。

（四）国内申请人地域分布

图 15 – 37 汇总了逆转录酶抑制剂类抗 HIV 药物中国申请人的地域分布情况。在逆转录酶抑制剂类抗 HIV 药物领域，中国的申请人主要分布在上海、江苏和北京，分别占申请总量的 20%、20% 和 13.52%，这是由于这三个地方汇集了许多国内研发实力较强的企

业和科研机构。在逆转录酶抑制剂类抗HIV药物领域，天津的企业和科研机构也表现出一定的技术实力，占比4.79%，排名第9，相比上海、江苏还有很大的差距。

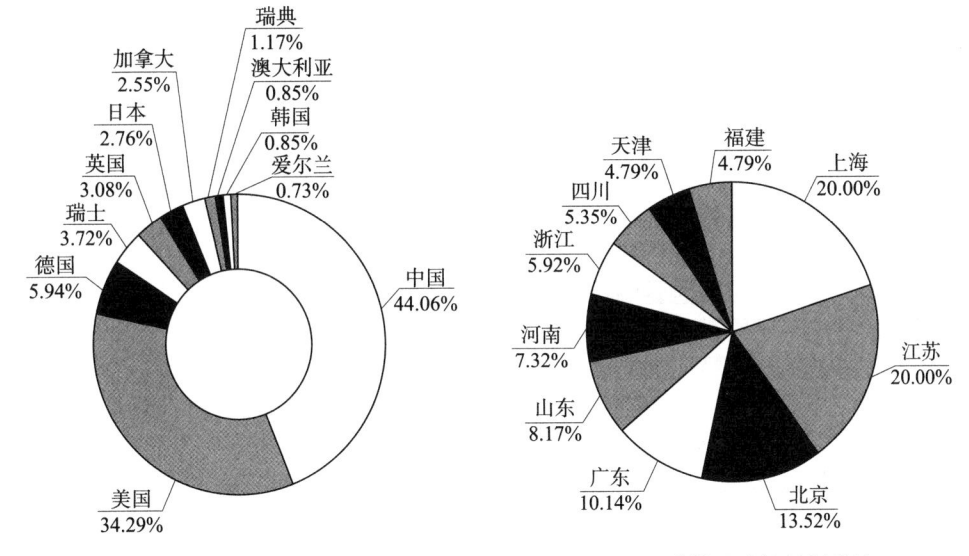

图15-36　逆转录酶抑制剂类抗HIV药物在华专利申请人国别分布

图15-37　逆转录酶抑制剂类抗HIV药物国内申请人地域分布

（五）中国申请重点申请人分析

图15-38汇总了在中国提出逆转录酶抑制剂类抗HIV药物相关专利申请的前十位申请人及其专利申请量。从逆转录酶抑制剂类抗HIV药物中国专利申请的申请人排名来看，在申请量排名前十的申请人中，只有1位国内申请人，且为科研院所，剩余9位国外申请人全部为企业。与全球排名前十的申请人相同的是，在中国申请专利数量排名前三位申请人依然是默克公司、吉利德科学公司和百时美施贵宝公司，说明了这些逆转录酶抑制剂类抗HIV药物领域的大制药公司十分重视中国市场，同时也展现出了中国在抗艾滋病化学药领域的技术创新能力以及市场控制力与国外相比还存在相当大的差距，即使在国内市场，中国企业的技术控制力也非常薄弱。

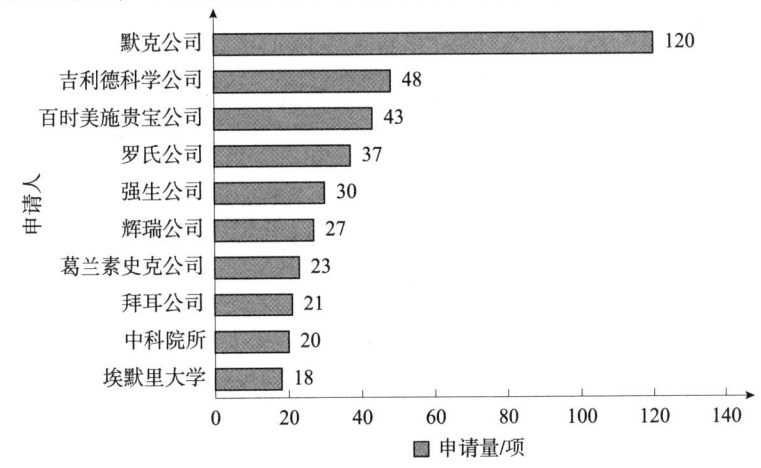

图15-38　逆转录酶抑制剂类抗HIV药物相关专利中国前十申请人排名

（六）国内重点申请人分析

对逆转录酶抑制剂类抗 HIV 药物领域的国内主要申请人进行排名（见图 15-39），其中 6 位是高校及科研机构，剩下 4 位是企业，说明中国在抗 HIV 药物领域的技术主要来源于高校及科研机构，中国制药企业在该领域的研发能力较弱。通过产学研结合实现与高校/科研院所进行技术共同开发或许是企业开拓创新的良好出路。

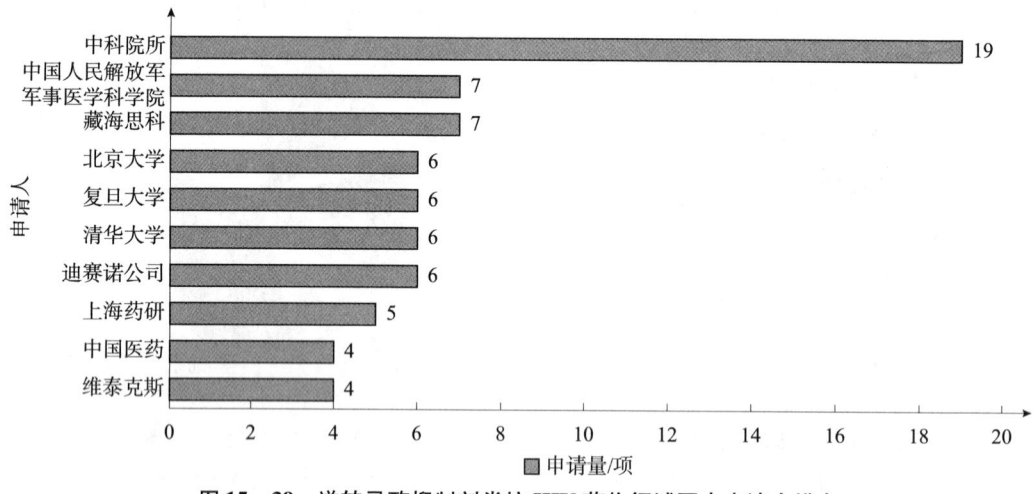

申请人	申请量/项
中科院院所	19
中国人民解放军军事医学科学院	7
藏海思科	7
北京大学	6
复旦大学	6
清华大学	6
迪赛诺公司	6
上海药研	5
中国医药	4
维泰克斯	4

图 15-39　逆转录酶抑制剂类抗 HIV 药物领域国内申请人排名

三、核心专利分析

根据专利申请的被引证次数并结合同族数量确定了逆转录酶抑制剂类抗 HIV 药物的核心专利，如表 15-1 所示。其中，绝大部分是以 PCT 的形式进行国际申请并进入多个国家的，由此也反映出核心专利巨大的经济价值以及广阔的市场潜力。

表 15-1　逆转录酶抑制剂抗 HIV 药物核心专利

序号	公开号	被引证次数/次	同族数量/件	序号	公开号	被引证次数/次	同族数量/件
1	WO9111186A1	653	387	11	WO9403440A1	323	100
2	WO2005042772A	527	255	12	US5663169A	323	101
3	EP86301897A	511	245	13	EP2682397A1	313	93
4	WO03016306A1	474	255	14	WO9724361A1	263	49
5	WO2004032902A1	460	164	15	WO9601113A1	239	68
6	WO9950250A1	444	82	16	US20090131363A1	225	7
7	EP253635A1	415	136	17	EP1852434A1	220	144
8	WO09100282A1	365	153	18	WO9304047A1	215	7
9	WO00027825A1	354	106	19	EP2212298A1	214	6
10	WO9804569A1	341	50	20	EP560794A1	213	136

续表

序号	公开号	被引证次数/次	同族数量/件	序号	公开号	被引证次数/次	同族数量/件
21	US5658907A	207	115	36	WO9303027A1	129	100
22	WO9109605A1	192	19	37	US2007049754A1	128	112
23	WO2009062285A1	177	49	38	WO02085860A1	128	134
24	WO9109861A1	171	20	39	JP63010787A	124	27
25	WO2007012749A1	167	74	40	WO8404748A1	120	39
26	EP545966A1	164	51	41	WO03094920A1	115	59
27	EP625150A1	162	86	42	WO2004069812A1	110	45
28	WO9305020A1	158	37	43	EP1569919A2	105	29
29	WO2004064845A1	150	93	44	WO2010130842A1	104	41
30	EP286028A2	149	25	45	EP462454A1	104	43
31	WO9403467A2	144	35	46	EP741710A1	102	67
32	WO02058700A1	143	152	47	WO2007131350A1	101	52
33	WO9814436A1	142	14	48	WO2004085406A1	99	19
34	WO9905150A1	137	85	49	WO9109849A1	97	34
35	WO02061798A1	136	42	50	WO9221676A1	95	53

另外，从核心专利相应的申请人情况来看，基本上是一些国际医药巨头企业，如图15-40所示。从核心专利拥有数量上来看，吉利德科学公司拥有数量最多，其围绕替诺福韦进行了全方位的专利布局，2001年12月和2002年2月，韦瑞德分别在美国和法国、德国以及其他欧洲国家上市用于治疗HIV感染。2004年4月该药物于日本上市。由于治疗效果确切，适用性好，剂量合适，它成为多个治疗指南推荐使用的一线抗HIV药物。替诺福韦酯及其复方制剂已成为目前销售额最大的抗HIV药物。2008年4月和8月，欧盟和USFDA根据大量的临床试验结果，又分别批准其用于治疗乙型肝炎，并被专家和媒体誉为最好的抗乙肝药物之一。替诺福韦不仅自身具有强力抗病毒活性，也可与其他的酶抑制剂联合用于HIV-1感染、乙肝的治疗。替诺福韦具有巨大的市场前景和经济价值，随着包含替诺福韦的复方制剂不断上市，替诺福韦的市场销售额及市场份额也在不断扩大。根据吉利德科学公司发布的2012年财报显示，替诺福韦酯及其复方制剂的全球销售额已接近80亿美元。因此，从入围核心专利数量方面也表现出替诺福韦在抗艾滋病方面巨大的研究潜力和市场价值。

四、热点药物专利技术分析

（一）替诺福韦专利技术分析

替诺福韦，中文全名是富马酸替诺福韦二吡呋酯，其化学名称为：9-[(R)-2-

[[双 [[（异丙氧基羰基）氧基] 甲氧基] 氧膦基] 甲氧基]-丙基] 腺嘌呤富马酸盐（1∶1），CAS：202138-50-9。替诺福韦是一种新型核苷酸类逆转录酶抑制剂，可通过抑制涉及 HIV 复制的逆转录酶活力来阻断病毒复制，是世界卫生组织（WHO）艾滋病治疗指南推荐的艾滋病抗病毒一线药物，在国内被列为国家免费艾滋病抗病毒治疗一线药物。图 15-41 给出了其发展脉络。

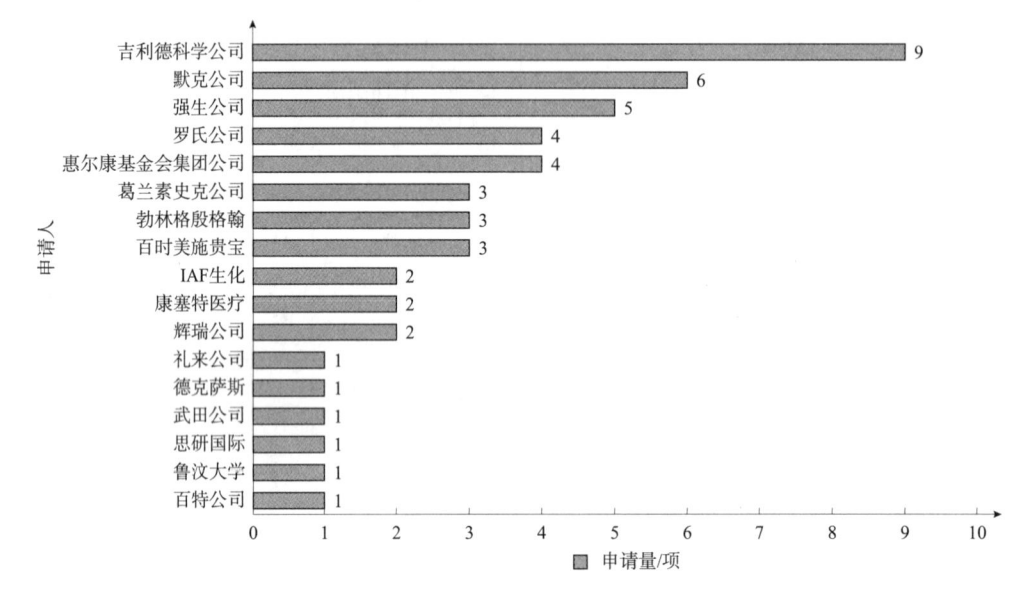

图 15-40　逆转录酶抑制剂类抗 HIV 药物核心专利数量申请人排名

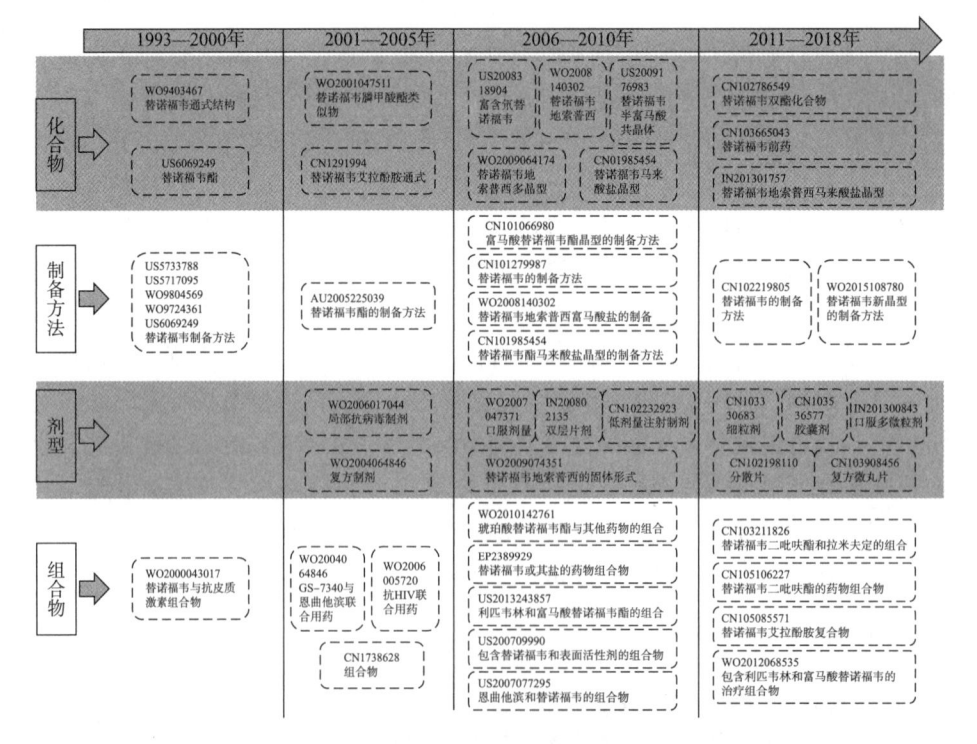

图 15-41　替诺福韦相关技术发展脉络

替诺福韦药物的演化过程分为以下几个阶段。

1. 阿德福韦酯抗 HIV 研发失败

捷克科学院有机化学与生物化学研究所的 Antonin Holy 首先合成了阿德福韦（CS1985 – 3017；EP1986 – 302822），如图 15 – 42 所示。

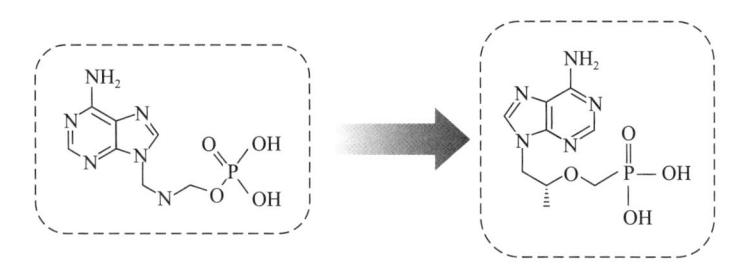

图 15 – 42　阿德福韦与替诺福韦结构示意

随后吉利德对其进行研发，期望将其研制成抗 HIV 药物。阿德福韦的磷酸酯基带负电荷，口服后在肠内吸收不佳，因此生物利用度很低，为此 1991 年吉利德开发了阿德福韦酯。它在口服后可迅速被酯酶水解，释放出游离的阿德福韦进入门脉循环和体循环中，具有较高的生物利用度。吉利德于 1991 年申请了阿德福韦酯的欧洲专利（EP1991 – 115312），并于 1998 年获得授权（EP481214B1）。吉利德并没有就该化合物在中国申请专利，但在中国申请了阿德福韦酯晶型的专利（CN2000 – 137059），并获得授权（CN1274700C）。

但 1999 年 11 月，美国专家组建议 USFDA 否决此药的申请，因为其剂量在 60 毫克到 120 毫克时可能会引起肾中毒，USFDA 采纳了专家组的建议。

吉利德虽然终止了阿德福韦治疗 HIV 的研究，但重新开始将其用于治疗乙肝的研究。在很低的剂量 10 毫克下，阿德福韦对治疗乙肝有效。2002 年 9 月 20 日，USFDA 批准阿德福韦以商品名 Hepsera 治疗乙肝。第二年，在欧洲也获得审批通过。

2. 从替诺福韦到替诺福韦二吡呋酯富马酸盐

阿德福韦酯由于肾毒性的原因，其使用剂量无法超过 30 毫克。而限制其杀病毒效能，就无法应用于 HIV 感染的治疗。吉利德接下来又在阿德福韦酯的基础上开发了替诺福韦酯。富马酸替诺福韦二吡呋酯是吉利德开发上市的一种核苷酸类抗病毒药。2001 年经 USFDA 批准用于 HIV 的感染。其核心的活性成分为抗病毒母核替诺福韦（US4808716）。

替诺福韦是一种无环的 5′ – 单磷酸腺苷类似物，不稳定，口服吸收较差。捷克科学院的有机化学与生物化学研究所、Rega Stichting V. Z. W.、吉利德共同开发，将其酯化为替诺福韦二吡呋酯（WO1993US07360），口服吸收率明显提高，并能够提高细胞对其的摄取能力，并进一步通过将其改造成富马酸盐（WO1997US13244）及其晶体（WO1998US15254），增加了替诺福韦的口服生物利用度，提高了稳定性，更利于制备制剂。

富马酸替诺福韦二吡呋酯口服后很快水解为替诺福韦，被细胞激酶磷酸化生成具有药理活性的产物替诺福韦二磷酸，然后与 5′ – 三磷酸脱氧腺苷酸竞争参与病毒 DNA 的合成，其进入病毒 DNA 链后，由于其缺乏 3′ – OH 基团导致 DNA 延长受阻而阻断病毒的复制。

替诺福韦酯的治疗效果明显好于阿德福韦酯。有学者认为两个药物结构相似，临床效果的差异是由于不同的剂量形成的，阿德福韦酯因肾毒性现只用最佳剂量的1/3。替诺福韦酯由于治疗效果确切，适用性好，剂量合适，是多个治疗指南推荐使用的一线抗HIV药物。

韦瑞德（Viread），中文通用名为替诺福韦酯，又名替诺福韦二吡呋酯富马酸盐。韦瑞德是一种新型核苷酸类逆转录酶抑制剂，是替诺福韦（PMPA）的前药形式。替诺福韦的化学名称为：（R）-9-（2-膦酰基甲氧基丙基）腺嘌呤或磷酸［［（1R）-2-（6-氨基-9H-嘌呤-9-基）-1甲基乙氧基］甲基］，CAS登记号为147127-20-6。替诺福韦二吡呋酯富马酸盐命名为（R）-9-（2-磷酸甲氧基丙基）腺嘌呤二（异丙氧羰基甲氧甲基）酯富马酸，CAS登记号为202138-50-9。替诺福韦具有抗HIV逆转录酶活性，但口服吸收差，替诺福韦二吡呋酯富马酸盐与替诺福韦相比，其在肠道的吸收及摄取效果显著提高。替诺福韦二吡呋酯富马酸盐口服吸收后很快水解为替诺福韦，替诺福韦可被细胞激酶磷酸化为具有药理活性的代谢产物替诺福韦二磷酸，后者可与5′-三磷酸脱氧腺苷酸竞争，参与病毒DNA的合成，其进入病毒DNA链后，由于其缺乏3′-OH基团，因而可导致DNA延长受阻，进而阻断病毒的复制。目前被应用于治疗HIV和乙型肝炎病毒（HBV）等病毒感染性疾病。

2001年12月和2002年2月，韦瑞德分别在美国和法国、德国以及其他欧洲国家上市，用于治疗HIV感染。2004年4月，该药物于日本上市。替诺福韦酯及其复方制剂已成为目前销售额最大的抗HIV药物。2008年4月和8月，欧盟和USFDA根据大量的临床试验结果，又分别批准其用于治疗乙型肝炎，并被专家和媒体誉为最好的抗乙肝药物之一。

替诺福韦不仅自身具有强力抗病毒活性，也可与其他的酶抑制剂联合用于HIV-1感染、乙肝的治疗。涉及替诺福韦的各复方制剂的具体成分中，韦瑞德、Truvada、Atripla、Complera、Stribild的活性成分的组成中均包含了替诺福韦二吡呋酯富马酸盐。

3. 从替诺福韦艾拉酚胺到替诺福韦艾拉酚胺半富马酸盐

替诺福韦艾拉酚胺（Tenofovir alafenamide），化学名9-［（R）-2-［［（S）-1-［［（S）-（异丙氧基羰基）乙基］氨基］苯氧基氧膦基］甲氧基］丙基］腺嘌呤，是一种新型核苷类逆转录酶抑制剂。该药由吉利德研制，作为替诺福韦（PMPA）的一种前体药物，主要用于治疗艾滋病病毒感染和乙肝病毒感染，如图15-43所示。

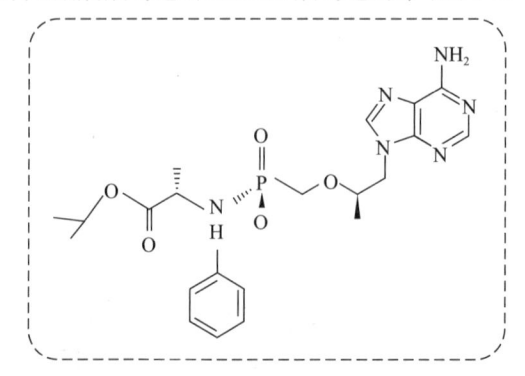

图15-43　替诺福韦艾拉酚胺结构示意

替诺福韦艾拉酚胺经口服后水解为 PMPA，PMPA 被细胞激酶磷酸化成具有药理活性的代谢产物替诺福韦二磷酸，后者与 5′- 三磷酸脱氧腺苷酸竞争，参与病毒 DNA 的合成，进入病毒 DNA 后由于缺乏 3′- 羟基而导致 DNA 延长受阻，从而抑制病毒的复制。替诺福韦艾拉酚胺由于其固态溶点较低，在水中溶解度较小，不利于药物制剂的制备和在药物制剂中溶出，故吉利德将其开发成替诺福韦艾拉酚胺半富马酸盐（TAF）的形式用于制备药物。

TAF 已被证明在低于吉利德已上市药物富马酸替诺福韦二吡呋酯（Tenofovir Disoproxil Fumarate，TDF）1/10 剂量时，就具有非常高的抗病毒效果，同时可降低对肾脏和骨骼的毒副作用。TDF 单方药物及其复方制剂是目前销售额最大的抗艾滋病药物，同时也是中国肝病防治指南推荐的抗乙肝病毒的一线用药，其化合物基础专利于 2017 年失效。为应对替诺福韦二吡呋酯药物的专利悬崖，吉利德正在用新型逆转录酶抑制剂替诺福韦艾拉酚胺，替代以替诺福韦二吡呋酯为基础的药品。Genvoya、Odefsey、Descovy 和 Vemlidy 是吉利德基于替诺福韦艾拉酚胺先后推出的每日口服 1 次的多合一复合片剂和单方药物，将其与基于替诺福韦二吡呋酯的多合一复合片剂和单方药物相比较，可发现两者之间的联系，如表 15 -2 所示。

表 15 -2　基于 TAF 和 TDF 的两类药物

基于 TAF 的药物上市日期	基于 TAF 的药物组成	基于 TDF 的药物组成	基于 TDF 的药物上市日期
2015 年 11 月	Genvoya（TAF + 恩曲他滨 + 埃替格韦 + cobicistat）	Stribild（TDF + 恩曲他滨 + 埃替格韦 + Cobicistat）	2012 年 8 月
2016 年 3 月	Odefsey（TAF + 恩曲他滨 + 利匹韦林）	Complera（TDF + 恩曲他滨 + 利匹韦林）	2011 年 8 月
2016 年 4 月	Descovy（TAF + 恩曲他滨）	Truvada（TDF + 恩曲他滨）	2004 年 8 月
2016 年 11 月	Vemlidy（TAF）	Viread（TDF）	2001 年 10 月

基于 TAF 的药物用替诺福韦艾拉酚胺替代了替诺福韦二吡呋酯，为患者提供了改善疗法，随着替诺福韦艾拉酚胺的单一药物和复方制剂不断上市，其销售额及市场份额也不断扩大，具有巨大的市场前景和经济价值，有望使吉利德继续保持其在 HIV 市场的主导地位。

全球范围内涉及替诺福韦艾拉酚胺的专利技术发展可分为 3 个阶段，每个阶段其专利申请量的变化均与吉利德对于该类药物的市场策略密切相关（见图 15 -44）。

萌芽期（2001—2003 年）：2001 年吉利德提出关于替诺福韦艾拉酚胺的第一份专利申请。同年发表的一项动物研究结果表明，替诺福韦艾拉酚胺的抗 HIV 活性是 PMPA 的 1000 倍以上，并且提示替诺福韦艾拉酚胺在降低毒副作用方面具有更大的优势，这一时期该药物的专利申请量逐渐增长。

调整期（2004—2011年）：吉利德在2004年突然宣布中止替诺福韦艾拉酚胺的研究项目，理由是"内部业务评估的结果"，认为替诺福韦艾拉酚胺相比市场上已获成功的Viread并不会有太大的优势。因此，2004年后该药物专利申请量增长速度迅速下降，其专利技术发展进入调整期。

快速发展期（2012年至今）：对于上述替诺福韦艾拉酚胺研究中止，吉利德在6年后改变初衷。2010年，吉利德宣布发现了一个新分子实体，正是研究中止的替诺福韦艾拉酚胺，随后吉利德开始大力宣传之前的研究结果。吉利德在2011年的医学会议上公开了2003年的研究结果，显示替诺福韦艾拉酚胺在剂量仅有替诺福韦二吡呋酯的1/6情况下有更好的效果。2012年吉利德提交了关于替诺福韦艾拉酚胺半反丁烯二酸盐的专利申请，该化合物表现出更好的理化性质，并最终成为该药物的上市形式。在此之后，替诺福韦艾拉酚胺的专利申请量急速上升，并且介入的企业增多。这一时期，已上市的替诺福韦二吡呋酯基础专利在全球范围内频繁受到专利挑战，并且面临专利过期，而新一代的替诺福韦艾拉酚胺相比于替诺福韦二吡呋酯具备更好的疗效、更高的安全性和更低的耐药性，技术吸引力凸显。随着替诺福韦艾拉酚胺制剂的陆续上市，其市场将不断扩大，表现出持续快速增长的趋势。替诺福韦艾拉酚胺的专利技术在中国的发展过程与在全球范围内类似，经过了一段调整期后，自2012年开始其申请量逐渐增多，进入快速发展期，2015年第一个替诺福韦艾拉酚胺药物Genvoya上市，其专利申请量开始迅速增长，介入企业也增多，竞争逐渐激烈。

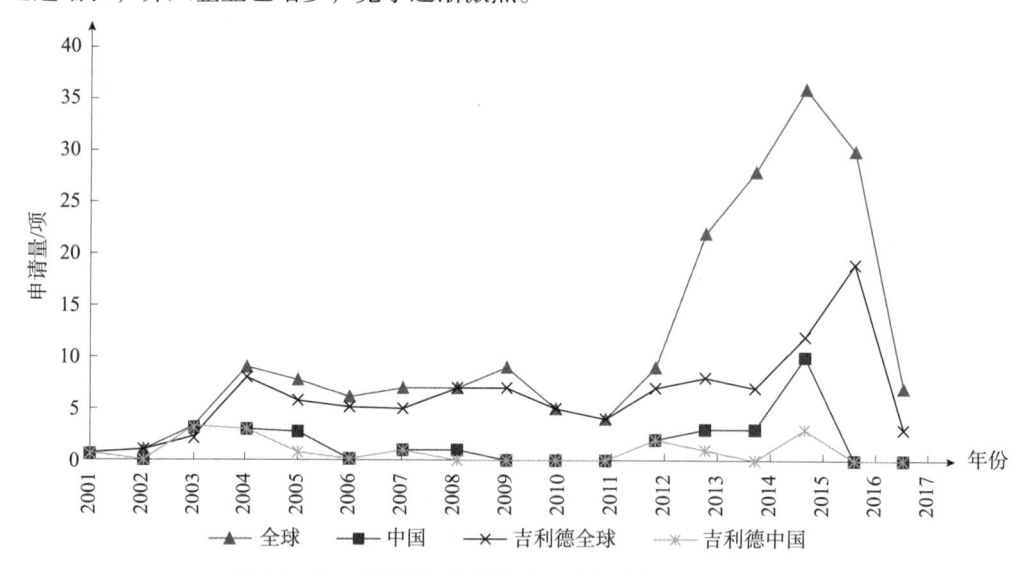

图15-44 替诺福韦艾拉酚胺专利申请量年度分布情况

如表15-3所示，2015年11月，吉利德公司开发的单一片剂方案（STR），在美国和欧盟被批准上市，该新药由固定剂量的150mg埃替格韦（Elvitegravir）、150mg药物增强剂Cobicistat、200mg恩曲他滨（Emtricitabine）和10mg TAF组成，商品名为Genvoya。2016年3月1日在美国作为STR上市销售的新药，含有25mg利匹韦林

（Rilpivirine，R）、200mg F 和 25mg TAF，商品名为 Odefsey。2016 年 4 月 4 日在美国作为 STR 上市销售的新药，含有 200mg F 和 25mg TAF，商品名为 Descovy。以上 3 个由吉利德开发的复方新药都是以 TAF 为基础，用于治疗 HIV 感染。

表 15-3 替诺福韦及其衍生物复方制剂药物成分及专利情况

商品名	组分1	组分2	组分3	组分4	原研公司	批准时间
Viread	替诺福韦	—	—	—	Gilead	2001-10-26
Truvada	替诺福韦	恩曲他滨	—	—	Gilead	2004-08-02
Atripla	替诺福韦	恩曲他滨	依法韦仑	—	Gilead	2006-07-12
Complera	替诺福韦	恩曲他滨	利匹韦林	—	Gilead &GSK	2011-08-10
Stribild	替诺福韦	恩曲他滨	埃替格韦	Cobicistat	Gilead	2012-08-27
Genvoya	替诺福韦艾拉酚胺	恩曲他滨	埃替格韦	Cobicistat	Gilead	视撒
Odefsey	替诺福韦艾拉酚胺	恩曲他滨	利匹韦林	—	Gilead	无中国同族
Descovy	替诺福韦艾拉酚胺	恩曲他滨	—	—	Gilead	2012-06-06

从图 15-45 不难看出，替诺福韦具有巨大的市场前景和经济价值，随着包含替诺福韦的复方制剂不断上市，替诺福韦的市场销售额及市场份额也在不断扩大。吉利德发布的 2016 年财报显示，替诺福韦及其复方制剂的全球销售额约 130 亿美元。

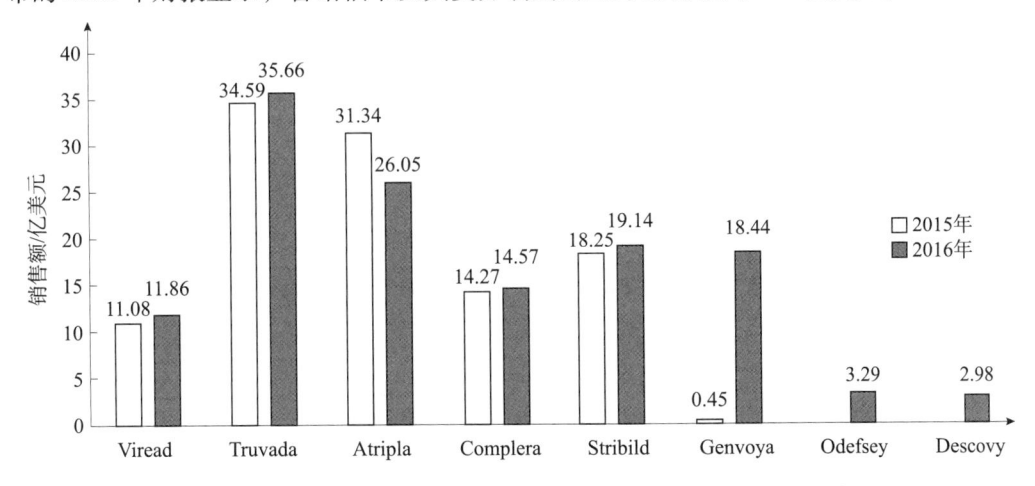

图 15-45 替诺福韦及其复方制剂药物 2015—2016 年全球销售额

1995 年，科学家发现将一种蛋白酶抑制剂（PI）和两种核苷类逆转录酶抑制剂同时合用，可使病毒负荷显著且长久地减少。临床进一步证实，在两种核苷类逆转录酶抑制剂中加入一种非核苷类逆转录酶抑制剂也可获得类似效果，这就是现在广为人知的联合抗逆转录病毒疗法（Highly Active Anti-Retroviral Therapy，HAART），俗称"鸡尾酒疗法"。为了拓宽专利保护类型，也为了实现更好的抗病毒效果，联合用药越来越受到研发者的青睐，从图15-41技术发展脉络中可以看出，涉及药物组合物的专利申请占据了相当的一部分，其中各联合用药专利均与其后推出的新复方制剂有关。吉利德公司基于替诺福韦先后推出了多种每日口服1次的多合一复合片剂（Truvada，Atripla，Stribild，Complera），逐步统治了抗HIV感染药物市场。

（二）齐多夫定专利技术分析

齐多夫定（Zidovudine，AZT）化学名称为3′-叠氮-3′-脱氧胸腺嘧啶核苷，又名叠氮胸苷，CAS为30516-87-1，为天然胸腺嘧啶核苷的合成类似物。齐多夫定是世界上第一个美国FDA获准生产的抗艾滋病药物，为治疗晚期HIV病毒感染的一线药物，也是目前抗艾滋病药物中最基本的组合成分，并已成为考查抗艾滋病新药疗效优劣的参照药物。作为人工合成的抗病毒药，齐多夫定最早在1964年由美国人Jerome P. Horwitz合成，1972年被用于抑制单纯疱疹病毒复制的研究，1986年开始应用于艾滋病病毒的研究，被证明对HIV病毒有抑制作用，1988年由英国的Wellcome公司开发上市。其抗艾滋病的机理作用是在HIV感染的细胞内，通过胸苷激酶、胸苷酸激酶的磷酸化作用，形成活化型三磷酸体，三磷酸体可竞争性地抑制病毒逆转录酶和终止DNA链增长，从而阻碍病毒繁殖，而且因三磷酸体对病毒逆转录酶的亲和性比对正常细胞DNA聚合酶强约100倍，显示了其高选择性的抗病毒作用。美籍华人何大一教授发明的"鸡尾酒疗法"是目前有效控制艾滋病、延长艾滋病患者生命的治疗方案，而齐多夫定作为"鸡尾酒疗法"中的主要及首选成分已经被广泛使用。其技术路线如图15-46所示。

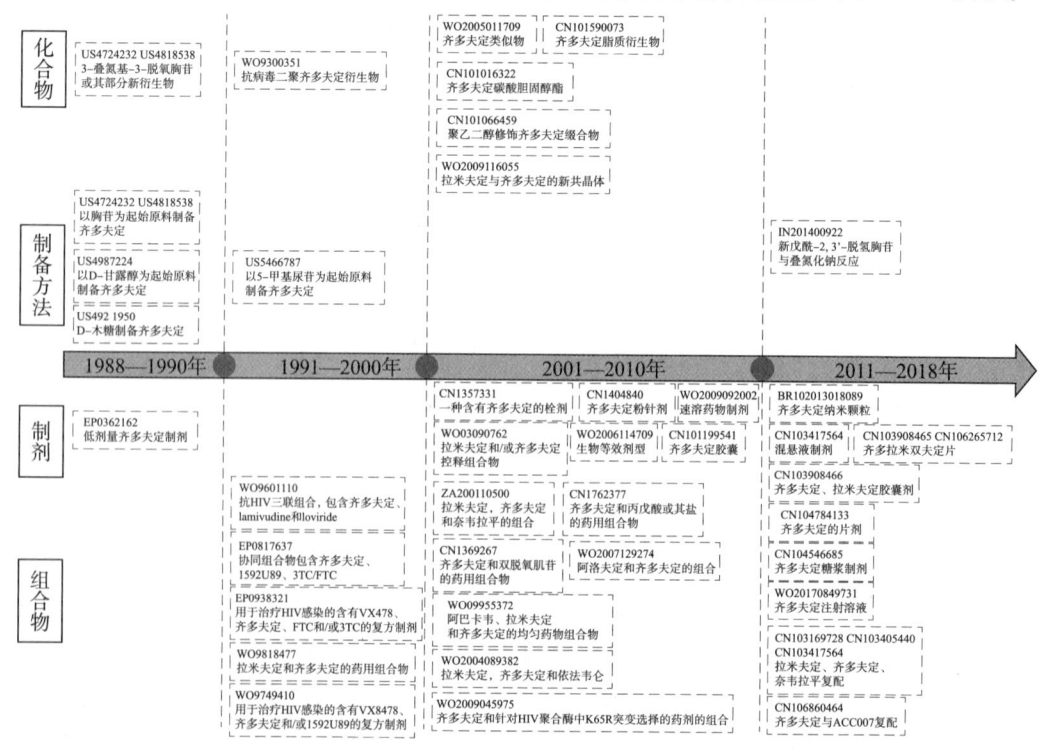

图 15-46 齐多夫定药物技术路线

1988年Wellcome公司的Rideout等在美国专利US4724232中报道了以β-胸苷为原料，用（C_2H_5）NCF_2CHFCl完成分子内的脱水形成2,3'脱水-胸苷，然后用叠氮化钠进行3'位叠氮化取代得到叠氮胸苷，也即是齐多夫定，如图15-47所示。

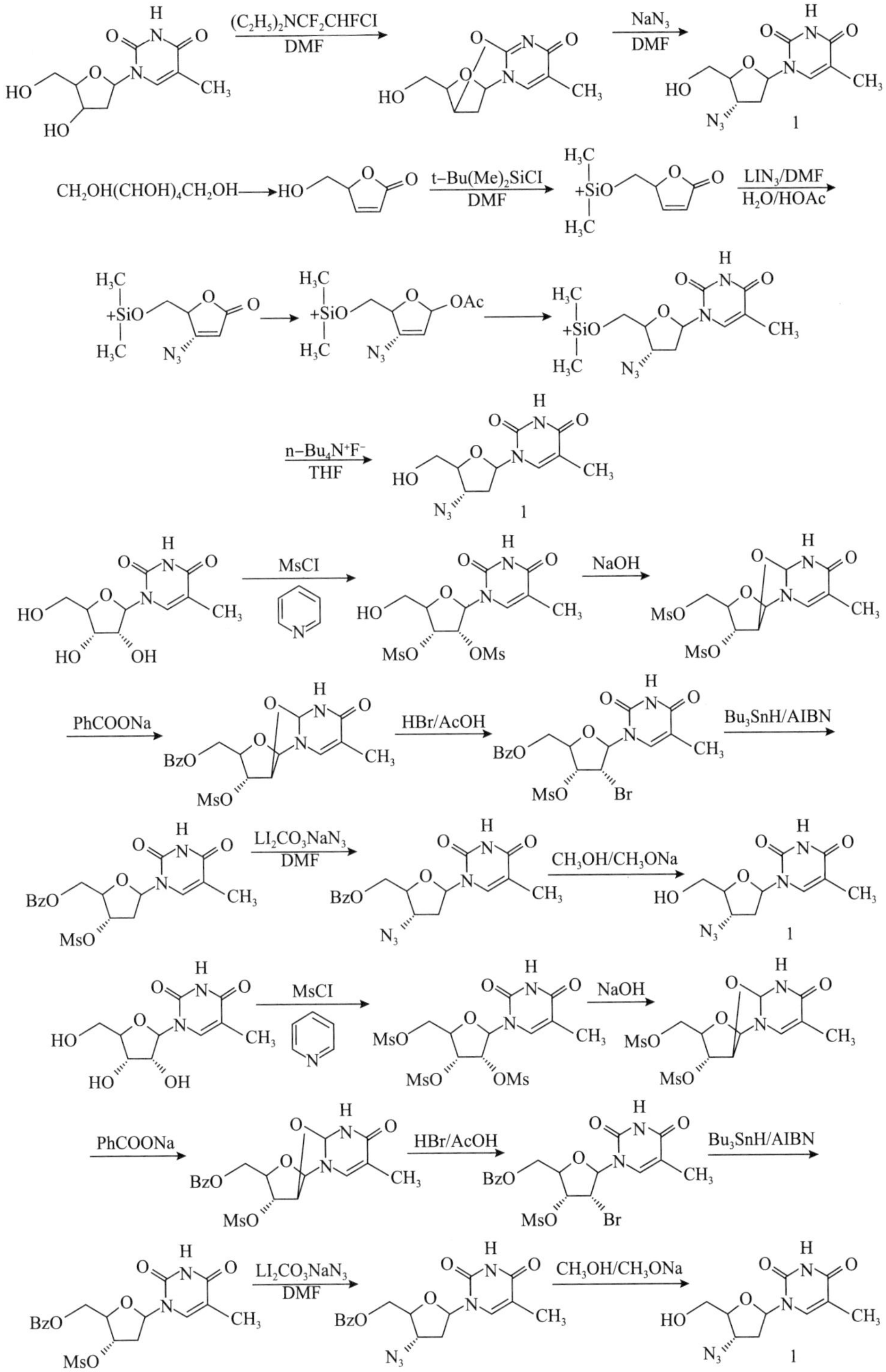

图15-47 齐多夫定合成路线汇总

Chung. K. Chu 等人在美国专利 US4987224 中公开了采用廉价易得的 D-甘露醇为起始原料，经过两步反应转化成甘油醛缩醛，再经过 wittig 反应得到 α、β 不饱和酯的混合物，混合物经过分离得到单一的 α、β 不饱和酯分别进行下面的反应：用叠氮化锂和不饱和酯进行 Michael 加成引入叠氮基，然后在稀盐酸下成环，用二甲基丁基氯硅烷保护 5 位羟基，然后将环上的羰基还原成羟基，再将羟基转化成乙酰基，与硅烷化的胸腺嘧啶偶联，最后脱保护生成齐多夫定。

布里斯托尔-迈尔斯斯奎布公司在美国专利 US5466787 公开了一种以 5-甲基尿苷为起始原料制备齐多夫定的方法，用甲磺酰氯将 5-甲基尿苷的 2′，3′，5′位磺化，然后在碱性条件下分子内 2′位和 2 位形成氧桥，5′位形成苯甲酸酯，再用氢溴酸进攻 2′位生成溴代物，用三丁基氢氧化锡还原溴代物，再在 3′位进行叠氮基取代，最后脱保护基生成齐多夫定。

Wellcome 公司在美国专利 US4921950 报道了以 D-木糖为原料，先转化为 1-乙酰基-2,3,5-三苯甲酰-D-木糖，得到 1-乙酰基位 α，β 两种异构体，均可以进行以下反应：与硅烷化的胸腺嘧啶耦联，用甲醇钠脱去 2′，3′，5′位的苯甲酰基，然后 3′，5′位的羟基在盐酸的作用下生成 3′，5′-O-异丙叉基衍生物保护起来，2′位的羟基通过先与氢氧化钠、二硫化碳、3-溴丙腈共同作用，后用三（三甲基硅烷基）硅烷反应脱去，3′，5′-O-异丙叉基再用三氟乙酸脱去，最后将 5′位的羟基保护，3′位的羟基进行取代得到产品。

IN201400922 中公开了齐多夫定的制备，用作抗逆转录病毒药物，可用于治疗 HIV，包括使新戊酰-2,3′-脱氢胸苷与叠氮化钠反应，冷却，使产物与碱金属氢氧化物反应并结晶出齐多夫定。

由于齐多夫定的毒性较大，对齐多夫定进行结构修饰和类似物的研究也成为关注的重点，希望能够为艾滋病患者提供替代治疗。专利 WO9300351 中公开了抗病毒二聚齐多夫定衍生物及其制备方法，如图 15-48 所示。嘧啶衍生物和 3′-叠氮基-3′-脱氧-5′-邻-取代-嘧啶化合物发生偶合反应，二聚齐多夫定衍生物具有抗病毒感染的活性，特别是该化合物显示出抗逆转录病毒感染的活性，如 AIDS 逆转录病毒，HIV-1。

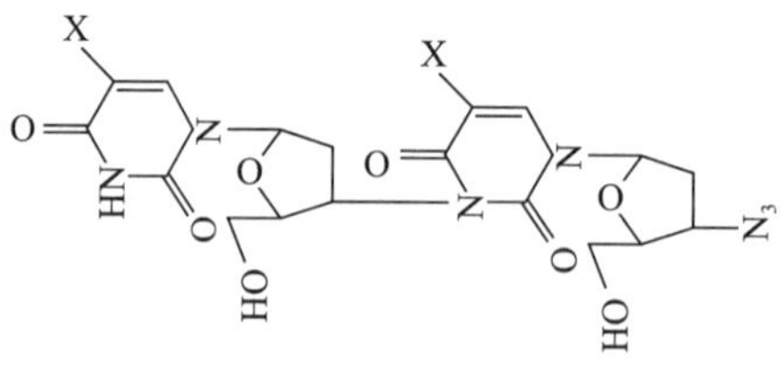

图 15-48 抗病毒二聚齐多夫定衍生物

耶鲁大学在专利 WO2005011709 中公开了用于治疗病毒感染尤其是 HIV 感染的抗病毒核苷类似物，涉及新的 2′，3′-双脱氧和双脱氢核苷类似物、相关的前药以及其在用于治疗多种病毒（其中，更具体地，逆转录病毒）感染和疾病状态尤其是包括 HIV 及相关的疾病 AIDS 中的用途。D4T 为有效的抗 HIV-双脱氧-胸苷类似物，D4T 的类似物，具有更强的抗 HIV 活性以及对核或线粒体 DNA 合成具有较小的作用，可比 D4T 具有更好的治疗效果，并可取代 D4T 用于抗 HIV 的组合治疗。因此，具有更好药理特性的 D4T 类似物的合成已经成为抗 HIV 药物研究中的方向，如图 15－49 所示。

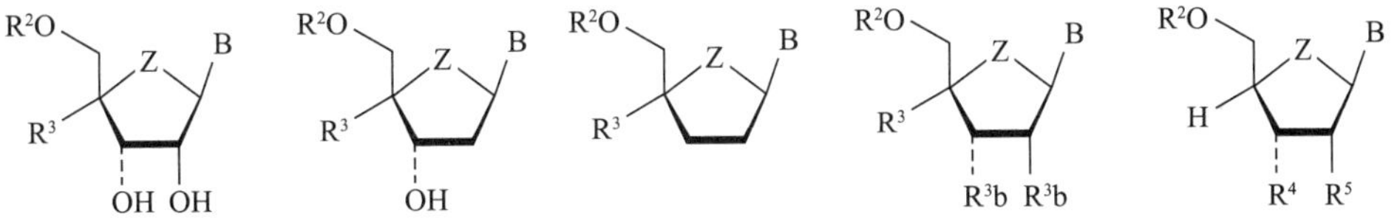

Ⅰ　　Ⅱ　　Ⅲ　　Ⅳ　　Ⅴ

其中，B 为根据下述结构的核苷碱：

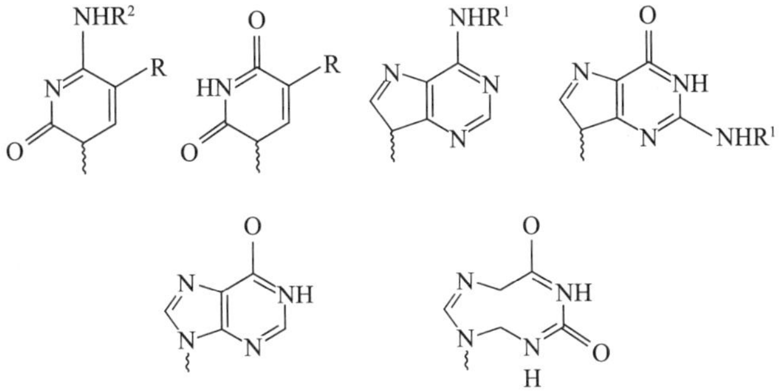

图 15－49　2′，3′－双脱氧和双脱氢核苷类似物

中国人民解放军军事医学科学院放射与辐射医学研究所对齐多夫定脂质衍生物在治疗与病毒有关疾病药品中的应用进行了研究，专利 CN101590073 公开的齐多夫定脂质衍生物包括胆固醇基膦酰齐多夫定和胆固醇基磷酰齐多夫定，如图 15－50 所示。

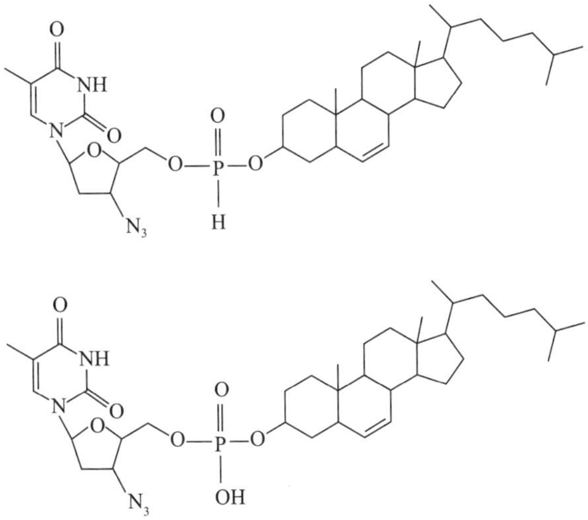

图 15－50　胆固醇基膦酰齐多夫定和胆固醇基磷酰齐多夫定

胆固醇基磷酰齐多夫定自组装传递系统两种加入方式的结果不同，但都显示出非常强的抗病毒效果，比原药齐多夫定药效强 10 倍和 50 倍。同时加入病毒得到的 EC50 比先将药物和细胞孵育一小时后再加病毒得到的 EC50 大 5 倍。先加入细胞和药物放置一小时后再加入病毒，可以使胆固醇基磷酰齐多夫定有较充分的时间进入细胞内并解离出磷酰齐多夫定，从而发挥更强的抗病毒药效。胆固醇基膦酰齐多夫定自组装传递系统及阳性对照药齐多夫定的细胞毒性较小，CC50 值均为 5000nmol/L。但抗 HIV 活性胆固醇基膦酰齐多夫定＞齐多夫定，因此选择指数（SI）胆固醇基膦酰齐多夫定＞齐多夫定，说明胆固醇基膦酰齐多夫定抗 HIV 作用比阳性对照药 AZT 的作用强，并且毒性小。胆固醇基磷酰齐多夫定从血液循环中迅速清除，组织分布证明胆固醇基膦酰齐多夫定集中分布于肝肺脾中，在其他器官分布很少，体现出很强的单核巨噬细胞系统靶向性。

沈阳药科大学在专利 CN101016322 中公开了齐多夫定碳酸胆固醇酯（或其他甾醇的酯）的合成方法、相关制剂的制备、体外和体内的分析方法以及药动学研究。

鉴于齐多夫定（AZT）存在的药物动力学缺点及其严重的毒副作用，山东大学对 AZT 进行聚乙二醇修饰，得到了药代动力学性质更佳的前药聚乙二醇修饰齐多夫定缀合物及其制备方法与应用（CN101066459），如图 15-51 所示。

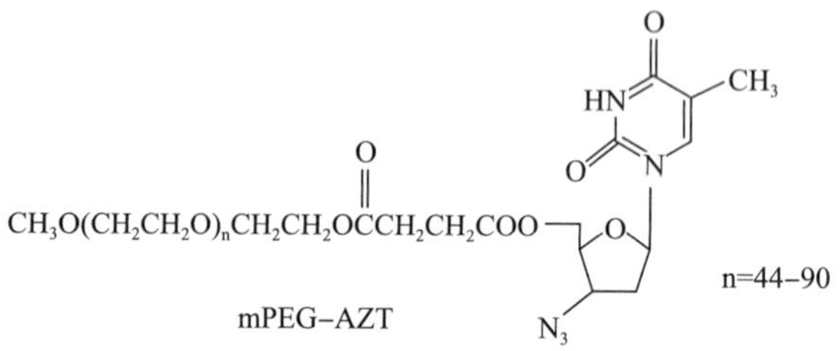

图 15-51 单甲氧基聚乙二醇齐多夫定缀合前药（mPEG-AZT）

在齐多夫定的制剂方面，由于齐多夫定的高毒性，专利 EP0362162（1990 年）公开了一种低剂量的口服或肠胃外给药的含齐多夫定的药物组合物，用于治疗患有 AIDS 和 AIDS 相关综合征的患者以及无症状的 HIV 血清阳性患者。它包括齐多夫定和一定量的 Inosiplex，或对乙酰氨基苯甲酸，或对乙酰氨基苯甲酸和肌苷，该制剂可以有效地维持这些患者的齐多夫定血浆水平高于治疗阈值，齐多夫定的量对于引起齐多夫定毒性和副作用的发作是无效的。

为了控制有效成分的释放，LUPIN 公司在专利 WO03090762 中公开了一种含有拉米夫定和齐多夫定的控释组合物。专利 WO2009092002 中公开了一种快速溶解的药物制剂，用于降低人类免疫缺陷病毒母婴传播的发生率，包括治疗有效量的选自齐多夫定和奈韦拉平的活性药物和非活性成分基质，制剂在少于 60 秒内基本上溶解在水溶液中。武汉大学于 2001 年申请的专利 CN1357331 中公开了一种毒副作用小、生物利用度较高的控制艾滋病性传播的齐多夫定栓剂，每粒栓剂含有 50~500 毫克齐多夫定，每粒栓剂还可含有 0~500 毫克无环鸟苷、0~50 毫克两性霉素、0~300 毫克咪康唑、0~100 毫克表面活性剂、0~100 毫克除臭剂。AUROBINDO 公司在专利 WO2006114709 中公开了一种稳定的生物等效剂型，制备包含拉米夫定、齐多夫定和药学上可接受的赋形剂的颗粒，通过用药学上可接受的赋形剂制粒制备奈韦拉平颗粒，混合与药学上可接受的赋形剂，润滑混合的颗粒，最后将颗粒压制成片剂或填充到胶囊中。齐多夫定在水中溶解度比较小（约2%），在固体状态时其物理、化学性质均比较稳定，但在溶液状态时对光和热不稳定，因此在医药上将其制备成注射剂使用时需制备成较大体积，处方中同时还需加入稳定剂，所制备的产品还需低温和避光保存，以防止发生水解或光解反应，影响产品质量。专利 CN1404840 公开了一种抗 HIV 药物齐多夫定粉针剂，该粉针剂由齐多夫定和氢氧化钠组成。专利 BR2013100018089 公开了一种用于治疗人类免疫缺陷病的齐多夫定纳米颗粒及其制备方法，将齐多夫定溶于有机溶剂中以获得悬浮液，然后用浓度为 10～30mg/mL 的甘露醇或海藻糖干燥，在超声波条件下将聚己内酯、肉豆蔻酸异丙酯、脱水山梨糖醇单油酸酯作为表面活性剂溶解在丙酮中，得到有机相，将聚山梨醇酯 80 溶解在纯水中，得到水相，将有机相加入水相中，同时以 300～500 转/分搅拌 15 分钟。将获得的产物在低压和 40～65℃ 下蒸发。将甘露醇或海藻糖加入获得的产物中，以获得通过 Karl Fischer 方法测定的含水量为 2%～5% 的纳米颗粒。齐多夫定和拉米夫定单一用药需要长期治疗，增加了药物副作用的发生率，单一用药易产生 HIV 病毒的突变，从而使病毒产生耐药性。拉米夫定和齐多夫定同时用药可以降低 HIV 病毒的突变概率，提高药物疗效。安徽贝克生物制药有限公司在专利 CN103908465 中公开了一种易于溶出的齐多拉米双夫定片及其制备方法，以乳糖、微晶纤维素、低取代羟丙基纤维素作为主要辅料与齐多夫定、拉米夫定混合制成制剂，与齐多夫定、拉米夫定和其他常用辅料（如淀粉、糊精、羧甲基纤维素钠、聚乙烯吡咯烷酮制成的制剂）相比，具有溶出度好、稳定性高的优势。赢创罗姆公司开发了一种含齐多夫定和聚（丙交酯-共-乙交酯）的注射溶液。

单药治疗方案一般需要长期治疗，增加了不需要的副作用的发生率。而且，单一药物治疗尤其易致 HIV 病毒突变，而产生 HIV 耐药变体。联合用药方案的应用可降低 HIV 耐药毒株的产生，原因是一种药物通常能清除对其他药物的变异。联合用药方案甚至可以在足以消除体内 HIV 的时间内抑制 HIV 病毒的复制。用联合用药方案治疗 HIV 感染，它需要患者每日服用许多不同的药物，在准确的时间间隔服药，且要小心注意饮食。使用这种综合疗法，患者的不依从性是个严重的问题，因为这种不依从性可能导致产生 HIV 多重抗药性毒性，因此非常有必要开发复方制剂。

詹森药业在 1995 年申请的专利 WO9601110 公开了一种"集中三联治疗"，用于克服抗性问题，包含齐多夫定、拉米夫定和洛韦胺的组合产物，同时、分别或顺次用于抗 HIV 治疗的组合制剂，出乎意外地发现合用这三种成分显示出显著的体内协同抗 HIV 活性，一个显著的特征是中数 CD4 细胞计数从基线增加达约 60%，并在至少 5 个月后维持在高于基线 25% 以上。惠尔康基金会集团公司在 1996 年申请的专利 EP0817637 中公开了将 1592U89、齐多夫定和 3TC 组合，可以获得协同抗 HIV 作用组合物。

为了解决齐多夫定的抗性问题，葛兰素史克集团有限公司于 1997 年申请的专利 EP0938321 中公开了用于治疗 HIV 感染的含有 VX478、叠氮胸苷、FTC 和/或 3TC 的复方制剂。1995 年 11 月，FDA 准许加速批准拉米夫定与齐多夫定结合用于一线治疗成人与儿童的 HIV 感染。当拉米夫定与熟知的 HIV 复制的抑制剂结合时，其显示出意想不到的优点，特别是拉米夫定与齐多夫定结合应用时，拉米夫定显示出协同抗病毒的效果。在对照的临床试验中，与拉米夫定和齐多夫定的联合治疗延缓了 HIV 耐齐多夫定突变的出现，葛兰素史克集团有限公司在专利 WO9818477 中公开了含有拉米夫定和齐多夫定的药用组合物。葛兰素史克集团有限公司在专利 WO9749410 中公开了用于治疗 HIV 感染的含有 VX478、叠氮胸苷和/或 1592U89 的复方制剂。葛兰素史克集团有限公司在 WO9955372 中公开了含活性组分阿巴卡韦、拉米夫定和齐多夫定或其药用衍生物、足够均匀形式的药物组合物，以及使用此药物组合物的方法。

CPLA 公司在专利 ZA200110500 中公开了拉米夫定、齐多夫定和奈韦拉平的药物组合。在治疗艾滋病的各种方法中，"鸡尾酒疗法"目前已成为标准的抗艾滋病药方。它同时使用 3～4 种药物，针对艾滋病毒繁殖周期中的不同环节，从而达到全面抑制或杀灭艾滋病毒，治愈艾滋病的目的。经"鸡尾酒疗法"治疗后，部分病人体内艾滋病病毒可长期保持在检测线以下。用于"鸡尾酒疗法"的复方抗艾滋病药物制剂一般包括抗逆转录病毒药物、蛋白酶抑制剂药物等。在这些药物组合中，由拉米夫定、齐多夫定、奈韦拉平组成的三复方制剂，其疗效确切，是世界卫生组织推荐的"鸡尾酒疗法"组合治疗药物之一。

美迪维尔公司的专利 WO2007129274 提供了一种治疗或预防 HIV 的方法，其包括以 1:100 到 1:350 的摩尔比范围对阿洛夫定和齐多夫定进行同时或顺次地给药，所述方法包括向有需要的对象给予安全且有效量的阿洛夫定和齐多夫定，从而治疗或预防 HIV。武汉春天生物工程股份有限公司申请的专利 CN1369267 中公开了一种包含活性成分齐多夫定和双脱氧肌苷，或其药学上可接受的衍生物的足够均匀形式的药用组合物，以实现联合用药方案，降低 HIV 耐药毒株的产生，起到简化 HIV 或其他病毒的治疗方案，以达到提高患者依从性的目的。CIPLA 公司开发了一种包含拉米夫定、齐多夫定和依法韦仑的药物组合，用于同时、分别或依次治疗或预防感染动物的病毒感染。埃默里大学开发了一种组合治疗剂，包括齐多夫定（AZT）或其他胸腺嘧啶核苷抗逆转录病毒药剂，非胸腺嘧啶核苷抗逆转录病毒药剂，如替诺福韦、阿波卡伟、(-)-β-D-2-氨基嘌呤二氧戊环（APD）和 DAPD，其能够针对 K65R 突变来选择。在该实施方式中，为了减小副作用，AZT 或其他胸腺嘧啶核苷抗逆转录病毒药剂的剂量低于常规剂量，并且仍然维持治疗药剂的有效治疗水平。

虽然已经公开了齐多夫定、拉米夫定和奈韦拉平的复方制剂，但是，现有的制备工艺存在很多的缺陷，包括工艺复杂、操作难度高、溶出度低、溶出速度慢等。上海迪赛诺生物医药公司在专利 CN103169728 中公开了一种各活性成分溶出速率高且溶出充分的抗艾滋病的复方制剂，包含安全及治疗有效量的齐多夫定或其药学上可接受的衍生物，安全及治疗有效量的拉米夫定或其药学上可接受的衍生物，安全及治疗有效量的奈韦拉平或其药学上可接受的衍生物，崩解剂，除崩解剂之外的药学上可接受的载体或辅料。所述方法制备得到的制剂在 30 分钟内的溶出度都非常好，且在 15 分钟内溶出度均大于 85%，因此药物的溶出不再是药物吸收的限速步骤，药物的吸收仅受胃排空的影响。

第三节　糖尿病关键技术专利分析

糖尿病化学药目前处于稳定发展期，热点集中在新靶点药物，SGLT-2是目前研究最热门的靶点，市场规模快速增长。因此，下文以SGLT-2抑制剂为关键技术进行整体分析。

一、申请态势分析

为了研究SGLT-2抑制剂的技术发展阶段，对采集的全球范围内的专利申请数据按时间序列进行统计（如图15-52所示），可以看出，SGLT-2抑制剂的专利申请数量总体呈上升趋势，发展过程可以分为以下三个阶段。

（一）技术萌芽期（2000—2005年）

这一时期的SGLT-2抑制剂研发处于起步阶段，全球专利申请量增长比较缓慢，每年的专利申请数量一直在20项左右徘徊。2003年阿斯利康公司申请了达格列净的专利，2004年田边三菱制药公司申请了卡格列净的专利，2005年勃林格殷格翰公司申请了恩格列净的专利，但这些专利申请都仅是化合物本身的专利申请，人们对此认识和专注有限。

（二）高速发展期（2006—2014年）

这一时期SGLT-2抑制剂的专利申请数量迅速增长，人们对于糖尿病药物的重点开始转到新靶点药物上来。一方面，各大药企对原研药的周边进行了专利布局，对其制备、晶型、用途等做了相关专利申请；另一方面，相关的类似药物申请量也急剧增加，安斯泰来申请了伊格列净的专利，大正制药申请了鲁格列净的专利，辉瑞申请了埃格列净的专利。这两方面的原因导致了这一时期的专利申请量增长。

（三）稳定发展期（2015—2017年）

进入2015年以后，全球SGLT-2抑制剂专利申请量保持稳定，甚至有所下降。一方面是因为近年来部分专利申请还没有公开；另一方面也从某种程度体现了这种重大慢性病的研发门槛，近年来想要创新可以说越来越难。

对于向中国提交的专利申请来说，中国专利申请趋势与全球专利申请趋势基本保持一致，只是数量有所不足。这也说明了各大药企都在中国申请了SGLT-2抑制剂相关专利，进行了专利布局，中国是全球重要的糖尿病药物消费市场，各申请人都很重视在重要消费市场的知识产权保护。

将中国申请专利分为国内申请和国外来华专利，对国内申请人所申请的专利进行分析，从图15-52可以看出，国内关于SGLT-2专利申请最早为2008年，较国外专利晚了8年之久，但是2012年后专利申请数量呈指数级增长，占据了专利申请总量的绝大部分。这也说明了我国对SGLT-2抑制剂领域关注度高，研发热情比较高，并且对于知识产权比较重视。

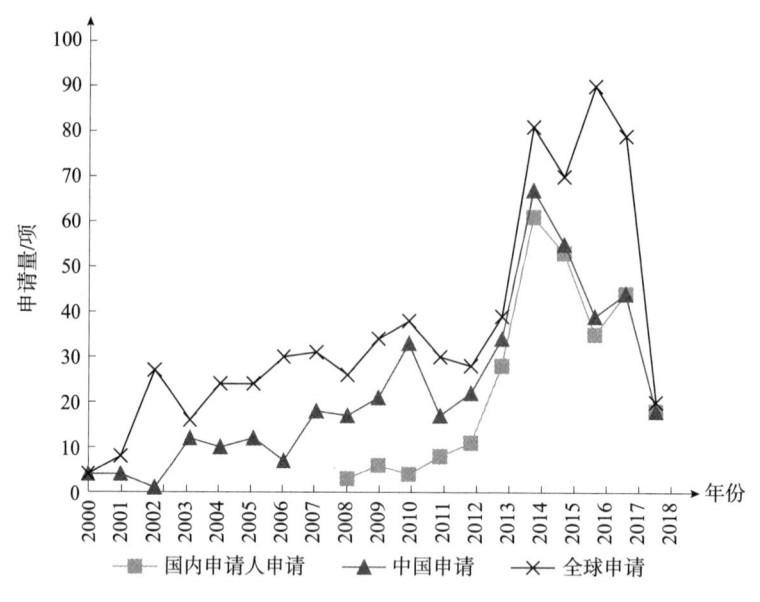

图 15-52　全球 SGLT-2 抑制剂的专利申请趋势

二、申请来源地/目标地分析

全球 SGLT-2 抑制剂药物的专利申请目标地分布如图 15-53 所示，全球专利申请的主要目标地有中国、世界知识产权组织、美国、欧洲、日本、加拿大、印度等。中国公开的专利申请最多，这与我国近年来知识产权政策刺激导致的申请量增长有关。全球专利申请目标地分布排名接下来依次为世界知识产权组织、美国、欧洲、日本、加拿大、印度，这是由于这些国家和地区都是重要的糖尿病药物市场，申请人的药物想要进入这些消费市场，就需要对各自药物进行知识产权保护，催生了上述国家和地区的申请量集中现象。

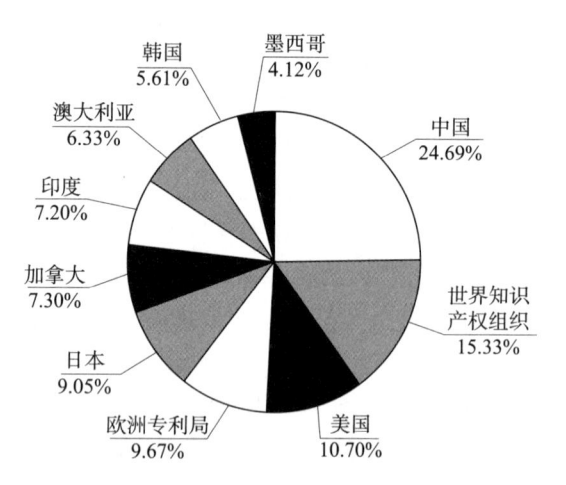

图 15-53　全球 SGLT-2 抑制剂药物的专利申请目标地分布

图 15-54 显示了全球专利申请人所占比例，可以看出中国、美国、日本、德国、印度是提交 SGLT-2 抑制剂专利申请的主要来源地。在全球专利申请中，来自中国的专利申请最多，占全球专利申请的 39.97%，主要申请人包括天津药物研究院等；来自美国的专利申请排名第二，占全球专利申请的 13.57%，主要申请人有百时美施贵宝等；日本申请人的专利申请排名第三，占全球专利申请的 11.95%，主要申请人包括大正制药等；全球排名其次为德国，占全球专利申请的 10.47%，主要申请人为勃林格殷格翰；值得注意的是全球排名接下来是印度，占全球专利申请的 10.47%，与德国持

平,可见印度在仿制药方面的领先地位。从数量上看,中国专利申请量位居第一,但是其PCT/巴黎公约申请较少,在国外专利布局很少,全球SGLT-2抑制剂关键技术仍然牢牢掌握在美欧传统强国的大型药企手中。

对于中国专利申请来说,从图15-55的专利申请来源地分布情况可以看出,来自国内的专利申请最多,占申请总量的51.37%,与我国近年来专利数量大幅增长的数据相吻合。国外申请人主要来自日本、美国和德国,分别占申请总量的11.52%、11.52%和6.45%。这也体现了美、欧、日在药物研发领域的领先地位,美国的辉瑞、默沙东,日本的大正制药,德国的勃林格殷格翰都在中国对各自的原研药进行了专利布局,并且在国内市场有着较大的占有率。

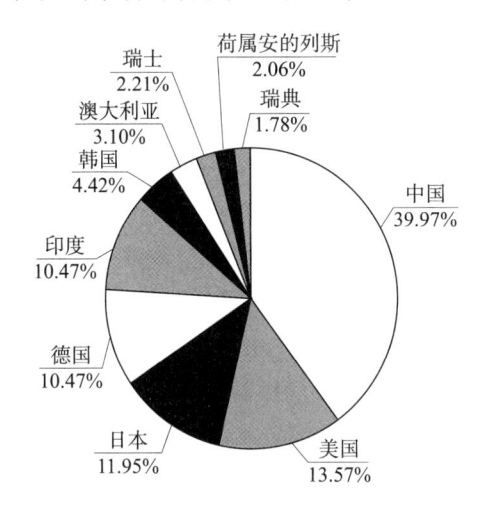

图15-54 全球SGLT-2抑制剂药物
专利申请来源地分布

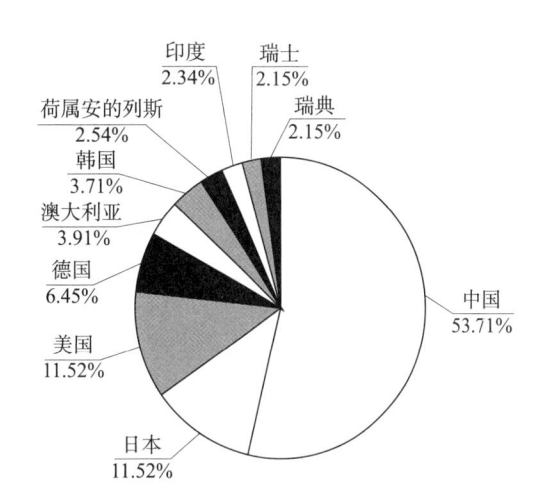

图15-55 中国全球SGLT-2抑制剂药物
专利申请来源地分布

三、申请人/发明人分析

如图15-56所示,对于全球专利申请而言,排名第一的申请人是来自德国的勃林格殷格翰,有53项专利申请。它是最早开始研究SGLT-2抑制剂药物的企业,拥有原研药恩格列净,并与礼来公司联手进行研发,在全球申请了大量专利。排名第二的申请人是中国的天津药物研究院,研发了泰格列净,并已经申报临床实验。日本企业在申请人排名中占据了两席,分别是橘生药品、大正制药,体现了日本在小分子药物研究领域的强劲实力。排名第四的申请人是来自美国的百时美施贵宝,研发了达格列净药物,并在2007年与阿斯利康达成了全球糖尿病联盟,目的是联合开发治疗糖尿病的药物,但是后来由于专利到期、产品结构老化、利润下降,百时美施贵宝准备放弃糖尿病市场,将糖尿病业务出售给阿斯利康,达格列净的专利权也转让给了阿斯利康。阿斯利康来自瑞典,也处于申请人排名中,有10项专利申请。詹森药业为强生的日本子公司,强生在SGLT-2领域与日本田边三菱制药联合开发了第一个在FDA批准上市的原研药卡格列净。在全球申请人排名中,有4位来自中国,分别是天津药物研究院、威海贯标信息科技有限公司、天津市汉康医药生物技术有限公司、于磊,体现了我国申请人对于新靶点药物的重视已经后来居上。但是从申请人类型来看，包括研究院所、企业和个人，相关成果转化不足。申请人排名中还有一家印度公司太阳药业，这与近年来印度成为糖尿病患者最多的国家有关，印度对于仿制药研究也颇有心得，其庞大的市场催发了人们的研究热情。

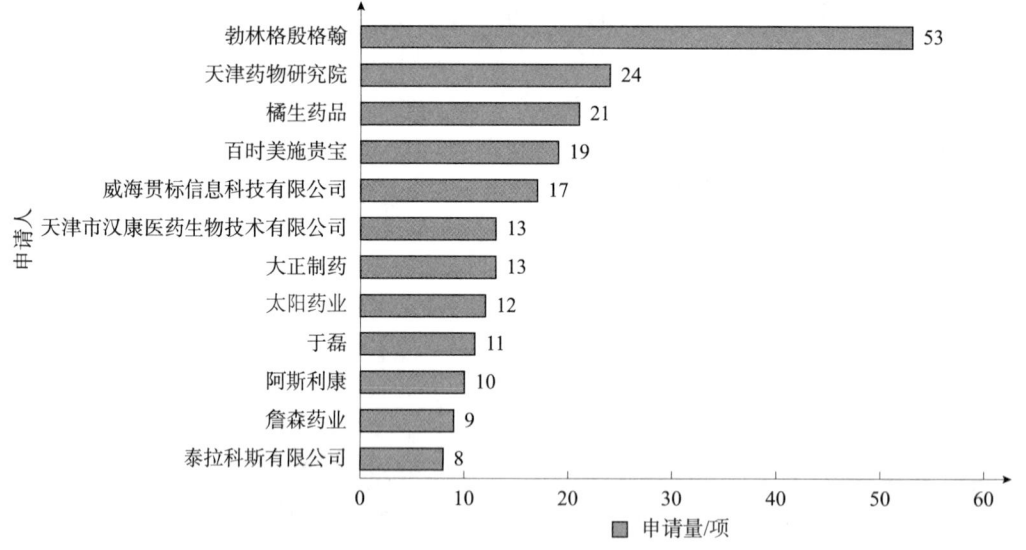

申请人	申请量/项
勃林格殷格翰	53
天津药物研究院	24
橘生药品	21
百时美施贵宝	19
威海贯标信息科技有限公司	17
天津市汉康医药生物技术有限公司	13
大正制药	13
太阳药业	12
于磊	11
阿斯利康	10
詹森药业	9
泰拉科斯有限公司	8

图 15-56 全球 SGLT-2 抑制剂药物专利申请人排名

中国专利申请的申请人排名情况如图 15-57 所示，中国专利申请的申请人排名与全球专利申请的申请人排名基本一致，各申请人对各自的药物基本都在中国进行了专利申请，来谋求专利保护。印度的太阳药业并没有在中国进行专利申请，可以对其申请进行研究，并不用承担侵权责任。

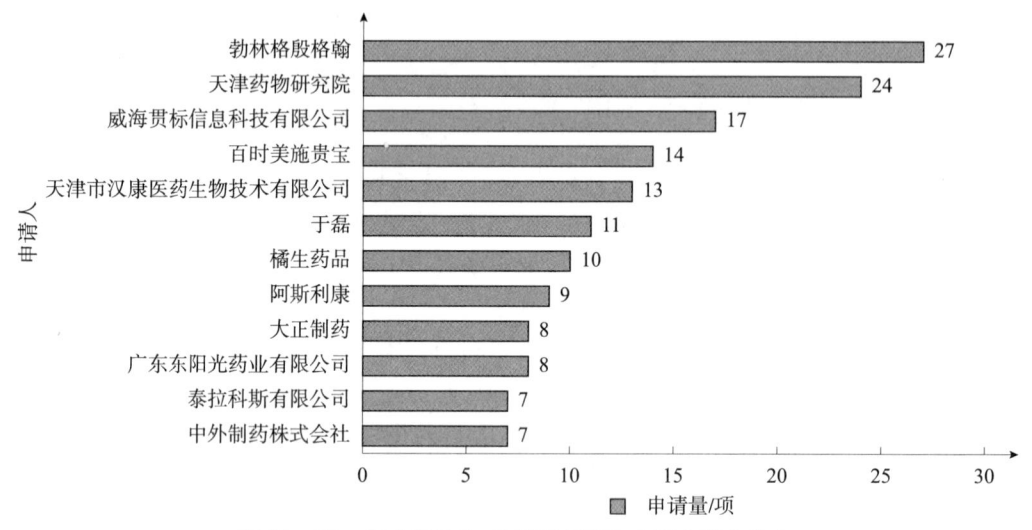

申请人	申请量/项
勃林格殷格翰	27
天津药物研究院	24
威海贯标信息科技有限公司	17
百时美施贵宝	14
天津市汉康医药生物技术有限公司	13
于磊	11
橘生药品	10
阿斯利康	9
大正制药	8
广东东阳光药业有限公司	8
泰拉科斯有限公司	7
中外制药株式会社	7

图 15-57 中国 SGLT-2 抑制剂药物专利申请人排名

图 15-58 展示了国内申请人的授权专利数量排名，天津药物研究院以 15 件专利授权遥遥领先其他申请人，其余包括广东东阳光药业有限公司、山东轩竹医药科技有限公司等公司专利授权量都很少，相差不过一两件，这与天津药物研究院拥有原研产品有

关,更有利于市场的开拓。

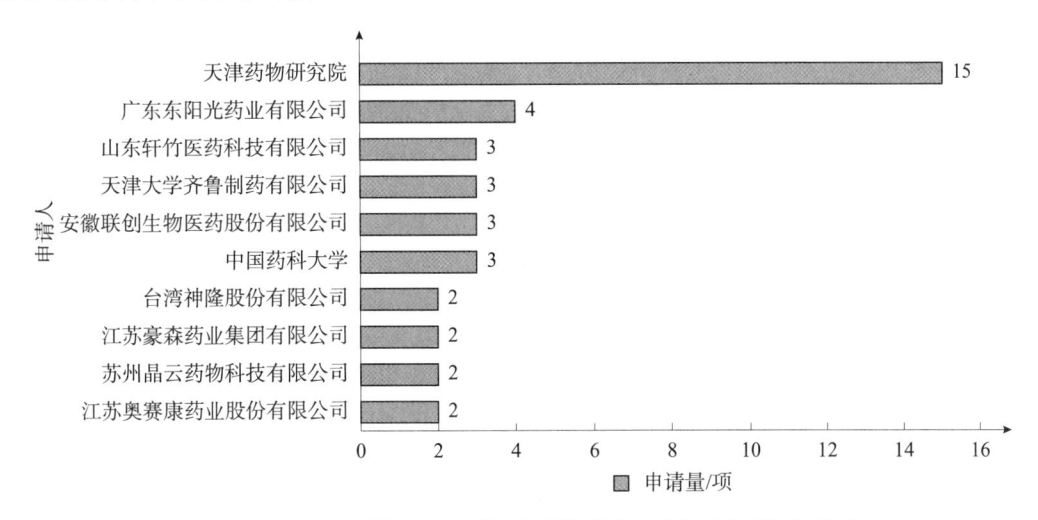

图 15-58 国内 SGLT-2 抑制剂药物领域专利申请人授权量排名

对全球专利申请的发明人进行统计,如表 15-4 所示。勃林格殷格翰以 Himmelsbach Frank、Leo Thomas、Eckhardt Matthias、Eickelmann Peter 团队为核心,主要研究 SGLT-2 抑制剂化合物(包括恩格列净)及其晶型和制备方法,Mark Michael 团队主要研究 SGLT-2 抑制剂与其他糖尿病药物的联合用药。天津药物研究院以赵桂龙、徐为人、汤立达、王玉丽团队为核心,主要研发方向为 SGLT-2 抑制剂化合物(包括泰格列净)及其晶型和制备方法。

表 15-4 全球 SGLT-2 抑制剂药物领域发明人排名

发明人	申请量/件	申请人	发明人	申请量/件	申请人
Himmelsbach Frank	28	勃林格殷格翰	Fushimi Nobuhiko	19	橘生药品
徐为人	26	天津药物研究院	Fujikura Hideki	19	橘生药品
汤立达	26	天津药物研究院	孙爱梅	17	威海贯标信息科技有限公司
王玉丽	26	天津药物研究院	吴疆	15	天津药物研究院
赵桂龙	26	天津药物研究院	严洁	13	天津市汉康医药生物技术有限公司
Leo Thomas	24	勃林格殷格翰	刘巍	12	天津药物研究院
Eckhardt Matthias	21	勃林格殷格翰	Mark Michael	11	勃林格殷格翰
Eickelmann Peter	21	勃林格殷格翰	于磊、徐巧枝	11	于磊、徐巧枝
Isaji Masayuki	20	橘生药品	谭初兵	11	天津药物研究院
邹美香	20	天津药物研究院	刘钰强	10	天津药物研究院
谢亚非	10	天津药物研究院			

橘生药品以 Isaji Masayuki、Fushimi Nobuhiko、Fujikura Hideki 团队为核心，主要研发方向为含吡唑基的葡萄糖苷衍生物。孙爱梅是威海贯标信息科技有限公司的法人代表，其专利申请主要是已上市药物的片剂、新晶型和精制方法。严洁是天津市汉康医药生物技术有限公司的法人代表，该公司在 SGLT-2 抑制剂方面是以仿制上市药物为主，在此基础上会对晶型和制剂进行一些基础研发。于磊和徐巧枝是个人共同申请，11 项专利均为 2018 年 3 月申请，要求保护各种不同结构的 SGLT-2 抑制剂化合物，其结构与现有的结构相差甚远，参考意义不大。

四、重点产品发展路径

目前，SGLT-2 抑制剂共上市了 7 个品种，包括卡格列净、达格列净、恩格列净、伊格列净、鲁格列净、托格列净、埃格列净。

卡格列净（Canagliflozin） 最初由 Mitsubishi Tanabe Pharma 研发，2012 年其将美国和欧洲的许可权授给 Janssen Pharmaceuticals（强生的子公司）。

如表 15-5 所示，卡格列净化合物专利申请 CN200480022007.8 在 2009 年以公开不充分被驳回，2012 年复审维持驳回决定。化合物分案 CN201410105650.2 于 2017 年 6 月被驳回，目前处于复审维持驳回阶段，另一分案 CN201310561692.2 于 2016 年 10 月被驳回，复审委于 2018 年 3 月做出维持驳回决定。而晶型专利 CN200780043154.7 于 2012 年被授权，但被北京蓝丹医药科技有限公司申请无效，最后于 2015 年被宣告无效。晶型分案 CN201210091038.5 和 CN201210111653.8 均于 2016 年被驳回，2017 年复审维持驳回决定。

表 15-5　卡格列净原研药中国专利申请情况

申请号	申请日	申请人	内容	状态
CN200480022007.8	2004-07-30	田边三菱制药株式会社	通式化合物	最高院审结，维持驳回
CN201410105650.2		化合物分案		复审维持驳回
CN201310561692.2		化合物分案		复审维持驳回
CN200780043154.7	2007-12-03	田边三菱制药株式会社	晶型	无效宣告失效
CN201210091038.5		晶型分案		复审维持驳回
CN201210111653.8		晶型分案		复审维持驳回

达格列净丙二醇（Dapagliflozin propanediol） 由阿斯利康和百时美施贵宝联合开发。原研化合物专利 CN00816741.9 和晶型专利 CN200780024135.X 中国都已经授权，专利到期日分别为 2020 年 10 月 2 日和 2027 年 6 月 21 日。这两件专利的原申请人为百时美施贵宝（布里斯托尔－迈尔斯斯奎布，BMS），后于 2014 年都将专利权人变更为阿斯利康，如表 15-6 所示。

表 15-6 达格列净原研药中国专利申请情况

申请号	专利权人	申请日	内容	状态
CN00816741.9	阿斯利康	2003-04-02	化合物	专利权有效期届满失效
CN200780024135.X	阿斯利康	2007-06-21	晶型	有效

恩格列净（Empagliflozin） 最初由勃林格殷格翰研发，后期和礼来公司联合开发。原研化合物中国专利 CN201310414119.9 于 2015 年被授权，但 2017 年 8 月权利要求 1—6（化合物和药物组合物）被宣告无效，权利要求 7—9（用途）维持有效；到 2020 年 8 月 27 日，维持有效的权利要求 7—9 被江苏豪森药业集团有限公司、四川科伦药物研究院有限公司等公司无效。药用晶型中国专利 CN200680011591.6 于 2011 年被授权，将于 2026 年 5 月到期，如表 15-7 所示。

表 15-7 恩格列净原研药中国专利申请情况

申请号	专利权人	申请日	内容	状态
CN201310414119.9	勃林格殷格翰	2005-03-11	化合物	无效宣告失效
CN200680011591.6	勃林格殷格翰	2006-05-02	晶型	无效

伊格列净（Ipragliflozin，或称依格列净，或 Ipragliflozin L-Proline，依格列净 L-脯氨酸） 由 Astellas、Kotobuki 和 MSD 合作开发；化合物专利 CN200480006761.2 和与 L-脯氨酸共结晶体专利 CN200780016901.8 中国都已经授

权，专利到期日分别为 2024 年 3 月 12 日和 2027 年 4 月 4 日。

鲁格列净（Luseogliflozin） 由大正制药和诺华共同开发，化合物专利 CN200680001915.8 已经获得授权，专利到期日为 2026 年 1 月 10 日。

托格列净（Tofogliflozin） 由日本中外制药研发（2002 年被罗氏收购），2012 年日本中外制药、兴和制药公司和赛诺菲三方达成共识，共同开发该产品。化合物专利 CN200680003329.7 和晶型专利 CN200980119081.4 已经获得授权，专利到期日分别为 2026 年 1 月 27 日和 2029 年 6 月 19 日。

埃格列净（Ertugliflozin） 最初由辉瑞研发，后来授权给默沙东。化合物专利 CN200980135661.2，申请人辉瑞，已经获得授权，专利到期日为 2029 年 8 月 17 日。专利 WO2014159151，申请人默沙东，保护埃格列净的 L-焦谷氨酸形式的制备方法。

SGLT-2 抑制剂主要产品的发展路径如图 15-59 所示。可以看出，SGLT-2 抑制剂产品从最初的化合物专利到最后产品的上市大概需要十多年。从化合物结构来看，母核结构是以吡喃葡萄糖环-苯基-芳杂环为基础的，后期主要是以吡喃葡萄糖环-苯基-苯基为母核，在其基础上进行苯基取代或者桥环改造或糖环中硫代。

五、重点专利分析

通过引证分析和同族分析来确定 SGLT-2 领域的重点专利，从而揭示该领域的重点技术演进情况。

专利文献的引证信息可以识别孤立的专利文献（很少被其他专利文献所引用）和活跃的专利文献，因为这些活跃的专利申请被在后申请的专利申请大量地引证，表明了它们是影响力较大的专利技术，或是具有更高价值的专利技术。换言之，在相同技术领域中，专利技术被引用次数越多，表明对其后发明者所依据的思想越重要，这使得它们更有价值，也反映出该专利技术的重要程度。

在引证次数排名前 20 的专利申请中（如表 15-8 所示），勃林格殷格翰有 7 项，百时美施贵宝有 4 项，橘生药品有 4 项，其余 5 项均为日本申请人。由此也可以看出，在 SGLT-2 抑制剂领域，德国、美国、日本掌握着最核心的技术。

引证次数最高的为 CN00816741.9，要求保护一种 C-芳基葡萄糖苷 SGLT-2 抑制剂。原申请人为百时美施贵宝（布里斯托尔-迈尔斯斯奎布，BMS），是关于达格列净

第十五章 从专利申请看化学药热点技术

```
2002  CN00816741.9
      达格列净化合物

2003  CN200480022007.8    CN200480006761.2
      卡格列净化合物       伊格列净化合物

2004  CN201310414119.9
      恩格列净化合物

2005  CN200680011591.6    CN200680001915.8
      恩格列净晶型         鲁格列净化合物

2006  CN200680003329.7
      托格列净化合物

2007  CN200780043154.7    CN200780024135.X   CN200780016901.8
      卡格列净晶型         达格列净晶型        伊格列净共结晶体

2009  CN200980135661.2    CN200980119081.4
      埃格列净化合物       托格列净晶型

2012  达格列净上市

2013  卡格列净上市

2014  伊格列净上市   鲁格列净上市   托格列净上市   恩格列净上市

2017  埃格列净上市

年份
```

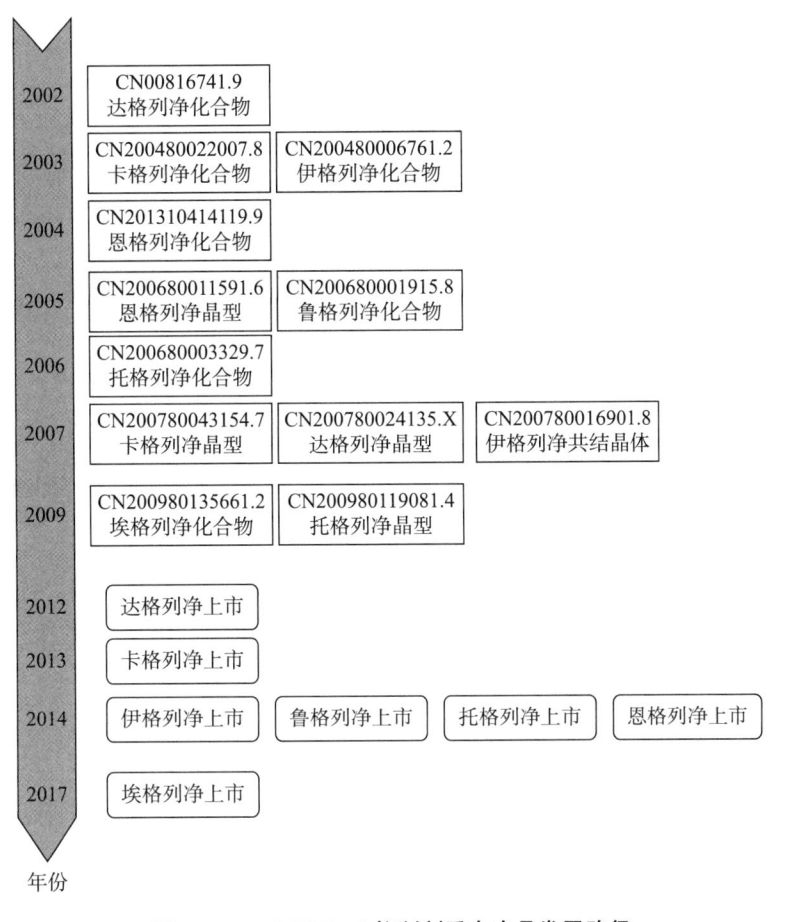

图 15-59 SGLT-2 抑制剂重点产品发展路径

的化合物通式的原研专利申请，该专利于 2014 年将专利权人变更为阿斯利康有限公司。

引证次数排名第二的为安斯泰来制药有限公司和寿制药株式会社的 CN200480006761.2，为 C-糖苷衍生物及其盐，是伊格列净（Ipragliflozin）化合物的原研专利申请。

CN201310414119.9 为勃林格殷格翰的申请，是关于恩格列净化合物、用途及其制备方法的原研专利申请。

CN200480022007.8 为田边三菱制药株式会社的申请，是关于卡格列净化合物的原研专利申请。

CN200680011591.6 要求保护恩格列净晶体、制备方法、用途，是勃林格殷格翰关于恩格列净晶型的原研专利。

CN00813772.2 和 CN01822883.6 均是橘生药品的申请，要求保护吡喃葡萄糖氧基吡唑衍生物，具体结构为 [结构式]，Q/T 是取代的葡萄糖氧基 [结构式]。

AU2002254567 为百时美施贵宝的专利申请，要求保护氨基的 C-芳基葡萄糖苷酸配合物用于治疗糖尿病的方法，具体为达格列净与氨基酸的复配。

CN200680016317.8 和 WO2006EP65710 均为勃林格殷格翰的申请，前者要求保护恩格列净制备方法及其中间体制备方法，后者是在恩格列净的基础上，对化合物母核（四氢呋喃环）进行结构改造。

WO2001JP09555 是味之素株式会社的专利申请，要求保护新的吡唑衍生物 SGLT-2 抑制剂，具体结构为 [结构式]，X 为葡萄糖，其与橘生药品的 CN00813772.2 和 CN01822883.6 的化合物是类似的。

CN200380110040.1 为百时美施贵宝申请的制备 C-芳基葡萄糖苷 SGLT-2 抑制剂的方法，具体为达格列净的制备方法。

CA2437240 为橘生药品的申请，要求保护一种新的 SGLT-2 化合物结构，[结构式]，其糖环结构不同。

WO2006EP60098 为勃林格殷格翰的申请，是一种吡喃葡萄糖基-取代的（杂）arylethynyl-benzyd-苯及其衍生物和作为钠-依赖的葡萄糖协同转运蛋白2（SGLT-2）抑制剂的用途，具体结构为 [结构式]。

CN01807538.X 为百时美施贵宝的申请，是 O-芳基葡萄糖苷 SGLT-2 抑制剂及其制备方法，具体结构为 [结构式]（Ⅰ）。

CN01806691.7 是橘生药品的申请，是关于吡喃葡萄糖氧基苄基苯衍生物，具体结

构为 (I)。

WO2006EP61520 和 WO2007EP61877 是勃林格殷格翰的申请，前者是在恩格列净化合物母核的基础上，对四氢呋喃环进行结构改造，后者是对恩格列净的第一苯基进行取代。

CN03817514.2 是山之内制药株式会社和寿制药株式会社的共同申请，保护一种甘菊环衍生物及其盐，具体结构为

CN200680001915.8 是大正制药的申请，保护1-硫代-D-葡萄糖醇衍生物，是鲁格列净（Luseogliflozin）的化合物原研专利。

表15-8 被引证次数排名前20的专利

序号	申请号	申请日	申请人	技术来源国	被引证次数/次
1	CN00816741.9	2002-05-20	百时美施贵宝	US	585
2	CN200480006761.2	2003-03-14	安斯泰来制药有限公司 寿制药株式会社	JP	356
3	CN201310414119.9	2004-03-16	勃林格殷格翰	DE	298
4	CN200480022007.8	2003-08-01	田边三菱制药株式会社	JP	277
5	CN200680011591.6	2005-05-03	勃林格殷格翰	DE	219
6	CN00813772.2	1999-08-31	橘生药品	JP	218
7	CN01822883.6	2000-12-28	橘生药品	JP	214
8	AU2002254567	2001-04-11	百时美施贵宝	US	211
9	CN200680016317.8	2005-05-10	勃林格殷格翰	DE	170
10	WO2006EP65710	2005-08-30	勃林格殷格翰	DE	170
11	WO2001JP09555	2000-11-02	味之素株式会社	JP	163
12	CN200380110040.1	2003-01-03	百时美施贵宝	US	161
13	CA2437240	2001-02-14	橘生药品	JP	157
14	WO2006EP60098	2005-02-23	勃林格殷格翰	DE	152
15	CN01807538.X	2000-03-30	百时美施贵宝	US	151

续表

序号	申请号	申请日	申请人	技术来源国	被引证次数/次
16	CN01806691.7	2000-03-17	橘生药品	JP	147
17	WO2006EP61520	2005-04-15	勃林格殷格翰	DE	146
18	WO2007EP61877	2006-11-06	勃林格殷格翰	DE	143
19	CN03817514.2	2002-08-05	山之内制药株式会社 寿制药株式会社	JP	138
20	CN200680001915.8	2005-01-07	大正制药	JP	133

同族专利数虽然不如引证次数更能反映一项专利在某一个领域的影响力与价值，但是，同族专利数却反映出申请人对这项专利的重视程度。如果某项专利的同族专利数大，那么说明该专利在多个国家和地区进行了申请。申请专利需要一定的专利费，同族专利数越大，该专利对申请人来说越重要，其希望获得更广泛的专利权。因此，同族专利数能从侧面反映出某一专利文献的重要程度。

在同族专利数量排名前20的专利申请中（如表15-9所示），有9项专利申请的被引证次数也排名前20，并且同族前20项专利在中国均有布局。其中，10项为日本申请人，包括橘生药品、大正制药、田边三菱制药株式会社、安斯泰来制药有限公司 & 寿制药株式会社；5项为美国申请人，包括百时美施贵宝、辉瑞大药厂、莱西肯医药有限公司；4项为德国申请人，均为勃林格殷格翰的申请；值得注意的是，有1项中国北京普禄德医药科技有限公司的申请。由此可以看出，申请人对重要技术都进行了大量布局，并且都非常重视中国市场，德国、美国、日本掌握着最核心的技术，中国的专利布局意识也在增强。

同族专利数量最多的为CN101111492A，扩展同族专利数量达到235件之多，这是田边三菱制药株式会社的申请，其引证次数排名第4，说明企业对重要技术非常重视，在各地区进行多角度全方位的专利布局。

CN102757415A是北京普禄德医药科技有限公司的申请，是一种SGLT-2抑制剂及其制备方法，化合物具体结构为

CN1639180A是大正制药的申请，要求保护一种芳基5-硫代-β-D-吡喃葡萄糖苷衍生物。

CN101573368A是田边三菱制药株式会社的申请，是保护结晶型1-(β-D-吡喃葡萄糖基)-4-甲基-3-[5-(4-氟苯基)-2-噻吩基甲基]苯半水合物，即卡格列净的晶型。

CN101343296A是莱西肯医药有限公司的申请，保护一种化合物

。其中，R1为OR_{1A}、SR_{1A}、SOR_{1A}、SO_2R_{1A}或$N(R_{1A})_2$；每个R_{1A}独立地为氢或C1-4烷基；R_2为氟或OR_{2A}；R_{2A}为氢或C1-4烷基；即在达格列净基础上对糖苷的一个或两个羟基进行结构改造。

CN102149717A是辉瑞大药厂的申请，要求保护一种二氧杂-双环[3.2.1]辛烷-2,3,4-三醇衍生物及其与L-焦谷氨酸或L-脯氨酸的晶体，化合物具体结构为

，是埃格列净的原研专利，是在达格列净的基础上对糖苷进行氧桥接。

CN101784270A和CN101384576A均是勃林格殷格翰的申请，前者要求保护包含吡喃葡萄糖基取代的苯衍生物与DPP-IV抑制剂的药物组合物，后者要求保护被吡喃型葡萄糖基取代的苯甲腈衍生物，是在以二苯基糖苷为母核的基础上对第一苯基进行甲腈基取代。

CN1374955A是百时美施贵宝的申请，要求保护一种作抗糖尿病和抗肥胖剂用的恶唑和噻唑衍生物，具体结构为

，其中Q是C或N；A是O或S；Z是O或一个键；X是CH；Y是CO_2R_4。

CN102395364A是大正制药的申请，是保护鲁格列净与选自双胍、胰岛素促分泌剂、胰岛素增敏剂、胰岛素、二肽基肽酶Ⅳ抑制剂、α-葡萄糖苷酶抑制剂和GLP-1模拟物中的至少一种的药物组合物。

CN101479287A是百时美施贵宝的申请，要求保护作为用于治疗糖尿病的SGLT-2抑制剂的(1S)-1,5-脱水-L-C-(3-((苯基)甲基)苯基)-D-葡萄糖醇衍生物与氨基酸的结晶溶剂合物和络合物，是达格列净与丙二醇的结晶结构。

CN1466590A是橘生药品的申请，保护一种吡喃葡萄糖氧基苄基苯衍生物，具体结

构为 CH₃CH₂—O—C(=O)—O—CH₂—[糖环]—O—[苯基]—CH₂—[4-甲氧基苯基]。

表 15-9 同族排名前 20 的专利

序号	公开号	最早申请日	申请人	技术来源国	同族数量/件
1	CN101111492A	2004-07-29	田边三菱制药株式会社	JP	235
2	CN102757415A	2011-04-25	北京普禄德医药科技有限公司	CN	152
3	CN101092409A	2000-09-27	百时美施贵宝	US	140
4	CN1492873A	2001-12-25	橘生药品	JP	124
5	CN1466590A	2001-09-21	橘生药品	JP	109
6	CN103030617A	2004-03-16	勃林格殷格翰	DE	107
7	CN101479287A	2007-06-20	百时美施贵宝	US	92
8	CN102395364A	2010-04-16	大正制药	JP	85
9	CN1374955A	2000-09-18	百时美施贵宝	US	70
10	CN101384576A	2007-02-14	勃林格殷格翰	DE	69
11	CN101784270A	2007-08-27	勃林格殷格翰	DE	68
12	CN101155794A	2005-03-29	勃林格殷格翰	DE	66
13	CN101343296A	2007-09-19	莱西肯医药有限公司	US	63
14	CN102149717A	2009-08-17	辉瑞大药厂	US	58
15	CN101573368A	2007-11-20	田边三菱制药株式会社	JP	57
16	CN1377363A	2000-08-24	橘生药品	JP	57
17	CN1418219A	2001-03-15	橘生药品	JP	53
18	CN1639180A	2003-08-08	大正制药	JP	50
19	CN101103013A	2006-01-09	大正制药	JP	49
20	CN1802366A	2004-03-12	安斯泰来制药有限公司 寿制药株式会社	JP	48

结合上述重点专利，整理出 SGLT-2 抑制剂的技术发展路线，如图 15-60 所示。

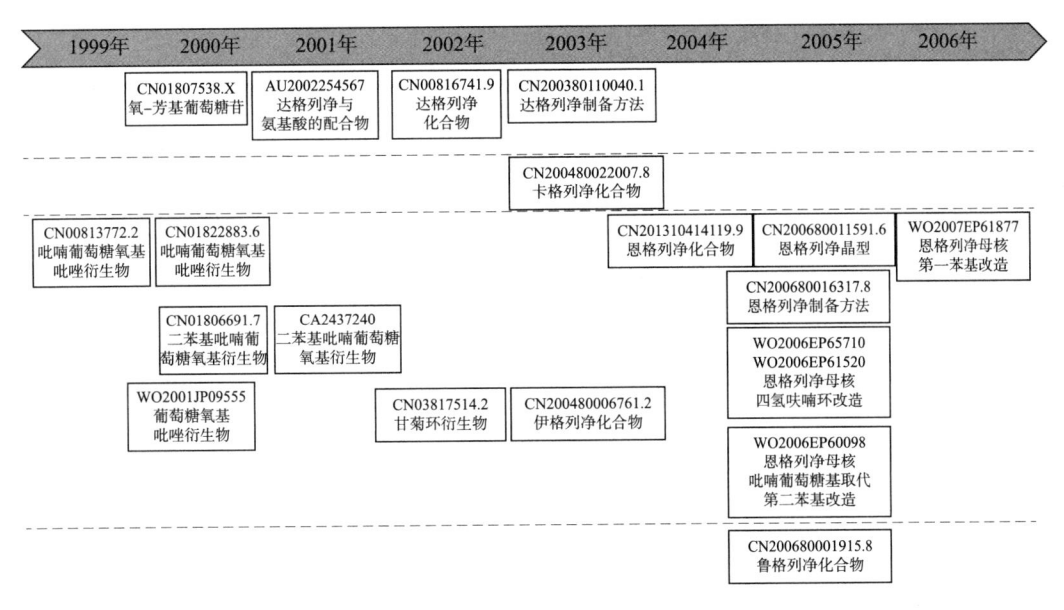

图 15-60 SGLT-2 抑制剂技术发展路线

SGLT-2 抑制剂是以芳基葡萄糖苷或氧基芳基葡萄糖苷为基础的,前期主要是大的母核结构的改变,连接糖苷的有吡唑-苯基(橘生药品、味之素)、苯基-苯基(百时、勃林格殷格翰)、苯基-噻吩-苯基(田边)、苯基-甘菊环(山之内、寿制药)、苯基-苯并噻吩(安斯泰来、寿制药),后来则发展成对母核中的四氢呋喃环(大正制药、勃林格殷格翰)或苯基(勃林格殷格翰)改造。在母核结构上,更多关注在以达格列净和恩格列净的母核结构(糖苷-苯基-苯基)为基础进行结构改造。同时,可以发现,百时和勃林格殷格翰均是以二苯基为母核结构的,而日本的企业在母核结构中除糖环外还有3个环结构。另外,对于企业而言,在化合物的基础上,后续会继续开发其晶型和制备方法以及联合用药。

第十六章 化学药重要创新主体

第一节 贝达药业股份有限公司

贝达药业股份有限公司（以下简称"贝达药业"）是一家由海归博士团队创办的以自主知识产权创新药物研究和开发为核心，集研发、生产、营销于一体的国家级高新制药企业。贝达药业自2003年成立以来，始终致力于拥有自主知识产权的国家一类新药的研发和生产，针对的领域为恶性肿瘤、糖尿病、心脑血管等严重影响人们健康的疾病。

贝达药业在北京设有研发中心，下设合成室、分析室、药理室、制剂室、医学部、知识产权部等，现有100余名新药研发人员，包括9位留学归国博士，其中5位已入选国家级"千人计划"，该团队荣获中国侨界贡献奖，个人先后被评为国家特聘专家、省级特聘专家、"优秀博士后"、"先进科技工作者"。

2011年，贝达药业自主研发的国家一类新药盐酸埃克替尼（凯美纳）获国家食品药品监督管理局颁发的新药证书和生产批文，并于8月在北京人民大会堂上市。2012年7月，作为中国首个创新药，凯美纳被纳入国际新药研发年度报告，2013年6月获浙江省科学技术一等奖。2013年8月，世界顶级杂志《柳叶刀·肿瘤学》首次全文刊发凯美纳Ⅲ期临床研究成果，编者按评价"埃克替尼：开创了中国抗癌药研发的新纪元"（Icotinib: kick-starting the Chinese anticancer drug industry）。盐酸埃克替尼项目分别于2012年、2014年获国家知识产权局与世界知识产权组织共同颁发的第十四届、第十六届中国专利金奖。2014年11月，埃克替尼用于晚期非小细胞肺癌的一线治疗获得国家食品药品监督管理总局批准，为我国广大肺癌患者提供了一个新的治疗选择。2016年1月，盐酸埃克替尼获中国化学制药首个国家科技进步一等奖。

贝达药业成立十多年来，拥有已授权专利24项，尚有106项专利正在申请中；制定技术标准4项，其中盐酸埃克替尼原料药和片剂标准已成为国家标准；获国家科技部"重大新药创制"科技重大专项、"科技型中小企业技术创新基金"支持，并被列入国家科技部"国家高新技术研究发展计划（863计划）""国家火炬计划""国家战略性创新产品"。

2010年，贝达药业引进了美国礼来制药战略投资，并被评为"浙商最具投资价值企业"。2013年5月10日，公司与全球生物制药巨头——美国安进公司正式签署战略合作协议，成立贝达安进制药有限公司，并于9月正式挂牌成立，落户浙江省海创园，共同推进安进公司抗癌药物Vectibix（帕妥木单抗）在中国的市场化，使中国患者受益。2014年10月，贝达药业投资美国Xcovery公司，共同开发针对肺癌的新一代靶向药物X-396，让其惠及美国、中国以及全世界的患者。

一、专利培育

丁列明博士是浙江贝达药业股份有限公司（原浙江贝达药业有限公司）的创始人，长期从事肿瘤靶向治疗药物的开发研究，经过几年的不断实验和研究，成功筛选出靶向抗癌新药 EGFR 酪氨酸激酶抑制剂 BPI-2009H（埃克替尼），在 2003 年以埃克替尼的母核结构稠合的喹唑啉为基础提出 WO03082830 的专利申请，在美国和中国均取得了专利权，依托该专利化合物，创建了浙江贝达药业有限公司。该专利化合物在取得专利权后，在中国先后 4 次被提出无效宣告请求，无效宣告请求理由分别涉及《专利法》第 33 条、第 26 条第 3 和第 4 款、第 22 条第 3 款。目前，前 3 次的无效宣告请求维持专利权有效，第 4 次无效宣告请求目前正在审理过程中。该专利在美国同样被无效过，经过审理，最后同样维持了专利权有效。可以看出，贝达药业股份有限公司在核心技术方案埃克替尼具备创新性的同时，将其保护范围扩大到其相关的衍生物，合理地扩大保护范围，在能够保持专利权的稳定性前提下，也阻止了竞争对手对该类化合物进行仿制，使企业能够在该类化合物上处于一个垄断的地位。同时，贝达药业将具体的专利标准化，目前制定了埃克替尼片剂和原料药的国家标准，更加有力地巩固了自己在埃克替尼产品上的垄断地位。

二、专利布局

贝达药业依托核心专利 WO03082830，在中国分别于 2009 年 7 月 7 日提出了 5 项关于埃克替尼盐酸盐晶型、药物组合物和用途的专利申请；2012 年 12 月 28 日提出了 2 项关于埃克替尼和盐酸埃克替尼的制备方法及其中间体的专利申请；2014 年 6 月 9 日提出了埃克替尼的晶型及其应用、埃克替尼马来酸盐的晶型及其用途、埃克替尼磷酸盐的新晶型及其用途的 3 项专利申请；2014 年 10 月 11 日提出了一种含埃克替尼的皮肤外用药物组合物及其用途的专利申请，针对埃克替尼的核心化合物，形成了从化学药到其盐、晶型、中间体、制备方法和剂型的地雷阵，对其核心技术和未来的产品形成了有效的保护网，在优化自己的工艺和步骤的同时，防止了竞争对手的进入，降低了未来与其他厂家在埃克替尼相关产品上形成交叉许可的可能性。并且上述 11 项专利申请中，有 8 项均是以 PCT 或者巴黎公约形式进入中国国家阶段，其余 3 项是贝达药业以巴黎公约形式提出 WO2010003313 的专利申请后，依据审查员的审查要求进行的分案申请，具体参见表 16-1。

表 16-1 埃克替尼相关专利情况

公开号	公开日	保护主题	同族公开/公告号
WO03082830A1	2003-10-09	埃克替尼	AU2003233455A1
			CN1305860C
			US7078409B2
			US2004048883A1
			CN1534026A

续表

公开号	公开日	保护主题	同族公开/公告号
WO03082830A1	2003-10-09	埃克替尼	AU2003233455A1
			CN1305860C
			US7078409B2
			US2004048883A1
			CN1534026A
SG168079A1	2011-02-28	埃克替尼晶型、组合物和用途	CA2730311A1
			JP2011527291A
			WO2010003313A1
			CN101878218A
			HK1145319A1
			JP2015110649A
			PH12011500036A
			CN101878218B
			AU2009267683B
			NZ590334A
			US8822482B2
			CN102911179B
			WO2010003313A8
			CA2730311A1
			JP2011527291A
			WO2010003313A1
			CN101878218A
			HK1145319A1
			JP2015110649A
			PH12011500036A
			CN101878218B
			AU2009267683B
			NZ590334A
			US8822482B2
			CN102911179B
			WO2010003313A8

续表

公开号	公开日	保护主题	同族公开/公告号
TW201335146A	2013-09-01	埃克替尼和盐酸埃克替尼制备方法和中间体	—
AU2012331547A1	2014-05-29	埃克替尼中间体和制备方法	US2014343283A1
			KR20140112007A
			WO2013064128A1
			EP2796461A1
			CN104024262A
			SG11201401953A1
			AU2012331547B
			CA2854083A1
			JP2015504846A
			US9085588B2
WO2014198212A1	2014-12-18	埃克替尼晶型	TW201506029A
			CN104470929A
			CA2914857A1
WO2014198211A1	2014-12-18	埃克替尼磷酸盐	CN104470526A
			TW201512204A
			CA2914698A1
WO2014028914A1	2014-02-20	氘代盐酸埃克替尼	—
CN104530061A	2015-04-22	埃克替尼晶型、组合物和用途	—
CN104592242A	2015-05-06	埃克替尼晶型、组合物和用途	—

贝达药业股份有限公司为了丰富其肿瘤药物的研发，以作用靶点为出发点，通过不断的研发，分别获得了以蛋白激酶、HIF、C-MET、聚（ADP-核糖）聚合酶、VEGFR-1/2 为作用靶点的化合物，用于治疗癌症/肿瘤或者与上述靶点相关的疾病。这种以作用靶点为研究对象并进行专利申请的策略，很大程度上扩大了其专利的保护范围，在保护其主要治疗癌症或者肿瘤用途的同时，也将与该靶点相关的疾病一并进行了相应的保护，通过这种专利布局的方式，无形中给其他厂家进行化合物的二次开发设置了技术壁垒，一定程度上防止他人对其请求保护的化合物进行新的制药用途的挖掘，延长了保护年限。从其化合物类型来看，以脲为主题的专利申请有 2 项、稠合吡啶为主题的专

利申请有1项、酰胺基取代的吲唑衍生物专利申请有2项、甘氨酸相关衍生物专利申请有6项、吲哚啉酮类化合物专利申请有1项、稠环喹唑啉衍生物专利申请有2项、哒嗪衍生物专利申请有1项,其中9项是以巴黎公约的形式进行的专利申请,并且部分已经进入了国家阶段,6项是先在中国台湾进行的专利申请。

同时,对于已经开发的肿瘤药物也进行了其他活性的测试,部分化合物同样具有治疗糖尿病及其并发症的作用,并且根据目前药物领域的研发热点,开发了一系列的生物药,其中主要是以GLP-1、HDL-C/LDL-C、SGLT-2(新型钠-葡萄糖协同转运蛋白)、二肽基肽酶Ⅳ、葡萄糖激酶为作用靶点,对相关化合物和肽进行了主要以治疗糖尿病及其并发症的专利申请,在申请过程中同样主要是通过巴黎公约或者PCT的形式,或者先进入中国台湾,然后再进入其他国家或者地区。

截至目前,贝达药业共有30个主题的专利申请,其具体涉及治疗肿瘤/癌症15个、糖尿病及其并发症17个、粥样动脉硬化2个、抗炎1个、医疗器械1个。其中,有的专利既可治疗肿瘤/癌症,同时具有治疗糖尿病及其并发症的作用,具体参见表16-2。

表16-2 贝达专利情况

公开号	公开日	保护主题	用途	同族公开/公告号
WO2004062598A2	2004-07-29	水杨酸衍生物	抗炎	US2005148554A1
				WO2004062598A3
CN1683408A	2005-10-19	肽	糖尿病及其并发症	CN100503637C
WO2011006355A1	2011-01-20	甘氨酸衍生物	癌/糖尿病/贫血	SG177598A1
				CN102164905B
				HK1161234A1
				IN201200549P1
				IL217531A
				US2012172399A1
				ZA201200293A
				KR20120065311A
				JP2012532897A
				CA2767911A1
				EP2454249A1
				AU2010273101A2
				US8742138B2
WO2011038579A1	2011-04-07	脲	白血病、癌症	CN102216300B

续表

公开号	公开日	保护主题	用途	同族公开/公告号
CN102203130A	2011-09-28	肽	糖尿病及其并发症	CN102203130B
				WO2012016419A1
				HK1162526A1
CN102229668A	2011-11-02	肽	糖尿病及其并发症	—
CA2797431A1	2011-11-03	肽	糖尿病及其并发症	SG185066B
				WO2011134284A1
				HK1162037A0
				KR20130040894A
				ZA201208829A
				CN102186881A
				AU2011247824A1
				IN201209746P4
				JP2015214553A
				US2013053304A1
				JP2013527160A
WO2012003811A1	2012-01-12	甘氨酸衍生物	糖尿病	—
WO2012006960A1	2012-01-19	稠环喹唑啉衍生物	癌症	KR1538707B
				JP2013531016A
				CN103052641A
				SG187064B
				EP2593462A1
				AU2011278832B
				CA2805148A1
				KR20130058036A
				JP5770281B2
				US2013123286A1
WO2012006958A1	2012-01-19	酰胺基取代的吲唑衍生物	癌症	CN103052633A
WO2012006955A1	2012-01-19	1-H嘧啶-2,4-二酮	糖尿病	—
WO2012041253A1	2012-04-05	噻唑啉酮	动脉粥样硬化	TWI424842B

续表

公开号	公开日	保护主题	用途	同族公开/公告号
WO2012048259A2	2012-04-12	新的哒嗪衍生物	癌症、神经和精神疾病	CN103298806A
				CA2813607A1
				HK1188216A0
				WO2012048259A3
				US9126947B2
				EP2625176A2
				KR20130141514A
				AU2011311814A1
				US2013190298A1
				JP2013539765A
WO2012062210A1	2012-05-18	甘氨酸衍生物	糖尿病及其并发症	AU2011328673A8
				CN104230892A
				CN103502244B
				KR20150109501A
				KR20140016245A
				US2013225587A1
				EP2638036A1
				JP2014500252A
				SG190784A1
TW201225954A	2012-07-01	甘氨酸衍生物	癌/糖尿病/贫血	—
TW201237041A	2012-09-16	脲	肿瘤	—
CA2831474A1	2012-10-11	吲哚啉酮	癌症	VN36268A
				WO2012139019A2
				AU2012240018A1
				US9163010B2
				JP2014515745A
				IN201302818P2
				CN103945696A
				US2012258995A1
				MX2013011481A
				JP5797324B2
				EP2694058B1

续表

公开号	公开日	保护主题	用途	同族公开/公告号
TW201249832A	2012-12-16	甘氨酸衍生物	糖尿病及其并发症	TWI475016B
WO2013013609A1	2013-01-31	甘氨酸衍生物新晶型	癌/糖尿病/贫血	AU2012289429A1 EP2734504A1 ZA201401310A JP2014524920A CN104024227A CA2842730A1 KR20140049004A US9206134B2 US2015031721A1 SG196667B
WO2013017063A1	2013-02-07	甘氨酸衍生物	癌/糖尿病/贫血	EP2736892A1 KR20140076549A SG201400639A1 CA2843240A1 US2014343137A1 AU2012289563A2 JP2014523917A CN103946218A ZA201401448A
TW201321361A	2013-06-01	甘氨酸衍生物新晶型	癌/糖尿病/贫血	—
TW201321015A	2013-06-01	肽	糖尿病	TWI428139B
TW201326131A	2013-07-01	甘氨酸衍生物新晶型	癌/糖尿病/贫血	—
TW201331206A	2013-08-01	稠环喹啉衍生物	癌症	—
TW201331192A	2013-08-01	酰胺基取代的吲唑衍生物	癌症	TWI471319B

续表

公开号	公开日	保护主题	用途	同族公开/公告号
US2013203672A1	2013-08-08	肽	糖尿病及其并发症	ES2528496T3
				EP2571897B1
				RU2012154322A
				RU2557301C2
				ZA201209566A
				WO2011143788A1
				CN103124739A
				AU2010353685B
				JP5819946B2
TW201339141A	2013-10-01	噻唑啉酮	动脉粥样硬化	—
WO2014198210A1	2014-12-18	甘氨酸衍生物	糖尿病	CA2914854A1
				TW201512203A
				CN104487443A
CN104507930A	2015-04-08	稠合吡啶	肿瘤	AU2013283993A1
				EP2867223A1
				WO2014000713A1
				TW201418254A
				CA2878049A1
				KR20150031320A
				SG11201408750A1
				IN201500372P1
				JP2015521634A
				US20150315210A1
WO2015164625A1	2015-10-29	吸入或活体检测设备	医疗器械	US2015305724A1

三、专利转让、许可、合作和实施

通过贝达药业的专利申请和新药申报可以看出，其主要以肿瘤药和糖尿病药物为重点研发和生产对象，其肿瘤药和糖尿病药物不仅通过自己研发和生产，同时从艾科睿控股公司购买了取代的哒嗪羧酰胺化合物（申请号为CN201180057513.0）的专利权，丰富了治疗肿瘤的化合物类型和作用靶点。并且为了增强其在抗肿瘤药和糖尿病药物方面的科研实力，贝达药业与康心灿博士共同成立了北京贝美拓新药研发有限公司。其中，康心灿是以技术入股的形式参与公司的运作，在专利申请过程中也与康心灿及其成立的福建海西新药创制有限公司作为共同申请人进行了抗肿瘤和糖尿病药物的专利申请。通过上述的技术合作，贝达药业在国内逐步取得了在肿瘤药和生物药领域的领先地位。正是基于其在肿瘤药和生物药建立的优势，贝达药业逐步成为国内肿瘤药和生物类药品的领军企业，建立了庞大的分销网络，并获得了国际医药巨头的青睐。2013年，贝达药业与国际巨头安进成立了合资公司，贝达药业占公司51%的股份，分销其抗癌药物帕妥木单抗，获取了重大的经济利益。

贝达药业以技术创新为核心，重点放在了抗肿瘤和糖尿病药物的研发和生产上，虽然在研发和专利申请中同样涉及抗炎药物的申请，然而为了企业在肿瘤药和生物药上重点聚焦，将自主研发的作为EP4受体拮抗剂的杂环酰胺衍生物（申请号为CN2009801321011）转让给南京奥昭生物科技有限公司，通过技术转让获得了一定的经济效益，进一步推动公司主营业务的不断发展。

第二节 吉利德

一、替诺福韦核心基础专利分析

如图16-1所示，由吉利德开发的抗HBV药物阿德福韦二吡呋酯［Bis（POM）PMEA］较母体药物PMEA在生物利用度、组织分布方面有了很大的改善。然而研究发现，包含Bis（POM）的化合物在体内释放母药的同时产生特戊酸，后者导致尿液中肉碱流失。为了克服此缺陷，吉利德合成了一系列新型PMPA烷基碳酸酯前药，其中9-［（R）-2-［［双［（异丙氧基羰基）氧基］甲氧基］氧膦基］甲氧基］丙基］腺嘌呤［Bis（POC）PMPA］显示出良好的组织分布和抗病毒活性，被挑选出来做进一步研究。

图16-1 吉利德关于替诺福韦核心基础专利布局情况

替诺福韦是吉利德继阿德福韦后成功开发的另一个开环膦酸核苷类化合物。PMPA结构最早由一家捷克公司申请的US04808716（EP02206459）所公开，该专利于2006年4月过期。为提高其口服吸收率，进一步提高细胞对其的摄取能力，吉利德申请了WO9804569A1，将其酯化为替诺福韦二吡呋酯（双异丙氧羰基氧基甲基PMPA）［Bis（POC）PMPA］，该申请进入包括中国的多个国家，并于2008年4月30日在中国获得授权，授权专利公告号为CN100384859C，专利到期日期为2017年7月25日。以该申请为母案,吉利德提交了一份分案申请,授权专利公告号为 CN101239989B。在该申请中公开了替诺福韦、替诺福韦二吡呋酯及其富马酸盐的制备方法,包括了替诺福韦、替诺福韦单吡呋酯、二吡呋酯的富马酸盐形式。其他权利要求保护了化合物的结晶形式,包含其药物组合及其制备方法。以该申请作为母案,吉利德又提交了两份分案申请,均获得授权,授权专利公告号为 CN1251679C 和 CN100420443C。这几份授权专利构成了替诺福韦的核心基础专利。2008 年,替诺福韦获得了 CFDA 的进口药品注册批文。

为提高稳定性以便于制备制剂,吉利德申请了 WO9905150A1,该专利保护了替诺福韦酯的富马酸盐的晶体形式及包含其的制剂,这也是其最终上市的制剂形式。该申请同样进入了中国,并于 2008 年 4 月 23 日在中国获得授权,授权专利公告号为 CN100383148C,专利到期日为 2018 年 7 月 23 日。

二、替诺福韦外围专利布局分析

除了核心专利,吉利德围绕其又提交了多项关于制剂、制备方法或新用途的外围申请进行布局,如图 16-2 所示。2000 年申请的 US6465649B1 请求保护将替诺福韦的磷酸酯脱脂的方法。2005 年申请的 WO2005072748A1 请求保护使用替诺福韦治疗乳腺癌、胆汁性肝硬化等疾病,但该申请没有中国同族专利。2005 年申请的 AU2005225039A1 请求保护一种替诺福韦及其衍生物的制备方法,该申请也没有中国同族专利。2005 年吉利德申请了适合于局部给药的制剂申请,该申请国内授权公告号为 CN1984640B,该专利要求保护包含替诺福韦的阴道用药凝胶剂以及用该凝胶剂涂覆的避孕套,其专利到期日为 2025 年 7 月 1 日。2011 年,吉利德申请了 WO2011156416A1,请求保护替诺福韦衍生物的制剂用于治疗生殖疱疹病毒 HSV-2 的新用途。

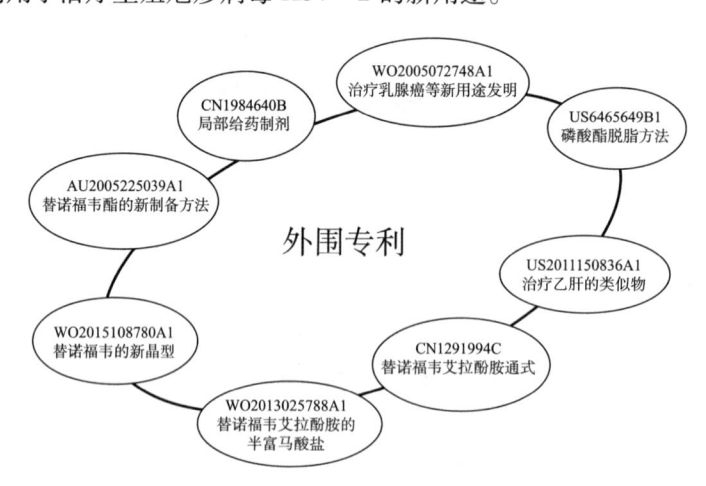

图 16-2 吉利德关于替诺福韦外围专利布局情况

此外,吉利德还继续对替诺福韦结构进行修饰和改造,陆续申请了多项专利。2001 年,吉利德申请了 WO2002008241A1,该申请进入中国,并于 2006 年 12 月 27 日在中国获得授权,授权专利公告号为 CN1291994C,专利到期日为 2021 年 7 月 20 日。该发明提供了一种方法,用于筛选核苷酸甲氧基膦酸酯类似物前药,以鉴定能选择性靶向所需组织具有抗病毒或抗肿瘤活性的前药。该发明同时提供了一种作为替诺福韦前药通式（5a）的化合物。该发明权利要求的范围包括具体化合物及其富马酸盐形式，该化合物被称为 GS-7340（化合物6），其富马酸盐形式也被称为 GS-7340-2（化合物7）。该发明同时保护了包含其的药物组合物以及治疗 HIV 等病毒感染疾病的用途。

2012 年，吉利德宣布启动化合物 6（GS-7340）治疗 HIV 感染的 II 期临床试验。而 GS-7340 作为替诺福韦的前药，早先的研究显示，化合物 7（GS-7340-2）比韦瑞德的抗病毒有效剂量要小 10 倍左右。2013 年 1 月，吉利德宣布启动评价 GS-7340 10mg/Cobicistat 150mg/恩曲他滨 200mg/埃替拉韦 150mg 联合用药的单片剂形式的 III 期临床试验，并与已经上市的 Stribild（替诺福韦二吡呋酯富马酸盐 300mg/Cobicistat 150mg/恩曲他滨 200mg/埃替拉韦 150mg）进行对比。吉利德认为 TAF 较小的用量将有潜力提供优于现有疗法的安全性和耐受性，并可能建立新的单片治疗艾滋病的药物。

2004 年，吉利德又提交了 GS-7340 或其衍生物与恩曲他滨联合用药及其复方制剂的申请 WO2004064846A1，该申请没有中国同族专利。2012 年 8 月，吉利德申请了要求保护 GS-7340 的半富马酸盐形式的 WO2013025788A1。

2012 年 10 月，吉利德申请了要求保护 GS-7340 的制备方法，该方法涉及将替诺福韦用三苯基膦处理得到 GS-7340 的中间体，并进一步生成 GS-7340。

三、替诺福韦联合用药专利布局分析

（一）艾滋病的致病机理

HIV 是一种典型的逆转录病毒。这类病毒的最基本特征是在生命过程中，有一个从 RNA 到 DNA 的逆转录过程，即病毒在反转录酶的作用下，以病毒 DNA 或 RNA 为模板，合成互补的负链 DNA 后，形成 RNA-DNA 中间体。中间体的 RNA 被 RNA 酶水解，进而在 DNA 聚合酶的作用下，由 DNA 复制成双链 DNA。简单地说，就是病毒把自己的遗传信息混进宿主的 DNA 中。

（二）HAART 简介

1984 年，人类首先发现 HIV。3 年以后，葛兰素史克的齐多夫定成为第一个获准治疗该病毒感染的药物。齐多夫定属核苷类逆转录酶抑制剂（NRTI），后者是抗逆转录病毒的一类最常用药物。

但随着临床研究的进展，人们发现，抗 HIV 病毒治疗面临着病毒耐药的严峻问题。20 世纪 90 年代初，美籍华裔科学家何大一博士及其合作者采用多种核苷类逆转录酶抑制剂联合治疗，希望可以减少单一使用抗 HIV 药物所产生的耐药性。但此法仅产生短暂抑制病毒作用且需大剂量给药，结果不仅导致产生耐药性而且其毒副作用也相应增加。1995 年，该研究小组发现将一种蛋白酶抑制剂（PI）和两种核苷类逆转录酶抑制剂同时使用可使病毒负荷显著且长久地减少，不久，临床试验进一步证实，在两种核苷类逆转录酶抑制剂中加入一种非核苷类逆转录酶抑制剂也可获得类似效果，这就是现在广为人知的 HAART，俗称"鸡尾酒疗法"。

HAART 具备如下优点：①可增强持续抑制病毒复制的作用且具有相加或协同效应；②能延缓或阻止由 HIV 变异性而产生的耐药性，对药物引起同种病毒的变异兼有相互

制约作用。这是目前治疗 HIV 感染最有效的方法。HAART 开创了艾滋病治疗的新纪元，自 1996 年应用于临床以来，艾滋病的死亡率明显下降，患者的生存质量获得了显著改善。近年来，随着多种具有新型作用机制的抗 HIV 药物进入临床试验阶段或被批准上市，HAART 方案得以优化组合，提高了抗病毒疗效。

HAART 药物可以分为以下几种：①黏附抑制剂，阻止 gp120 与 CD4 结合；②辅助受体抑制剂，包括 CCR5 拮抗剂和 CXCR4 拮抗剂；③融合抑制剂，抑制 gp41 介导的病毒包膜与宿主细胞膜的融合；④逆转录酶抑制剂（RTI），抑制病毒基因组 RNA 反转录生成 cDNA，包括 NRTI 和 NNRTI；⑤蛋白酶抑制剂，抑制 HIV 蛋白酶将 HIV 前蛋白裂解成为成熟蛋白；⑥整合酶抑制剂，抑制 HIV 基因插入宿主基因组中，从而抑制 HIV 以前病毒形成潜伏感染；⑦成熟抑制剂，抑制 HIV 病毒颗粒的包装和释放。其中，前 3 种药物均能抑制病毒的入胞过程，阻止出芽释放的病毒颗粒再感染新的细胞，可谓从源头抑制 HIV 的感染。3 种酶抑制剂阻断了病毒几乎所有的胞内生物学过程，包括逆转录、整合及前蛋白的成熟，可有效抑制病毒的复制过程，但在药物选择压力下易诱发耐药性产生。成熟抑制剂可抑制病毒生活周期的最后环节，导致病毒无效复制。

HAART 是达到持续抑制病毒并降低耐药性的关键。此种治疗方式用药量极大，最初的抗 HIV 方案需每日服用最多 18 粒药，并存在巨大的副作用，因此造成患者的依从性降低并中断服药，从而导致耐药现象发生。因此，国外许多公司均致力于研究简化剂量。

1997 年，葛兰素史克上市第一个含两种核苷类逆转录酶抑制剂的复合制剂 Combivir，包含拉米夫定（Lamivudine）和齐多夫定。2000 年和 2004 年葛兰素史克又分别上市了另外两个核苷类逆转录酶抑制剂复合制剂 Trizivir 和 Epzicom。Trizivir 由拉米夫定、阿巴卡韦和齐多夫定组成，是第一个三联核苷类逆转录酶抑制剂复合制剂。吉利德 2004 年上市的 Truvada（舒发泰/特鲁瓦达）是第四个核苷类逆转录酶抑制剂复合制剂，由替诺福韦和恩曲他滨组成。Truvada 耐受性好，可以一日一次给药，且在疗效方面也优于 Combivir，现已成为当今核苷类逆转录酶抑制剂中的金标准药物。2012 年，Truvada 获得 USFDA 批准用于预防 HIV 感染，这也是全球第一种艾滋病预防药。

核苷类逆转录酶抑制剂复合制剂极大地改善了艾滋病患者治疗的依从性，但在临床上还需与其他类别的抗 HIV 药物合用才可获得最大疗效。吉利德和百时美施贵宝两家公司合作开发了第一个交叉类别固定剂量复合制剂 Atripla，已于 2006 年在美国获准上市。Atripla 含有一种非核苷类逆转录酶抑制剂依法韦仑及两种核苷类逆转录酶抑制剂替诺福韦和恩曲他滨，一日用药一次，且研究证实其较双重核苷类逆转录酶抑制剂复合制剂更为有效，所以能明显简化早期抗 HIV 治疗方案并迅即成为临床最受欢迎的艾滋病人群初始治疗用药。

2011 年 8 月，USFDA 批准了吉利德开发的第二种交叉类别固定剂量复合制剂 Complera，由一种非核苷类逆转录酶抑制剂利匹韦林和两种核苷类逆转录酶抑制剂恩曲他滨和替诺福韦酯组成。

现有双重核苷类逆转录酶抑制剂复合制剂高度有效且给药简便，同时副反应相对轻微，但在临床实践中也面临着病毒耐药的严峻问题。现在，以蛋白酶、整合酶抑制剂为基础的高度活性抗逆转录病毒方案用复合制剂的研究已成为研发热点。2011年USFDA批准一种"四合一"HIV感染治疗新药Stribild，每天也仅需服用一次。该药物是由两种已有艾滋病病毒药物和两种新型艾滋病病毒药物合成的，这两种已有艾滋病病毒药物分别是吉利德当前在售的恩曲他滨和替诺福韦，另外两种新型艾滋病病毒药物则是埃替拉韦和Cobicistat。埃替拉韦是一种HIV整合酶链转移抑制剂，干扰艾滋病病毒繁殖所需的酶。Cobicistat则是药代动力学增强剂，能抑制某些HIV药物代谢过程的一种酶，延长埃替拉韦的作用效果。恩曲他滨和替诺福韦组合的Truvada阻断了艾滋病病毒在人体复制所需的另一种酶。四药合一为艾滋病病毒感染提供了一个完整的治疗方案。吉利德关于替诺福韦联合用药专利布局情况如图16-3所示。

CN1738628B	与恩曲他滨、依法韦仑联合用药
CN101252920B	与恩曲他滨、依法韦仑药物组合物片剂形式
CN101060844B	与恩曲他滨、利匹韦林联合用药
CN10231943A	与恩曲他滨、利匹韦林、阿巴卡韦联合用药
WO2012068535A1	Complera的双层片剂
WO2004064846A1	替诺福韦艾拉酚胺与恩曲他滨联合用药
CN101222914A	干法粒化的恩曲他滨与替诺福韦二吡呋酯富马酸盐的组合物
WO2013/116720A1	替诺福韦艾拉酚胺半反丁烯二酸盐与可比西他、恩曲他滨、埃替格韦/地瑞那韦的药物组合物
CN103491948B	盐酸利匹韦林、恩曲他滨和富马酸替诺福韦酯的片剂
WO2017004244A1	替诺福韦艾拉酚胺或盐与恩曲他滨或盐的固体口服剂
WO2017004012A1	利匹韦林或盐、替诺福韦艾拉酚胺或盐与恩曲他滨或盐的固体口服剂
WO2017083304A1	新化合物与替诺福韦艾拉酚胺或盐与恩曲他滨或盐的固体口服剂

图16-3 吉利德关于替诺福韦联合用药专利布局情况

四、替诺福韦复合制剂专利布局分析

（一）Truvada：替诺福韦二吡呋酯富马酸盐+恩曲他滨

吉利德2004年上市的Truvada是第四个核苷类逆转录酶抑制剂复合制剂，由替诺福韦和恩曲他滨组成。这种药物由两种属于吉利德的抗HIV病毒药物恩曲他滨（Emtriva）和替诺福韦（Viread）混合而成。Truvada耐受性好，能够降低人体内的病毒水平，在保持身体健康的同时降低病毒传播风险，现已成为当今核苷类逆转录酶抑制剂中的金标准药物。从2010年开始，有报告认为其可作为男性预防艾滋病病毒感染的药物。2012年，Truvada获得USFDA批准用于预防HIV感染，这也是全球第一种艾滋病预防药。这是抗击艾滋病30年来具有里程碑意义的事件。2011年12月，美国《时代》杂志评选出2011年十大医学突破，上榜医学突破就包括Truvada。由于Truvada包含了恩曲他滨（Emtriva）和替诺福韦（Viread）两种药物活性成分，因此构成其专利池的专利除了上述分析的有关替诺福韦的专利之外，也包含了恩曲他滨的专利，以及两种药品复合联用的专利。吉利德有关替诺福韦及其与恩曲他滨联用专利如表16-3所示。

表 16-3 吉利德 Truvada 相关专利

药物成分	专利公开/公告号	技术主题
替诺福韦专利	CN100384859C CN101239989B（分案）	基础专利——替诺福韦酯及其制备方法
	CN100383148C CN1251679C（分案） CN100420443C（分案） CN101181277B（分案）	基础专利——富马酸替诺福韦酯及其晶型
	CN1984640B	局部给药制剂
	WO2005072748A1	治疗乳腺癌新用途发明
	US6465649B1	磷酸酯脱脂方法
	AU2005225039B2	替诺福韦酯的新制备方法
	US2011150836A1	治疗乙肝的类似物
	WO2011156416A1	治疗生殖疱疹病毒 HSV-2 的新用途
恩曲他滨专利	CN1037682C CN1084745C（分案） CN1109108C（分案） CN100396785（分案）	恩曲他滨制备方法
	US5814639A	恩曲他滨及其组合物
	WO9215308A1	治疗乙型肝炎的用途
	US6703396B1	恩曲他滨光学异构体
药物联用专利	CN1738628B	与恩曲他滨联合用药
	CN10122914A	干法粒化的恩曲他滨和替诺福韦二吡呋酯； 富马酸盐的组合物

Truvada 中另一种活性成分是恩曲他滨，也是由吉利德研制，是拉米夫定的 5-氟取代衍生物，其作用机制与拉米夫定相似，与其他抗逆转录病毒药合用治疗 HIV-1 感染者。USFDA 于 2003 年 7 月 2 日批准胶囊剂（200mg）上市，2005 年 9 月 28 日批准口服液制剂（10mg/mL）上市，至今已在多个国家批准销售。在我国也有多个企业取得了生产批件。

恩曲他滨最早未在我国申请产品专利，其制备合成工艺专利 CN1037682C 及分案申请 CN1084745C、CN1109108C、CN100396785C 于 2012 年 2 月 22 日专利权届满终止。值得一提的是，在我国允许保护药物化合物后，吉利德试图采取分案申请的策略，在对分案申请 CN1084745C 的权利要求书中写入关于恩曲他滨及其通式化合物的技术方案，但在该申请最终授权的权利要求范围中，仅保留了关于制备方法的方案，关于化合物部分的技术方案则未得到保护。

而吉利德同时也申请了恩曲他滨和替诺福韦两种药物活性成分联用的专利,该申请的中国同族专利CN1738628B,在授权专利的权利要求中包含了两种药物的药物组合制剂及其抗HIV用途,同时,在该授权专利的其他独立权利要求中,还包括了要求所述的药物制剂,其进一步包含第三种抗病毒剂。其中所述的第三种抗病毒剂选自蛋白酶抑制剂、核苷逆转录酶抑制剂、非核苷逆转录酶抑制剂以及整合酶抑制剂。在进一步限定的从属权利要求中限定了具体的第三种抗病毒剂选自Reyataz,Kaletra或Sustiva抗HIV药剂。需要指出的是,当第三种抗病毒剂选自Sustiva,即依法韦仑时,这种三联型药剂即是吉利德2006年上市的Atripla。吉利德通过联合用药的专利,有效延长了Truvada的专利保护期,即便在恩曲他滨和替诺福韦都因为专利过期失效而变成非专利药时,联合用药的专利也将继续维持很长一段时间,从而最大限度地维护了其应有的市场份额。

(二) Atripla:替诺福韦二吡呋酯富马酸盐 + 恩曲他滨 + 依法韦仑

2006年USFDA批准将Truvada与另一常用医治艾滋病的药物依法韦仑联合使用。Atripla由吉利德和百时美施贵宝、默克等公司共同开发,也是全球第一个将分别来自两个不同类别的3种艾滋病治疗药物合为一体的药物。此项批准的原因很简单,很多病人在接受医治时需要将以上两种药物混合使用。依法韦仑与拉米夫定、齐多夫定或替诺福韦等药物共用作为比较优异的NNRTI-培养基。在过去,艾滋病患者每天必须服用2种或2种以上的药物,而Atripla将3种不同成分的高效抗逆转录病毒药物结合在1片制剂中,并只需每日1次服用,堪称"创新型鸡尾酒疗法",因此,它的上市对于艾滋病的治疗具有极其重要的意义。

依法韦仑属于非核苷类逆转录酶抑制剂。它的化合物的中国授权专利CN1051767C由默克公司申请,并于2004年获得授权。该专利同时保护了依法韦仑的制备方法以及包含其的组合物。该专利于2013年8月6日专利权届满。该专利的分案申请CN1107505C请求保护了依法韦仑与其他活性成分联用的组合物,分案申请CN1318031C则保护了依法韦仑与AZT、D4T等抗病毒药物的联用形式,这些分案申请均与其母案一样,于2013年8月6日专利权届满(见表16-4)。

Atripla的专利池中另一重要部分还包括几种药物联用的专利,在请求保护Truvada的联合用药专利CN1738628B中,已经要求了包含Atripla 3种活性成分联用的制剂,该专利权利要求29中要求了包含第三种抗病毒制剂Sustiva的制剂,而前两种制剂分别为恩曲他滨和替诺福韦酯富马酸盐。权利要求32要求了包含Sustiva、恩曲他滨和替诺福韦酯富马酸盐的口服药物剂型。因此,在2006年Atripla上市销售之前,吉利德已经将药物联用的方式通过专利保护起来。替诺福韦化合物专利在各国面临无效等挑战,Atripla的单个活性化合物将面临无专利保护的情况下,吉利德及时申请了药物联用专利,虽然其保护效力不及化合物专利,但这种形式也有效阻止了仿制药企相同成分的单一剂型产品上市销售。

表 16-4　吉利德 Atripla 相关专利

药物成分	专利公开/公告号	技术主题
替诺福韦专利	CN100384859C CN101239989B（分案）	基础专利——替诺福韦酯及其制备方法
	CN100383148C CN1251679C（分案） CN100420443C（分案） CN101181277B（分案）	基础专利——富马酸替诺福韦酯及其晶型
	CN1984640B	局部给药制剂
	WO2005072748A1	治疗乳腺癌新用途发明
	US6465649B1	磷酸酯脱脂方法
	AU2005225039B2	替诺福韦酯的新制备方法
	US2011150836A1	治疗乙肝的类似物
	WO2011156416A1	治疗生殖疱疹病毒 HSV-2 的新用途
恩曲他滨专利	CN1037682C CN1084745C（分案） CN1109108C（分案） CN100396785（分案）	恩曲他滨制备方法
	US5814639A	恩曲他滨及其组合物
	WO9215308A1	治疗乙型肝炎的用途
	US6703396B1	恩曲他滨光学异构体
依法韦仑专利	CN1051767C CN1107505C（分案） CN1318031C（分案）	依法韦仑及其制备方法，包含其组合物
	CN1073991C CN1191242C（分案）	依法韦仑的不同晶型及其制备方法
药物联用专利	CN1738628B	与恩曲他滨、依法韦仑联合用药
	CN101252920B	双层片剂形式的 Atripla

2000 年，吉利德又申请了关于 Atripla 的双层片剂剂型的专利 WO2006135933A1。该专利的中国同族专利于 2013 年获得授权，授权专利号为 CN101252920B。其权利要求包括依法韦仑、恩曲他滨和替诺福韦 DF 的多成分单位口服剂型的新药物产品。成分 1 包含恩曲他滨和替诺福韦 DF，成分 2 包含依法韦仑，成分 1 和成分 2 在两个层中。为了开发"三合一"抗 HIV 感染药物 Atripla，吉利德和百时美施贵宝曾经合作过几次，但都失败了。直到后来，他们采用了一种"双层分子"（bi-layer）技术，才成功地将

替诺福韦、恩曲他滨和依法韦仑 3 种药物放置到一个药丸之中。由此可见，吉利德通过这两项新药物剂型的方式延续了对 Atripla 的专利保护。通过 USFDA 网站查询可知，MATRIX、TEVA、CIPLA、AUROBINDO 等仿制药企业都提交了关于 Atripla 的 ANDA 申请，需等到 Atripla 的所有专利均过期后，这些仿制药才可以推向市场。

（三）Complera/Eviplera：替诺福韦 DF + 恩曲他滨 + 利匹韦林

Complera 的组成为两种核苷类逆转录酶抑制剂恩曲他滨 200mg 和替诺福韦酯富马酸盐 300mg 和利匹韦林 25mg 组成的固定剂量复合片剂，由吉利德和强生旗下的杨森（Jassen）联合推广。2011 年 8 月获得 USFDA 批准。Complera 是 USFDA 批准的第二种"三合一"抗 HIV 病毒药物制剂。2011 年欧盟同样批准了相同活性成分的第二种单一片剂抗 HIV 药物，品牌名为 Eviplera。利匹韦林是由美国强生旗下的泰博开发的新型非核苷类逆转录酶抑制剂，用于艾滋病的治疗，商品名为 Edurant，于 2011 年 5 月 20 日获 USFDA 批准上市，具有易合成、抗病毒活性强、口服生物利用度高、安全性好等特点。

药物联用也是 Complera 的专利重要组成部分，其中 CN01060844B 与 CN102319433A 均由利匹韦林的专利拥有者泰博所申请。这两份专利申请中都包括了与 Complera 相同活性成分的技术方案。吉利德对 Complera 的剂型形式进行了改进，申请了 WO2012068535A1 的专利，详见表 16 - 5。

表 16 - 5　吉利德 Complera 相关专利

药物成分	专利公开/公告号	技术主题
替诺福韦专利	CN100384859C CN101239989B（分案）	基础专利——替诺福韦酯及其制备方法
	CN100383148C CN1251679C（分案） CN100420443C（分案） CN101181277B（分案）	基础专利——富马酸替诺福韦酯及其晶型
	CN1984640B	局部给药制剂
	WO2005072748A1	治疗乳腺癌新用途发明
	US6465649B1	磷酸酯脱脂方法
	AU2005225039B2	替诺福韦酯的新制备方法
	US2011150836A1	治疗乙肝的类似物
	WO2011156416A1	治疗生殖疱疹病毒 HSV - 2 的新用途

续表

药物成分	专利公开/公告号	技术主题
恩曲他滨专利	CN1037682C CN1084745C（分案） CN1109108C（分案） CN100396785（分案）	恩曲他滨制备方法
	US5814639A	恩曲他滨及其组合物
	WO9215308A1	治疗乙型肝炎的用途
	US6703396B1	恩曲他滨光学异构体
利匹韦林专利	CN100509801C	利匹韦林及其制备方法，包含其组合物
	CN101068597B	利匹韦林晶型及其制备方法
	CN101816658B	利匹韦林纳米颗粒组合物
药物联用专利	CN101060844B	与恩曲他滨、利匹韦林联合用药
	CN102319433A	与恩曲他滨、利匹韦林、阿巴卡韦等联合用药
	WO2012068535A1	Complera 的双层片剂

（四）Stribild：替诺福韦二吡呋酯富马酸盐＋恩曲他滨＋埃替拉韦＋Cobicistat

2012年8月27日，USFDA批准Stribild，2013年被欧盟批准上市，用来治疗从来未被治疗的HIV感染的成年人的HIV－1感染。除了之前介绍过的替诺福韦DF和恩曲他滨，埃替拉韦是一种HIV－1整合酶链转移抑制剂，这是干扰HIV繁殖需要的酶之一。Cobicistat是基于机制CYP3A家族的细胞色素P450（CYP）酶的抑制剂，也是药代动力学增强剂，以增强埃替拉韦的效应。Stribild曾用名为Quad，后期临床试验显示，该药物的疗效较好，阻断艾滋病病毒扩散的成功率高达88%。上市以来，其销售额一直表现强劲，2015年销售额达到18.3亿美元。

Stribild对于吉利德来说，具有不同于以往组合药物的重大经济意义。目前市场上治疗艾滋病的组合型药物中，Atripla包含由百时美施贵宝的抗HIV药组合而成，而Complera也包含了强生的抗HIV药，但Stribild的四合一药物都是由吉利德生产，这意味着无需与其他药厂分享该药的收入。

Cobicistat通过抑制细胞色素P450单加氧酶来提高埃替拉韦的效应。它被吸附在二氧化硅上。二氧化硅上Cobicistat是一种白色至浅黄固体，在20℃水中溶解度为0.1mg/mL。Stribild具有更好的服药便利性，且较Atripla有较少的精神状态副作用。虽然Stribild的每年治疗费用较Atripla高出33%以上，但是该药的定价是合理的，因为与那些服药不方便或需要服用多片的艾滋病治疗方案相比，其成本相似。吉利德Stribild相关专利如表16－6所示。

表 16-6 吉利德 Stribild 相关专利

药物成分	专利公开/公告号	技术主题
替诺福韦专利	CN100384859C CN101239989B（分案）	基础专利——替诺福韦酯及其制备方法
	CN100383148C CN1251679C（分案） CN100420443C（分案） CN101181277B（分案）	基础专利——富马酸替诺福韦酯及其晶型
	CN1984640B	局部给药制剂
	WO2005072748A1	治疗乳腺癌新用途发明
	US6465649B1	磷酸酯脱脂方法
	AU2005225039B2	替诺福韦酯的新制备方法
	US2011150836A1	治疗乙肝的类似物
	WO2011156416A1	治疗生殖疱疹病毒 HSV-2 的新用途
恩曲他滨专利	CN1037682C CN1084745C（分案） CN1109108C（分案） CN100396785（分案）	恩曲他滨制备方法
	US5814639A	恩曲他滨及其组合物
	WO9215308A1	治疗乙型肝炎的用途
	US6703396B1	恩曲他滨光学异构体
埃替拉韦专利	CN100375742C	埃替拉韦化合物通式及药物组合物
	CN101516819B	埃替拉韦及其制备方法
	CN101821223B	埃替拉韦制备方法
Cobicistat 专利	CN101490023B	Cobicistat 通式化合物
	CN104093702A	Cobicistat 的制备方法
	CN103435570B	Cobicistat 的药物组合物
	CN103275033B	Cobicistat 的药物组合物
	CN101743004A	Cobicistat 的用途
药物联用专利	CN101686972B	药物组合物
	CN103479584A	Stribild 的颗粒剂
	CN102307573B	Stribild 的片剂

CN100375742C 公开了埃替拉韦的结构，这是一种 HIV 整合酶链转移抑制剂，干扰 HIV 繁殖需要的酶之一。CN101490023A 公开了 Cobicistat 的化学结构，也公开了包含所述化合物的药物组合物以及包括至少一种其他活性治疗剂的组合物，并具体公开了包含 Stribild 各种活性成分的联用。2010 年申请的 CN102307573B 对 Stribild 的联用形式进行了进一步的改进，其保护了包含 Stribild 各种活性成分的双层片剂，其中第一层包含埃替拉韦和 Cobicistat，而第二层包含替诺福韦 DF 和恩曲他滨。这种双层片剂的形式比之前交替结构的片剂具有更好的性质。

五、替诺福韦专利申请时机分析

前面分析给出了吉利德关于替诺福韦的专利布局，由于从申请化合物专利至药物正式上市还需要一个漫长的过程，所以如何在合适的时机，申请核心专利以争取在药品批准上市后维持较长有效期，并且能否通过一定的外围专利以延长药物的专利生命周期，对药物研发企业而言是非常重要的问题。而对于仿制药企业而言，主要从时间角度，分析吉利德在药品的各个不同阶段的申请专利时机有何可借鉴的经验。

药物研发具有投资大、风险高的特点，从发现化合物到上市历时时间长，研发花费巨大。由于药物批准上市前，需要经历靶点的发现、靶点表示和确认、测定法的发展和药物筛选、确定先导化合物和候选化合物、临床前优化、临床试验等多重考验，因此在任何阶段的失败都将导致前功尽弃，从而难以收回成本。

替诺福韦药物最早上市时间是在 2001 年，但其实早在 1986 年的申请中就披露了替诺福韦的结构，随着 1993 年的申请 WO9403467 披露了包含替诺福韦二吡呋酯宽泛的通式结构，此后在 1997 年吉利德启动了替诺福韦的一期临床。在一期和二期临床之间的阶段，伴随着研究取得的进一步进展，专利申请也及时跟进，于 1907 年申请保护了更窄范围的、更有针对性和更有活性的优选通式化合物 WO9804569，在该申请的从属权利要求 2 中要求保护了替诺福韦二吡呋酯。1998 年的申请 WO9905150 更进一步缩小优选通式化合物和具体化合物的保护范围，并明确要求了化合物的富马酸盐形式。该专利是吉利德公司关于替诺福韦整个系列申请中最为重要的申请，因为其保护了替诺福韦最终上市的形式。而该核心专利的申请时机尤其值得我们关注，申请时间介于临床实验中间，即是在该项研究已取得一定进展、获得一定的临床数据的情况下来申请的，而该专利的申请日距离上市批准时间仅有 3 年，最大限度地延长了其保护期限。

在具体的药品批准上市前，所有投入均是不确定获得收益的，如果专利申请时间过早，在项目启动不久，临床实验刚刚进行时即申请，很可能会出现得到数据不完整而无法满足专利审批授权条件的问题，造成无法获得专利授权，而如果申请时间距离上市时间过长，使得药品上市时，专利即将过期，无法实现有效保护。因此，如果申请日能够尽量接近药品上市日期，则可以在药物上市之后获得尽可能长的保护时间。而另一方面，随着药品上市日期的临近，核心技术遭披露或窃取的风险就会越来越大，因此也不是申请时机拖得越晚越好。吉利德的核心专利（通式化合物及上市具体化合物）的申请时机不早不晚刚刚好。

而为了在工业大规模生产中能够高品质和高收率地制备获得产品，吉利德在上市的前一年，即 2000 年申请了改进后的制备方法专利，使产品容易分离和提纯，为工业化实施做进一步准备。

而就在药品上市临近的开发后期阶段，吉利德又适时申请了替诺福韦药品的衍生物专利，即关于 GS-7340 的 WO2002008241。通过上文分析可知，GS-7340 的数据相较于替诺福韦更加优良，具有作为新药的巨大潜能。可见，吉利德并未因为替诺福韦取得研究成功并上市而停止研发，相反，其通过在替诺福韦结构上对化合物进行改进，获得替诺福韦的替代形式，从而有可能在替诺福韦专利失效或到期后，继续维持在该领域的专利垄断地位。

根据上述分析可知，吉利德在进行了基础的研究后，便开始申请化合物专利，先保护新的通式和具体化合物，并随着研究的推进，不断申请更优选范围的通式和具体化合物专利，直至保护最终上市药品形式。而在该药物研发获得突破有望即将批准上市时，吉利德还更进一步围绕母体结构进行修饰，得到效果更好的衍生物形式，并及时申请专利。

而在替诺福韦上市前，仿制药企关于替诺福韦的专利申请数量寥寥，而且几乎没对原研专利以及上市药物产生威胁的重磅仿制专利出现，争夺替诺福韦市场的战争才刚刚打响。

2001 年后，替诺福韦成品药物逐渐在全球市场推广，并取得不俗的销售额。与此同时，吉利德继续通过多种类型的外围专利申请，扩大专利版图，延长专利有效时间。

由于抗 HIV 药物具有联用增效的特点，替诺福韦的外围专利的重点集中于与其他活性药物连用类型的申请。吉利德分别申请了多项包含替诺福韦的联用药物专利，而在这些申请之后的几年之内，这些联用药物也分别上市。更重要的是，这些多成分联用药物的专利都获得了授权，那么其维持有效时间可比替诺福韦的核心专利延长 10 年以上。

上市后，通过改进药代动力学、降低制备难度、提高稳定性、寻找药物新用途等方面的研究，也为原研公司后续申请提供了机会。例如，吉利德在 2005 年提交了有关新用途和局部用药方面的申请，2006 年、2010 年、2011 年分别提交了多种联合药物双层片剂的专利。

第三节　勃林格殷格翰国际有限公司

勃林格殷格翰国际有限公司（以下简称"勃林格殷格翰"）是 SGLT-2 抑制剂的最主要研发公司之一，目前国际上已上市的恩格列净最初就是由勃林格殷格翰独立研发的，后来与礼来公司联合开发。恩格列净的优势在于不仅能降低血糖，而且能降低心血管疾病死亡的风险，是美国 FDA 批准的首个用于降低 2 型糖尿病合并心血管疾病成人患者的心血管死亡风险的 SGLT-2 抑制剂。

一、申请趋势分析

在 SGLT-2 抑制剂专利申请方面，勃林格殷格翰是该领域申请量最大的申请人。从 2003 年开始，申请量持续上升，这是由于自 2004 年申请恩格列净化合物的专利开始，后续有大量围绕制备方法、晶型以及在此结构上的继续改造的专利。虽然在 2014

年恩格列净已经上市,但可以看到,勃林格殷格翰在该方面仍然保持了比较稳定的申请量,如图16-4所示。

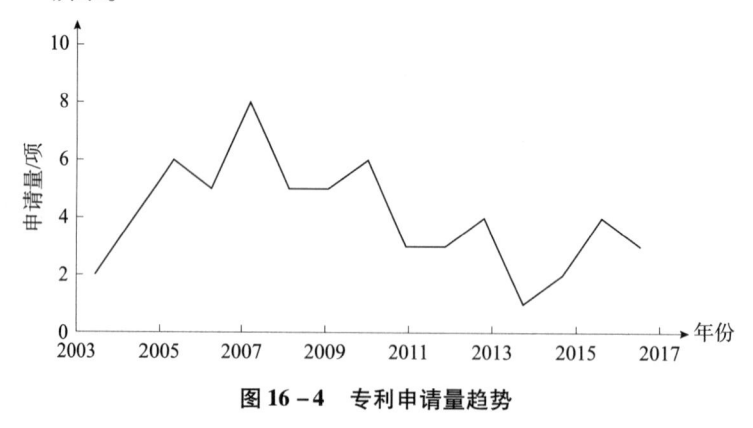

图16-4 专利申请量趋势

二、申请地域分析

在专利地域分布上,勃林格殷格翰在美、日、欧、中等国家和地区均进行了大量布局,可见勃林格殷格翰对全球的市场都非常重视,如图16-5所示。

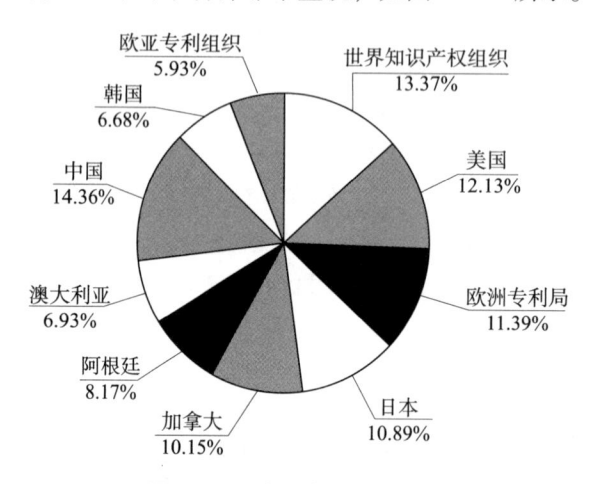

图16-5 专利申请地域分布

三、技术主题分析

在专利申请主题方面,申请明显较多的是化合物和联合用药,其次是用途和晶型,在制剂和制备方法方面相对较少。在化合物方面,主要是恩格列净,但后面也一直在开发新的化合物,如吡唑-氧-葡萄糖苷衍生物,以及在恩格列净基础上进行的糖环或苯基上的基团取代等。在外围专利方面,从2006年起,勃林格殷格翰在恩格列净的晶型专利(WO2006117359A1)和制备方法专利(WO2006120208A1)方面就已开始布局,且在中国获得授权。之后恩格列净的专利保护重点在联合用药方面,WO2008055940A2要求保护和二甲双胍等的联合用药,WO2010092124A1要求保护和利格列汀的联合用药。

如图 16-6 所示，从申请主题也可以看出，勃林格殷格翰后期的一个重点在于 SGLT-2 抑制剂与其他糖尿病药物的联合用药，包括 DPP-IV 抑制剂、其他 SGLT-2 抑制剂、GLP-1 受体激动剂等，但最主要的还是 SGLT-2 抑制剂与 DPP-IV 抑制剂的联合用药。从与联合用药对应的上市药物来看，美国 FDA 在 2015 年 1 月批准勃林格殷格翰的糖尿病复方药物 Glyxambi，这款复方药物由 SGLT-2 抑制剂恩格列净与 DPP-4 抑制剂利格列汀组成。美国 FDA 在 2015 年 9 月批准勃林格殷格翰的糖尿病复方药物 Synjardy，该复方药物为恩格列净/盐酸二甲双胍缓释片。

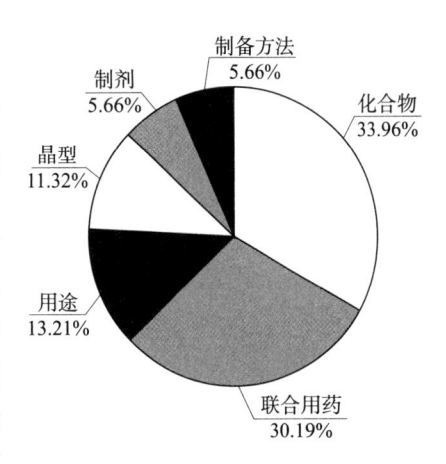

图 16-6 技术主题分布

Himmelsbach Frank、Leo Thomas、Eckhardt Matthias 等是勃林格殷格翰最主要的发明人团队，其主要研究方向为 SGLT-2 抑制剂化合物（包括恩格列净及其改造）、晶型及制备方法，而 Mark Michael 团队的主要研究方向是 SGLT-2 与其他糖尿病药物的联合用药。

从上述专利分析来看，勃林格殷格翰的专利保护具有以下特点。①专利布局全面，形成有效专利壁垒。从化合物的基础专利开始布局，围绕化合物专利，进行了制备方法、晶型专利、联合用药专利的布局。同时，该公司还不断对恩格列净的结构进行改进，申请了对恩格列净化合物的取代基进行一些基团替换的专利。②与其他医药巨头联合开发。除了恩格列净是与礼来公司联合开发之外，还有 3 件专利是与味之素株式会社合作申请，要求保护的是一种吡唑-O-葡萄糖苷衍生物 SGLT-2 抑制剂、晶型及其联合用药。